"十二五"国家重点图书出版规划项目

现代声学科学与技术丛书

声学测量原理与方法

吴胜举　张明铎　编著

陕西师范大学出版基金
国家自然科学基金项目(11074　　)资助出版

科学出版社
北京

内 容 简 介

本书介绍了应用声学领域中所涉及的声学测量基本问题的原理和方法，主要包括声学测量信号与环境、测量传声器的校准、水听器的校准、换能器特性的测量、噪声与振动测量及评价、声学材料特性与建筑声环境的测量、声源声功率的测量，以及与声信号分析处理有关的基础知识。本书内容广泛、系统性强，既强调基础，又注重应用，并将近年来有关声学测量的新原理和方法以及相关国家标准和计量检定规程进行简要介绍。

本书可作为高等学校相关专业的研究生与高年级本科生教材，也可供专业与工程技术人员参考。

图书在版编目(CIP)数据

声学测量原理与方法 / 吴胜举，张明铎编著. —北京：科学出版社，2014. 1
(现代声学科学与技术丛书)
"十二五"国家重点图书出版规划项目
ISBN 978-7-03-039341-8

Ⅰ. ①声… Ⅱ. ①吴… ②张… Ⅲ. ①声学测量 Ⅳ. ①TB52

中国版本图书馆 CIP 数据核字(2013)第 304541 号

责任编辑：刘凤娟 / 责任校对：刘小梅
责任印制：赵 博 / 封面设计：陈 敬

科 学 出 版 社 出版
北京东黄城根北街 16 号
邮政编码：100717
http://www.sciencep.com

中煤（北京）印务有限公司印刷

科学出版社发行 各地新华书店经销

*

2014 年 1 月第 一 版 开本：720×1000 1/16
2025 年 8 月第十一次印刷 印张：17 1/4
字数：329 000

定价：89.00 元

(如有印装质量问题，我社负责调换)

前　言

声学是研究弹性介质中声波的产生、传播、接收、效应及其应用的学科。声学作为一门经典的学科，在近代已经取得很大的发展，不但广泛应用于工业、农业、医疗卫生、环境保护和人们的日常生活等各个方面，而且也广泛应用于国防建设事业。

声学测量作为声学学科的重要组成部分，又是声学理论和声学技术应用与发展的基础。在现有的国家计量分类中，声学计量是十大体系之一。而在目前的声学测量应用中，还缺乏一本“宽口径、厚基础”，并以声学理论基础为基点，以应用为目标，阐述声学测量原理和方法的参考书。为此，作者根据数十年从事声学测量科研工作与教学的实践和经验编写了《声学测量原理与方法》一书。

本书涵盖了应用声学中的大部分基本测量内容，全书共 8 章。第 1 章介绍声学基础理论知识，对于此后各章内容中涉及的基础理论内容，相接连贯，无需再查找更多的声学基础理论书籍。第 2 章介绍声学测量所用的基本声信号和声学环境。第 3 章介绍音频声学测量的中心——传声器校准的原理和方法以及相关的校准仪器。第 4 章至第 7 章分别介绍噪声测量的仪器及其检测、噪声的主要评价方法和评价量、噪声源的测量、振动测量方法、建筑声学材料和厅堂声学测量，超声应用中的水听器校准、声功率、换能器特性、衰减和非线性参量等参数测量的原理和方法。第 8 章介绍与声信号分析处理有关的基础知识和方法。

本书在参考和总结前人有关声学测量书籍的基础上，结合近年来声学测量技术的新发展，并参考国际上和我国以声学测量技术和方法为主的标准、规程和方法，结合声学计量测试中的实践，力求体现基本概念清晰、内容新颖，并反映最新发展动向，在易于掌握且加深对声学测量知识理解的同时，达到举一反三的目的。

在本书的编写过程中曾得到中国计量科学研究院陈剑林研究员、张美娥高级工程师、边文萍高级工程师和中国船舶重工集团公司第 701 所刘方雄高级工程师提供的部分参考资料；中国科学院声学研究所朱厚卿研究员给予许多有益的指导；陕西师范大学的领导和同事也给予了诸多关心和帮助，在此一并表示诚挚的感谢。

感谢陕西师范大学出版基金、国家自然科学基金(项目编号：11074158)给予的出版资助。

本书可作为相关科研和工程技术人员的参考书籍，以及声学、应用物理、噪声控制和建筑声环境等相关专业研究生和高年级本科生的教学参考书。编著者虽然竭尽全力，但是不足之处在所难免，敬请读者指正，以便进一步修改和完善。

作　者

2013 年 5 月

前　言

[illegible]

作　者

目　　录

第1章 声学基础概述

声学是研究声音的产生、传播、接收和效应的科学。现代声学的研究范围不断扩大,已经不局限于可听声,传播的介质也不限于空气。但是,作为认识声学本质、声学实验现象和声学研究过程的定量测量,声学测量原理和方法占据了举足轻重的地位,也已经构成声学研究的一个分支。对声波及相关的声学现象进行测量和定量研究,必须对声波的概念和基本特性有深入了解。

本章首先介绍声波的产生和描述声波的基本量,通过阐述声波运动规律的波动方程,分别阐述声波的分类及声学测量中需要关注的典型声学现象,如声波的反射、透射、折射与衍射、声波的干涉和叠加等;随后讲述管中声波传播与室内声场的基本特性。

1.1 声波的产生和表述

1.1.1 声波的产生

振动产生声波。仔细考察和分析就可以发现,尽管它们的形式各异,但它们的共同特点就是所有这些声音都来源于物体的振动。例如,讲话的声音是来源于人喉内的声带振动,扬声器发声来源于纸盆的振动,机械噪声来源于机器部件的振动。凡是发出声音的振动体称为声源。声源不一定是固体,液体和气体同样会由于振动而发声,如浪涛声来源于水振荡,而汽笛声是由高压、高速气体产生的振动。

声源发出的声音必须通过中间介质才能传播。例如,在空气中我们可以听到声音,在真空中却听不到。那么声音是如何在空气中传入我们耳朵呢?

设想在空气中某个局部区域,由于某个声源(如扬声器纸盆)振动的激发,这一局部区域的介质体积元离开平衡位置运动,继而推动相邻的介质体积元运动,如图1.1.1所示。由于空气是连续的介质,我们将连续的空气介质划分为相连的A,B,C,D,…一个个小体积元,相邻体积元之间都存在着弹性。当体积元A向体积元B运动时,压缩了相邻的体积元B这部分空气介质,由于介质的弹性,体积元B的局部介质在被压缩时产生一个反抗力,这个反抗力又反过来作用于体积元A,使它向原来的平衡位置运动。由于体积元A具有质量,因而其惯性力使体积元A超过平衡位置后继续向另一侧运动,又压缩了另一侧的相邻介质,该相邻介质也会产生一个反抗压缩的弹性力,使体积元A又回过来趋向平衡位置运动。这样,由于介质的弹性和惯性作用，这个最初被扰动的空气介质体积元 A 在平衡位置附近来回地振动。同样的原因使体积元 A 的邻近部分的体积元 B，以至于更远处的体积元 C、D 等也在各自的平衡位置附近相继振动起来，但是在时间上是依次滞后的。这样介质质点的机械振动便由近及远地传播出去，当传入人耳时，使耳内鼓膜作相应的振动，便是我们感觉到的声音。

弹性介质里的振动传播过程，类似于多个质量-弹簧振子相互耦合形成的链形系统，一个振子的运动会影响其他振子也跟着一起运动。图 1.1.1(b)给出了振子 A 的质量在四个不同时间的位置，其余振子的质量也都在平衡位置附近作类似的振动，并依次有时间滞后。

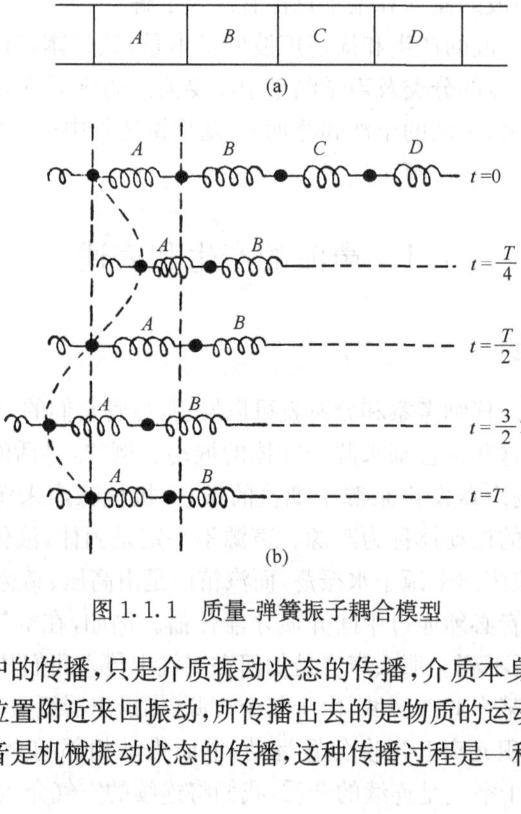

图 1.1.1 质量-弹簧振子耦合模型

声波在介质中的传播，只是介质振动状态的传播，介质本身并没有向前运动，它只是在其平衡位置附近来回振动，所传播出去的是物质的运动形态，这种运动形式称为波动。声音是机械振动状态的传播，这种传播过程是一种机械性质的波动，故称为声波。

1.1.2 描述声波的基本物理量

声波不仅可以在空气中传播，而且在液体、固体等一切弹性介质中都可以传播。根据传播介质的不同，可分为气体声、液体声、固体声等类型。气体和液体是流体，声在流体中传播时，只有体积的弹性恢复力，而没有切向恢复力，因此介质质点的振动方向与声波的传播方向一致，只有纵向波。固体中除了有纵波传播之外，还有横波，横波的介质质点的振动方向与传播方向垂直。

声波的频率为$10^{-4}\sim10^{12}$ Hz，按照频率范围可以划分为次声（$10^{-4}\sim20$Hz）、可听声（$20\sim2\times10^4$ Hz）、超声（$2\times10^4\sim5\times10^8$ Hz）和特超声（$5\times10^8\sim10^{12}$ Hz）。

最简单的周期性声波是纯音，由简谐振动产生的频率固定、并按正弦或余弦规律变化的声波，又称为简谐声波。复杂声波是由多个频率不同的简单声波组成。对于周期性声波，其谐波频率是基频的倍数。由傅里叶分析方法可以将任意周期性声波分解成一系列谐波。对于简谐声波，其物理量随时间按正弦形式或余弦规律变化，即

$$p(t) = p_a \sin(\omega t + \theta) \tag{1.1.1}$$

式中，p_a 为幅值；θ 为初始相位；ω 为角频率，

$$\omega = 2\pi f \tag{1.1.2}$$

式中，f 为频率，是1s内重复出现的完整振动的个数。如果自变量是时间，通常用T表示周期，即完成一周振动所需要的时间。因此，频率是周期的倒数，单位为赫兹(Hz)，

$$f = \frac{1}{T} \tag{1.1.3}$$

周期声波中两个相邻同相位点之间的距离称为波长，通常用λ表示，波长等于声速和频率之比，即

$$\lambda = \frac{c_0}{f} \tag{1.1.4}$$

由于正弦函数是周期函数，因此其数量每增加2π弧度，函数值就重复。根据周期条件可得

$$k\lambda = 2\pi$$

式中，k 表示每2π长度内波动重复的次数，称为波数，即

$$k = \frac{2\pi}{\lambda} = \frac{\omega}{c_0} \tag{1.1.5}$$

除了上面所述之外，描述声波的基本物理量有以下几个。

1. 声压基本概念及其量度

声波在传播时，声压较容易测量，因此描述声波的物理量最常用的是声压，也可以用质点振动的位移、质点振动速度或其他的相关物理量。

以空气介质为例，无声波作用时，空气是静止的，其压强称为静压强P_0。声源的振动使周围的空气形成周期性的疏密相间的状态，形成声波。在声波作用下，空间各点压强变为P，由于声波扰动产生的压强增量

$$p = P - P_0 \tag{1.1.6}$$

就称为声压。声压的大小反映了声波的强弱，单位是帕斯卡(Pa)：$1\text{Pa}=1\text{N/m}^2$。

当声波在传播过程中,同一时刻,不同体积元内的声压 p 不同,对于同一体积元,声压 p 又随时间而变化,所以声压一般是空间和时间的函数,即 $p=p(x,y,z,t)$。由于声波的扰动,引起的密度变化量 $\rho'=\rho-\rho_0$,也是空间和时间的函数,即 $\rho'=\rho'(x,y,z,t)$。

此外,由于介质质点振动位移、振动速度与压强之间是密切相关的,其中一个量的变化将导致其他量的变化,也可以作为描述声波的物理量。但是,由于人耳对声音的感觉直接与声压有关,而一般声学仪器容易直接测量的量是声压,因此声压已成为目前人们最为普遍采用的描述声波的一个基本物理量。

声波波及的空间称为声场。声场中某一点的某一瞬时声压值称为瞬时声压,而在一定时间间隔中最大的瞬时声压称为峰值声压。在一定时间间隔内瞬时声压的平方对时间取平均后的平方根值,也就是瞬时声压对时间的方均根值,称为有效值声压,简称有效声压,其数学表达式为

$$p_e=\sqrt{\frac{1}{T}\int_0^T P^2(t)\mathrm{d}t} \tag{1.1.7}$$

式中,下角符号"e"代表有效值;T 表示取平均的时间间隔。对于按正弦规律随时间变化的简谐波声压有下面的关系,即

$$p_e=\frac{p_a}{\sqrt{2}} \tag{1.1.8}$$

本书中,除了特指,一般所述的声压均为有效声压,在书写时省去下角符号"e"。一般使用电子(或声学)仪器测得的声压值都是有效声压。

为了使读者对声压的大小有一个数量概念,下面举出一些声压大小的典型例子:

人耳对 1000Hz 声音的可听阈(刚刚能觉察到它存在时的声压)约 2×10^{-5}Pa;

微风轻轻吹动树叶的声音约 2×10^{-4}Pa;

在房间中的高声谈话声(相距 1m 处)0.05~0.1Pa;

交响乐演奏声(相距 5~10m 处)约 0.3Pa;

一般鼓风机房声音约 2Pa;

喷气飞机起飞时约 200Pa。

2. 质点振动位移

声波的质点振动位移是介质中的质点因声波通过而引起的相对于平衡位置的位移。振动质点的最大位移称为振动的振幅。空气中声波振动的幅度非常小,在 10^{-7}~1mm。低限相应于听阈,高限相应于痛阈。

3. 质点振动速度

声波的质点振动速度是在一定时刻,介质中某一无穷小部分由于声波存在而

引起的相对于整个介质的速度，即

$$v = -\frac{1}{\rho_0}\int\frac{\partial p}{\partial x}\mathrm{d}t = v_a e^{j(\omega t - kx)} \tag{1.1.9}$$

瞬时质点速度、峰值质点速度和有效质点速度的意义和声压中所用有关名词相似。

4. 声阻抗与声阻抗率

介质在一定表面上的声阻抗是该表面上的平均有效声压 p 与通过该表面上的有效体积速度 U 的比值，即

$$Z_a = \frac{p}{U} \tag{1.1.10}$$

声阻抗为复数，其实数部分为声阻，虚数部分为声抗。而声阻抗也可以用力阻抗表示，这时它等于力阻抗除以有关面积的平方。

在研究空间声场时，体积速度 U 的含义是不明确的，在这种情况下，通常使用质点速度 v，因此就有了声阻抗率。声阻抗率是介质中某一点的有效声压与该点的有效质点速度 v 的比值，即

$$Z_s = \frac{p}{v} \tag{1.1.11}$$

在自由平面声波中，某点的有效声压 p 与该点的有效质点速度 v 的比值称为特性阻抗。它等于介质密度 ρ_0 和介质中声速 c_0 的乘积，即

$$Z_s = \frac{p}{v} = \rho_0 c_0 \tag{1.1.12}$$

在温度为20℃和标准大气压时，$\rho_0 = 1.21\text{kg/m}^3$，$c_0 = 344\text{m/s}$，空气的特性阻抗 $\rho_0 c_0$ 大约为 415Pa·s/m。对于水，当温度为 20℃ 时，$\rho_0 = 998\text{kg/m}^3$，$c_0 = 1480\text{m/s}$，水的特性阻抗 $\rho_0 c_0$ 大约为 1.48×10^6Pa·s/m。

5. 声能密度

声波传播到原来静止的介质中，一方面使介质质点在平衡位置附近来回振动起来，另一方面在介质中产生了压缩和膨胀的过程。前者使介质具有了振动动能，后者使介质具有了形变位能，两部分之和就是由于声扰动使介质得到的声能量，以声的波动形式传递出去。因此，可以说声波的传播过程实质上就是声振动能量的传递过程。

声能密度是声场中单位体积的声能量。声能密度的瞬时值、最大值、峰值分别称为瞬时声能密度、最大声能密度和峰值声能密度。对于平面声波，声场中某点的平均声能密度为

$$\bar{\varepsilon}=\frac{p^2}{\rho_0 c_0^2} \tag{1.1.13}$$

式中，p 为有效声压；ρ_0为介质密度；c_0为声速。

使用平均声能密度时，需要说明是某一时刻的空间平均，还是在某一点的时间平均，以免混淆。

6. 声功率

声源的声功率通常指在单位时间内声源向空间辐射的总能量。

单位时间内通过垂直于声传播方向面积 S 的平均声能量就称为平均声功率。因为声能量是以声速 c_0 传播的，因此平均声功率应等于声场中面积为 S、高度为 c_0 的柱体内所包括的平均声能量，即

$$\overline{W}=\bar{\varepsilon}c_0 S \tag{1.1.14}$$

在自由平面声波或球面波的波阵上，通过面积 S 的平均声功率(时间平均)为

$$\overline{W}=\frac{p^2}{\rho_0 c_0}S \tag{1.1.15}$$

声功率的单位为 W，1W=1N · m/s。

7. 声强

在单位时间内通过垂直于指定方向的单位面积上的平均声能量就是在该方向上的声强。声强也可表述为通过与指定方向垂直的单位面积的平均声功率，即

$$I=\frac{\overline{W}}{S}=\bar{\varepsilon}c_0 \tag{1.1.16}$$

根据声强的定义，还可以用单位时间内、单位面积的声波向前进方向毗邻介质所做的功来表示，即

$$I=\frac{1}{T}\int_0^T \mathrm{Re}(p)\mathrm{Re}(v)\mathrm{d}t \tag{1.1.17}$$

式中，Re 表示取实部。声强的单位为 $\mathrm{W/m^2}$。

将式(1.1.13)代入式(1.1.16)，可以得到在自由平面声波或球面波的情况，声波在传播方向上的声强为

$$I=\frac{p^2}{\rho_0 c_0}=\rho_0 c_0 v^2=pv \tag{1.1.18}$$

声强是有方向的量，若没有特别规定，则指定方向就是声波传播方向，表明声场中声能流的运动方向。由式(1.1.18)可见，声强与声压有效值或质点速度有效值成正比；此外，在相同质点速度的情况下，声强还与介质的特性阻抗成正比。在空气和水中传播相同频率、相同速度的平面声波，此时水中的声强要比空气中的声强约大 3600 倍。由此可见，在特性阻抗较大的介质中，声源只需用较小的振动速

度就可以发射出较大的能量。

1.2 声波方程

声波所及的空间称为声场。描述声场随时间、空间变化的规律和相互联系的数学方程称为声波方程。它是研究和了解声波特性、传播规律和各种声学现象的基础。为了使研究的问题得到简化，这里仅讨论理想流体介质中小振幅声波的情况，相应的波动方程称为线性声波波动方程。

1.2.1 流体介质的三个基本方程

在声波传播的过程中，必然要满足以下三个基本的物理定律，即牛顿第二定律，描述声压与质点速度的运动方程；质量守恒定律，描述可压缩介质中的压强变化与质点速度变化的连续性方程；以及描述压强、密度随温度变化的物态方程。

$$\frac{-\partial p}{\partial x}=\rho\frac{\partial v}{\partial t} \tag{1.2.1}$$

$$-\frac{\partial(v\rho)}{\partial x}=\frac{\partial\rho}{\partial t} \tag{1.2.2}$$

$$P=c^2\rho \tag{1.2.3}$$

其中，p、v、ρ 分别为声场中某一点由于声扰动引起的声压、质点振速和介质密度；P 为介质中总的声压，有 $P=P_0+p$，P_0 为无声扰动的平衡态的压强；c 为声波的传播速度。

1.2.2 一维声波波动方程

在建立小振幅波动方程时，作如下假定：

(1) 空气薄层单元不存在黏滞性，声波在空气中传播时没有能量损耗；

(2) 没有声扰动时，空气在宏观上是静止的，即初速度为零，同时又是均匀的，因此在空气中静态压强 P_0、静态密度 ρ_0 都是常数；

(3) 因声波传播引起介质的压缩与膨胀（或者稠密与稀疏）的变化比较迅速，热量来不及流入或流出，其变化过程是绝热的；

(4) 在空气中传播的是小振幅声波，各声学参量都是一级微量，即是线性的。

根据上述定律和假定，可以导出描述声压 p 与介质质点速度 v 之间关系的运动方程(1.2.4)，描述质点速度 v 与密度变化 ρ' 之间关系的连续性方程(1.2.5)，以及描述声压 p 与密度变化 ρ' 之间关系的物态方程(1.2.6)

$$\frac{-\partial p}{\partial x}=\rho_0\frac{\partial v}{\partial t} \tag{1.2.4}$$

$$-\rho_0\frac{\partial v}{\partial x}=\frac{\partial \rho'}{\partial t} \tag{1.2.5}$$

$$p=c_0^2\rho' \tag{1.2.6}$$

根据这一方程组，即可消去 p、v、ρ' 中的任意两个，而得到只有一个参量的方程。例如，将式(1.2.6)对 t 求导后代入式(1.2.5)得

$$\rho_0 c_0^2\frac{\partial v}{\partial x}=-\frac{\partial p}{\partial t}$$

将此式对 t 求导得

$$\rho_0 c_0^2\frac{\partial^2 v}{\partial t\partial x}=-\frac{\partial^2 p}{\partial t^2}$$

然后将式(1.2.4)代入到此式即得

$$\frac{\partial^2 p}{\partial x^2}=\frac{1}{c_0^2}\frac{\partial^2 p}{\partial t^2} \tag{1.2.7}$$

这就是以声压为参量，一维的均匀理想流体介质中小振幅声波的波动方程。因为忽略了二级以上微量，所以是线性声波方程。

1.2.3　三维声波波动方程

将一维空间推广至三维空间，此时声场在 x、y、z 三个方向上都不均匀，得到的三维空间的线性波动方程为

$$\nabla^2 p=\frac{1}{c_0^2}\frac{\partial^2 p}{\partial t^2} \tag{1.2.8}$$

其中，∇^2 为拉普拉斯算符，对于直角坐标

$$\nabla^2=\frac{\partial^2}{\partial x^2}+\frac{\partial^2}{\partial y^2}+\frac{\partial^2}{\partial z^2} \tag{1.2.9}$$

柱面坐标

$$\nabla^2=\frac{1}{r}\frac{\partial}{\partial r}\left(r\frac{\partial}{\partial r}\right)+\frac{1}{r^2}\frac{\partial^2}{\partial \theta^2}+\frac{\partial^2}{\partial z^2} \tag{1.2.10}$$

球面坐标

$$\nabla^2=\frac{1}{r^2}\frac{\partial}{\partial r}\left(r^2\frac{\partial}{\partial r}\right)+\frac{1}{r^2\sin\theta}\frac{\partial^2}{\partial \theta^2}\left(\sin\theta\frac{\partial}{\partial \theta}\right)+\frac{1}{r^2\sin\theta}\frac{\partial^2}{\partial \phi^2} \tag{1.2.11}$$

1.2.4　声波传播速度

通过对一维声波方程式(1.2.7)和三维声波方程式(1.2.8)求解，就可看出 c_0 是声波的传播速度，一般称为声速。

在线性声学中，空气中的声速为

$$c_0=\sqrt{\frac{\gamma P_0}{\rho_0}} \tag{1.2.12}$$

式中，P_0 为大气静压强；$\rho_0 = 1.293\text{kg/m}^3$ 为空气密度；γ 为比热比（对于空气，$\gamma = 1.402$）。

假设空气为理想气体，则声速仅与空气的绝对温度有关，如果采用摄氏温标 t℃，因为 $T_0 = 273 + t$，那么温度为 t℃时的声速为 $c_0(t℃) \approx 331.6 + 0.61t$(m/s)。

在水中 c_0 约为 1500m/s。在固体中，其纵波的声速与杨氏模量 E 有关，表示为

$$c_0 = \sqrt{\frac{E}{\rho_0}} \tag{1.2.13}$$

而与振动方向和传播方向垂直的横波声速与切变模量 G 有关，表示为

$$c_0 = \sqrt{\frac{G}{\rho_0}} \tag{1.2.14}$$

由于 $G < E$，显然固体中的横波声速要比纵波声速小。

从以上讨论可以知道，声速与介质的物理特性，特别是与可压缩性有密切相关。例如，气体的可压缩性大，声速就小；水的可压缩性小，声速就大。

1.3　声学量的级与分贝

1.3.1　使用级与分贝的原因

在声学领域中，广泛地将一些常用声学量、各种换能器的电声参数测量的量以 dB（分贝）表示。使用分贝的原因有：

(1) 因为声振动的能量范围极其广阔，人们讲话通常的声功率约只有 10^{-5}W，而火箭发射的噪声声功率可高达 10^9W，两者相差几十个数量级，如此广阔范围的能量用绝对标度十分不方便。

(2) 从人耳对声音强弱的主观感觉来讲，不是与声音变化量的绝对值成正比，而是接近于与相对量比值的对数成正比，是个等效的对数检测器。用声学仪器代替人耳对声音作客观的测量和分析，应该与人耳的听觉相符合。采用分贝作单位进行度量是十分合适的。

(3) 声学以及电子、通信领域，人们感兴趣的往往是信号的相对比值，而不是绝对值，使用分贝方便，而且已经形成习惯。

因此，分贝作为"级"的一种单位，定义为：一个量与同类基准量之比的以 10 的 10 次方根为底的对数值为 1 时称为 1 分贝，用 dB 表示。

分贝用于可与功率类比的量，如声强、声能密度以及功率的本身等；用于声压时，分贝实际是声压平方级的单位，并用名称表示级的类别。

1.3.2 声压级、声强级和声功率级

1. *声压级* L_p

待测声压的有效值 p_e与基准声压 p_0的比值取以 10 为底的对数，再乘以 20，即

$$L_p = 20\lg \frac{p_e}{p_0} \tag{1.3.1}$$

在空气中，基准声压 $p_0 = 2\times10^{-5}$ Pa，这个数值是正常人耳对 1kHz 纯音刚刚能觉察其存在的声压值，是最低可听阈声压，低于这一声压值，一般人就不能觉察到此声音的存在，因此可听阈声压的声压级为 0dB。

人耳的感觉特性，从可听阈的声压 2×10^{-5} Pa 到痛阈的声压 20Pa，两者相差 100 万倍，而用声压级表示的范围是 0～120dB，使声音的量度表示更加简单明了。声压值每变化 10 倍，声压级变化 20dB。

在水声领域，基准声压 $p_0 = 1\times10^{-6}$ Pa，使用这个基准值的优点是：它为 10 的整数幂次，在使用中不存在负的声压级，并且与 MKS 单位制相适应。

2. *声强级* L_I

待测声强 I 与基准声强 I_0的比值取以 10 为底的对数，再乘以 10，即

$$L_I = 10\lg \frac{I}{I_0} \tag{1.3.2}$$

在空气中，基准声强 $I_0 = 10^{-12}$ W/m^2，这个数值是与空气中的基准声压 2×10^{-5} Pa 相对应的声强值，是 1kHz 纯音的可听阈声强。

声压级与声强级的数值近于相等，由声强与声压（平面波情况下）的关系 $I = p^2/\rho_0 c_0$ 可知

$$L_I = 10\lg \frac{I}{I_0} = 10\lg\left(\frac{p_e^2}{\rho_0 c_0}\cdot\frac{400}{p_0^2}\right) = L_p + 10\lg\frac{400}{\rho_0 c_0} = L_p + \Delta L$$

如果在测量时条件恰好是 $\rho_0 c_0 = 400$，则 $L_I = L_p$；在一般情况，声强级与声压级将相差一个修正项 $\Delta L = 10\lg(400/\rho_0 c_0)$，它通常是比较小的。

3. *声功率级* L_W

待测声功率 W 与基准声功率 W_0的比值取以 10 为底的对数，再乘以 10，即

$$L_W = 10\lg \frac{W}{W_0} \tag{1.3.3}$$

在空气中，基准声功率 $W_0 = 10^{-12}$ W；在水中，基准声功率 $W_0 = 1$ W。基准声功率的取值与基准声压或基准声强没有什么关系，这是因为声功率级是对声源而言的，而声压级与声强级都是对声场而言的。

空气中声压级、声强级、声功率级之间的关系：由式(1.1.17)的声强与声功率之间的关系 $I=W/S$，以及空气中声强级近似地等于声压级，可得

$$L_p \approx L_I = 10\lg\left(\frac{W}{S}\cdot\frac{1}{I_0}\right) = 10\lg\left(\frac{W}{W_0}\cdot\frac{W_0}{I_0}\cdot\frac{1}{S}\right)$$

将 $W_0=10^{-12}\mathrm{W}$，$I_0=10^{-12}\mathrm{W/m^2}$代入，可得到

$$L_p \approx L_I = L_W - 10\lg S \quad (\mathrm{dB}) \tag{1.3.4}$$

以上所述的空气中声压级、声强级与声功率级的关系，应用的前提条件必须是自由声场，即除了声源发声外，其他的声音和反射声的影响均小到可以忽略。在自由场和半自由场测量机器噪声声功率的原理就是基于如此。

需要注意的是：①在声强级、声功率级的定义中，对数前面的常数都是10，而声压级的对数前面的常数为20，这是因为声能量正比于声强和声功率的一次方，而对于声压是平方的关系，所以在以分贝为单位取“级”时对数前面的常数分别是10和20，这一点不可混淆。②对于一个待测声源，尽管是通过声场方法来测量声功率，但是声功率来源于声源辐射，是一个恒定量；而声压级和声强级却随着测点的变化而变化。例如，在自由声场中测量点声源，其声压级和声强级随着距离的增加而减小。

为了使读者对一些声音有一个分贝的数量概念，现将本章1.1.2节中所列出的典型声压，在此用声压级表示。例如，微风轻轻吹动树叶的声音的声压级约为20dB；在房间中的高声谈话声(相距1m处)的声压级为66～74dB；交响乐演奏声(相距5～10m处)约为84dB；一般鼓风机房声音约为100dB；喷气飞机起飞时约为140dB。一些典型的声源的声功率级见表1.3.1。

表1.3.1　一些典型声源的声功率级

声源名称	声功率级/dB
喷气式客机	170
大型鼓风机	140
汽锤	120
一般鼓风机	100
歌唱	70～80
语言平均	50
轻声耳语	30

1.4 声波的传播

1.4.1 平面声波的传播

平面声波是波阵面具有与传播方向垂直的平行平面的声波。此时，传播方向只与 x 有关，平面声波的波动方程使用一维波动方程，对于简谐振动，其解的形式为

$$p(x,t) = A\mathrm{e}^{\mathrm{j}(\omega t-kx)} + B\mathrm{e}^{\mathrm{j}(\omega t+kx)} \tag{1.4.1}$$

式中，$k=\omega/c_0$ 为声波波数；$\omega = 2\pi f$；c_0 为声速。

式(1.4.1)中的第一项表示沿正 x 方向的行波，第二项表示沿负 x 方向的行波。如果声波在无限介质中传播时不存在反向行波，因而 $B=0$，所以式(1.4.1)就简化为

$$p(x,t) = A\mathrm{e}^{\mathrm{j}(\omega t-kx)} \tag{1.4.2}$$

设 $x=0$，声源振动时在毗邻介质中产生了 $p_{\mathrm{a}}\mathrm{e}^{\mathrm{j}\omega t}$ 的声压，这样就求得 $A=p_{\mathrm{a}}$。再运用式(1.1.9)可求得质点速度

$$v(x,t) = v_{\mathrm{a}}\mathrm{e}^{\mathrm{j}(\omega t-kx)} \tag{1.4.3}$$

式中，$v_{\mathrm{a}} = \dfrac{p_{\mathrm{a}}}{\rho_0 c_0}$。

平面声波在均匀的理想介质中传播时，假定介质不存在黏滞等损耗，因而波阵面保持平面不变，声压幅值和质点速度幅值都不随距离而变化；根据声阻抗率定义，应用式(1.4.2)和式(1.4.3)求得平面前进声波的声阻抗率为

$$Z_{\mathrm{s}} = \frac{p}{v} = \rho_0 c_0 \tag{1.4.4}$$

由此说明了平面声场中的特性阻抗是常数，并且为一个实数。式(1.4.4)反映了在平面声场中各位置上都无能量储存，在前一个位置上的能量可以完全地传播到后一个位置上去。

1.4.2 球面声波的传播

球面声波是波阵面为同心球面的声波。声场中的声压 p 仅是与球面坐标 r 有关，其波动方程为

$$\frac{\partial^2}{\partial r^2}(pr) = \frac{1}{c^2}\frac{\partial^2}{\partial t^2}(pr) \tag{1.4.5}$$

其解为

$$p(r,t) = \frac{A}{r}\mathrm{e}^{\mathrm{j}(\omega t-kr)} + \frac{B}{r}\mathrm{e}^{\mathrm{j}(\omega t+kr)} \tag{1.4.6}$$

式中，第一项代表向外辐射（发散）的球面波；第二项代表向球心反射（会聚）的球面波。在无限空间的条件下，因没有反射波，常数 $B=0$。于是

$$p(r,t)=\frac{A}{r}e^{j(\omega t-kr)} \tag{1.4.7}$$

根据质点速度与声压的关系，其径向质点速度为

$$v=\frac{A}{r\rho_0 c_0}\left(1+\frac{1}{jkr}\right)e^{j(\omega t-kr)} \tag{1.4.8}$$

球面声波在空气中传播时，它的声压与质点速度之间的相位差与 r/λ 成反比。其中，r 是球面声波的半径，λ 是声波波长。在理想介质中，声压与球面声波的半径成反比。

由式(1.4.7)和式(1.4.8)可得声强

$$I=\frac{p_a^2}{2\rho_0 c_0}=\frac{p_e^2}{\rho_0 c_0} \tag{1.4.9}$$

即声强与距离的平方成反比。这里 $p_e=p_a/\sqrt{2}$ 为有效声压，而 $p_a=|A|/r$，$|A|=\frac{\rho_0 c_0 k r_0^2 u_a}{\sqrt{1+(kr_0)^2}}$ 与球源的半径 r_0 和表面振动速度 u_a 有关。

因为声强仅是径向距离的函数，因此声强乘上以 r 为半径的球面面积，就可得到声波通过该球面的平均声功率为

$$\overline{W}=4\pi r^2 I=4\pi r^2\frac{p_e^2}{\rho_0 c_0}=\frac{2\pi}{\rho_0 c_0}|A|^2 \tag{1.4.10}$$

介质的声阻抗率是复数

$$Z_s=\frac{p}{v}=\rho_0 c_0\frac{jkr}{1+jkr} \tag{1.4.11}$$

当球面声波的半径很大时，式(1.4.11)中的纯抗分量可以忽略，声阻抗率与平面声场表达式相同，为

$$Z_s=\rho_0 c_0$$

1.4.3　柱面声波的传播

波阵面为同轴圆柱面的声波称为柱面波，其波动方程为

$$\frac{\partial^2 p}{\partial r^2}+\frac{1}{r}\frac{\partial p}{\partial r}=\frac{1}{c^2}\frac{\partial^2 p}{\partial r^2} \tag{1.4.12}$$

方程的解为

$$p(r,t)=Ae^{j\omega t}[J_0(kr)\pm jN_0(kr)] \tag{1.4.13}$$

式中，J_0、N_0 分别为零阶柱贝塞尔函数和零阶柱诺依曼函数；“＋”号，表示向外传播的柱面波；“－”号，表示向轴心集聚传播的柱面波。

当 kr 较大时，求出的近似行波解为

$$p = \frac{A}{\sqrt{\pi kr/2}} e^{j(\omega t - kr)} \tag{1.4.14}$$

$$v = \frac{p}{\rho_0 c_0}\left(\frac{1}{j2kr} + 1\right) \tag{1.4.15}$$

在 $kr \gg 1$ 时声阻抗率与平面声场表达式相同

$$Z_s = \rho_0 c_0$$

在距离声源较远的地方，柱面波的声强为

$$I = \frac{1}{\pi kr}\frac{A}{\rho_0 c_0} \tag{1.4.16}$$

表明声强与距离成反比，每单位长度辐射的声功率为

$$W = 2\pi r I = \frac{2A}{k\rho_0 c_0} \tag{1.4.17}$$

平面波由于各种物理量之间的关系比较简单，且可以反映声学的基本特性，因此是声学研究中的主要研究对象。但是，平面波只有在满足条件的管道中产生，通常条件下不能产生真正意义的平面波。但从上面的介绍可以看到，在离声源足够远的区域(远场)，各种类型的声波其局部可近似为平面波。此外，声波在自由空间中传播，当它的波长比声源尺寸大得多时，声波就以球面波的形式均匀地向四面八方辐射，而没有方向性，如图 1.4.1(a)所示。当声源辐射的声波，其波长比声源尺寸小得多时，声源辐射的声波就形成一定的方向性，以略微发散的声束向正前方传播。当声波的波长与声源尺寸相比，其比值越小，则辐射的声束发散角越小时，表现出很强方向性。当两者相比非常小时，声波几乎以不发散的声束成平面的形状由声源向外传播，如图 1.4.1(b)所示。

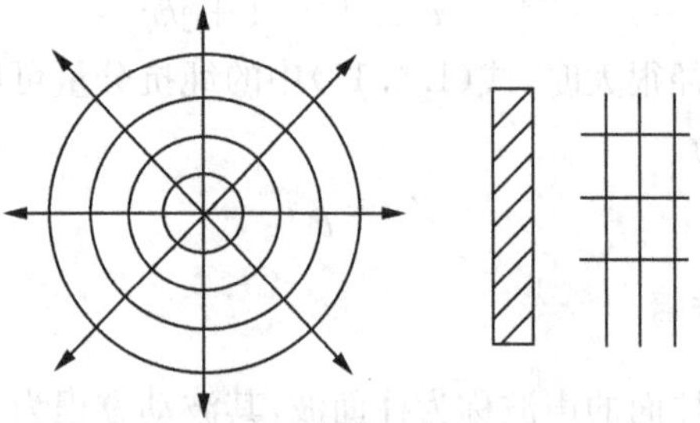

(a) 球面声波　　(b) 平面声波

图 1.4.1　声波的辐射

1.5　声波的反射、折射、散射和衍射

声波在传播过程中经常会遇到各种反射体或障碍，如传播着的声波遇到隔墙

和隔板时，一部分声波被反射，还有一部分声波通过隔墙或隔板透射过去；障碍物对声波传播的影响决定于障碍物本身的大小、形状和声波的波长，因此产生了声波的散射和衍射。

1.5.1　声学边界条件

声波的反射、透射都是在两种介质的分界面处发生的，研究入射波、反射波和透射波（折射波）之间的定量关系时，需要对在分界面上遵守的声学边界条件进行观察。

为简单起见，这里以流体作为传声介质。设有两种都延伸无限远的介质，其特性阻抗分别为 $\rho_1 c_1$ 和 $\rho_2 c_2$，如图 1.5.1 所示。当声波从介质Ⅰ传来，遇到与介质Ⅱ结合的分界面时，一部分声波就反射回到介质Ⅰ，另外一部分声波会透射到介质Ⅱ中去，这时介质Ⅰ一侧的声压为 p_1，而在介质Ⅱ一侧的声压为 p_2。由于界面是无限薄的，界面两边的力必须维持平衡，也就是两种介质在分界面上的声压是连续的，即

$$p_1 = p_2 \tag{1.5.1}$$

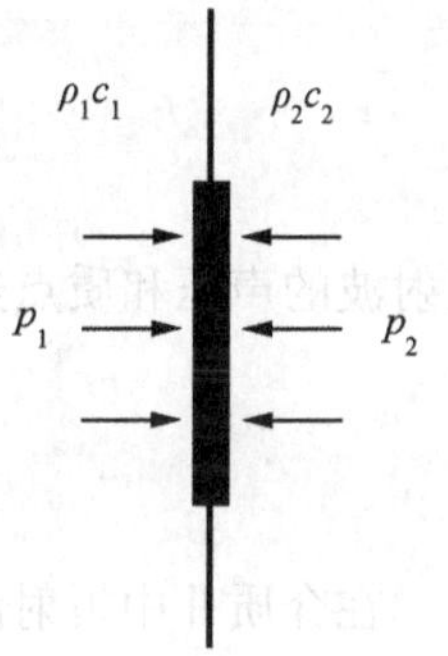

图 1.5.1

分界面两边的介质由于声扰动而得到法向质点速度分别为 v_1 和 v_2。由于两种介质在运动时，始终保持恒定接触，所以两种介质在分界面上的法向质点速度必定相等，也就是分界面两边的法向质点速度是连续的，即

$$v_1 = v_2 \tag{1.5.2}$$

式(1.5.1)与式(1.5.2)就是介质分界面处遵循的两个声学边界条件。

1.5.2　声波的反射和折射

当波阵面远离任何声源时，就近似于平面形状，因此通常仅限于讨论平面波的反射和折射。

设介质Ⅰ和介质Ⅱ的特性阻抗分别为 $\rho_1 c_1$ 和 $\rho_2 c_2$。当平面声波从介质Ⅰ以与界面法线成 θ_i 角入射到介质Ⅰ和介质Ⅱ分界面时，一部分波以 θ_r 的角度被反射回来形成反射波，另一部分波以与分界面法线成 θ_t 角的方向透射到介质Ⅱ中，并形成与分界面法线成一定夹角的折射波，如图 1.5.2 所示。

介质Ⅰ中入射波的声压和质点速度为

$$p_i = p_{ia} e^{j(\omega t - k_1 x\cos\theta_i - k_1 y\sin\theta_i)} \tag{1.5.3}$$

$$v_i = \frac{\cos\theta_i}{\rho_1 c_1} p_i \tag{1.5.4}$$

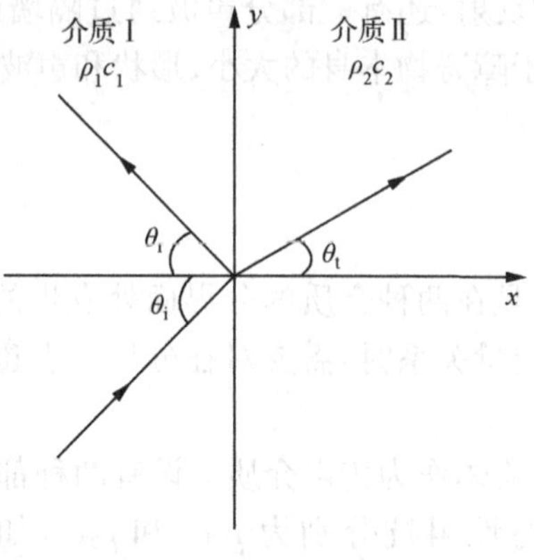

图 1.5.2　平面声波的入射、反射和折射

反射波的声压和质点速度为

$$p_r = p_{ra} e^{j(\omega t + k_1 x\cos\theta_r - k_1 y\sin\theta_r)} \tag{1.5.5}$$

$$v_r = -\frac{\cos\theta_r}{\rho_1 c_1} p_r \tag{1.5.6}$$

在介质Ⅱ中折射波的声压和质点速度为

$$p_t = p_{ta} e^{j(\omega t - k_2 x\cos\theta_t - k_2 y\sin\theta_t)} \tag{1.5.7}$$

$$v_t = \frac{\cos\theta_t}{\rho_2 c_2} p_t \tag{1.5.8}$$

根据式(1.5.1)和式(1.5.2)，在分界面处满足声压及法向质点速度连续，设分界面处 $x = 0$，有

$$p_i + p_r = p_t$$

$$v_i + v_r = v_t$$

将式(1.5.3)～式(1.5.8)代入以上两式，并令指数因子相等，由此可得

$$\theta_i = \theta_r \tag{1.5.9}$$

$$\frac{\sin\theta_i}{\sin\theta_t} = \frac{k_2}{k_1} = \frac{c_1}{c_2} \tag{1.5.10}$$

式中，c_1、c_2分别为介质Ⅰ和介质Ⅱ中的声速。

这就是著名的斯奈尔(Snell)声波反射与折射定律。该定律说明了声波遇到分界面时，反射角等于入射角，而折射角的大小与两种介质中的声速之比有关，介质Ⅱ的声速越大，折射波偏离分界面法线的角度越大。

关于入射声波、反射声波与折射声波(或透射声波)之间的振幅关系，可以根据界面上的边界条件求得。反射波声压与入射波声压振幅之比称为声压反射系数 r_p；折射波声压与入射波声压之比称为声压透射系数 t_p。

$$r_p = \frac{p_r}{p_i} = \frac{\dfrac{\rho_2 c_2}{\cos\theta_t} - \dfrac{\rho_1 c_1}{\cos\theta_i}}{\dfrac{\rho_2 c_2}{\cos\theta_t} + \dfrac{\rho_1 c_1}{\cos\theta_i}} \tag{1.5.11}$$

$$t_p = \frac{p_t}{p_i} = \frac{2\dfrac{\rho_2 c_2}{\cos\theta_t}}{\dfrac{\rho_2 c_2}{\cos\theta_t} + \dfrac{\rho_1 c_1}{\cos\theta_i}} \tag{1.5.12}$$

式中，ρ_1、ρ_2 分别为两种介质的静态密度。

入射波和折射波的声压与相应的质点速度的法向分量的比值为法向声阻抗率，即有 $Z_{s1} = \rho_1 c_1/\cos\theta_i$、$Z_{s2} = \rho_2 c_2/\cos\theta_t$。

当声波垂直入射时，$\theta_i = \theta_r = \theta_t = 0$，则 $\cos\theta_i = \cos\theta_r = \cos\theta_t = 1$，法向声阻抗率恰好等于介质的特性阻抗，式(1.5.11)和式(1.5.12)可简化为

$$r_p = \frac{p_r}{p_i} = \frac{\rho_2 c_2 - \rho_1 c_1}{\rho_2 c_2 + \rho_1 c_1} \tag{1.5.13}$$

$$\tau_p = \frac{p_t}{p_i} = \frac{2\rho_2 c_2}{\rho_2 c_2 + \rho_1 c_1} \tag{1.5.14}$$

若两种介质的特性阻抗相差很远，如水的特性阻抗要比空气约大 4000 倍，这时 $r_p = 1$，即当声波从空气入射到水面(或从水面入射到空气)时，几乎是百分之百被反射回来。

在界面上失去的声能(实际上主要是透射到介质Ⅱ中去的声能)与入射声能之比称为吸声系数 α。由于能量与声压平方成正比，所以

$$\alpha = 1 - |r_p|^2 \tag{1.5.15}$$

其中，r_p 的数值与入射方向有关，α 也与入射方向有关。因此，在给出界面的吸声系数时，需说明是垂直入射吸声系数，还是斜入射吸声系数。

1.5.3　声波的散射和衍射

若障碍物表面很粗糙(指表面起伏比波长大)或者障碍物的大小与波长差不多，则声波入射时，就产生各处方向的散射。这时的声场由入射波和散射波叠加而成。这种散射波的图形十分复杂，随频率而改变。当波长很长时，散射波的功率与波长的四次方成反比，散射波很弱，而且大部分均匀地分布在对着入射的方向；当频率增加，波长变短，散射峰出现并且向前移，角分布图形变得复杂，如图 1.5.3 所示；当波长更短时，在极限情况下，散射波能量的一半集中于入射波前进的方向，而另一半比较均匀地散布在其他方向，形成心脏形曲线再加上正前方一个尖峰。

声波的衍射现象，不仅在障碍物比波长小时存在，即使障碍物很大，在障碍物边缘也会产生，如图 1.5.4 所示。波长越长，这种现象越明显。例如，有了门缝、窗缝，隔声效果就大为下降，或者路边的屏障不能将噪声隔绝等就是由于衍射效应引

起的。

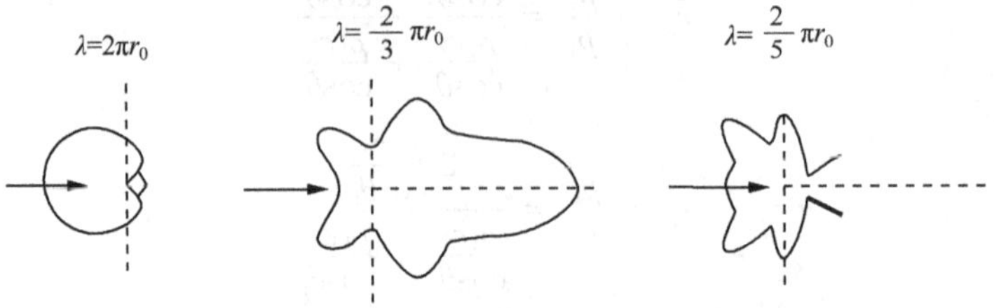

图 1.5.3 刚性球散射声波强度的角分布图

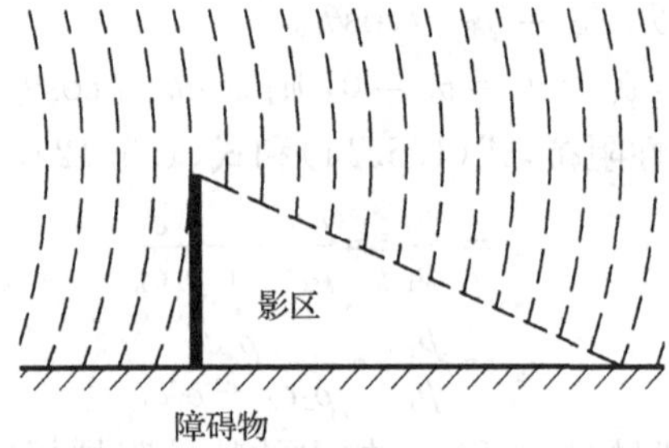

图 1.5.4 障碍物边缘的衍射现象

当声波传播时，遇到障碍物、孔隙、棱角等时就可以绕过去，这就是衍射。图 1.5.5 是几个例子，图中箭头是声线，垂直于声线的是波阵面。

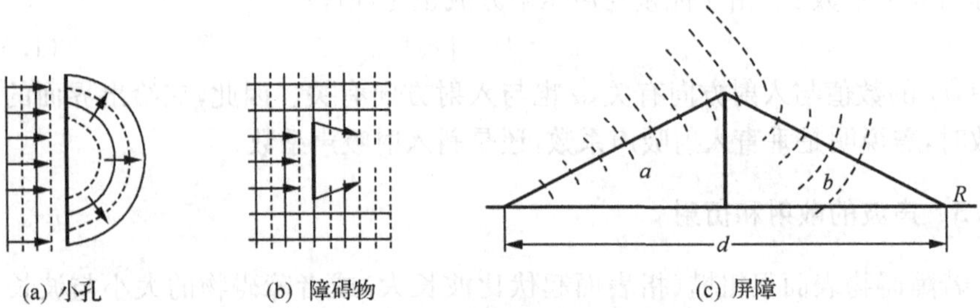

图 1.5.5 几种不同情况的衍射

1.6 声波的叠加与干涉

对于空间存在多个声源和不同频率声源的合成声场，在不考虑声源之间的相互作用的前提下，各声源所发出的声波可在同一介质中独立地传播，这里讨论由这些声波合成的声场所具有的性质。

1.6.1　叠加原理

描述小振幅声波传播规律的波动方程式(1.2.7)和式(1.2.8)从数学上讲是线性方程，这就反映了小振幅声波满足叠加原理。

这里先以两列波的叠加为例，然后再推广到多列波的情况。设有两列声波，它们的声压分别是 p_1 和 p_2，其合成声场的声压设为 p。因为导出声波方程(1.2.8)只是应用了介质的基本特性，所以现在的合成声场 p 一定也满足波动方程

$$\nabla^2 p = \frac{1}{c_0^2}\frac{\partial^2 p}{\partial t^2} \tag{1.2.8}$$

另外，声压 p_1 和 p_2 自然应分别满足波动方程

$$\nabla^2 p_1 = \frac{1}{c_0^2}\frac{\partial^2 p_1}{\partial t^2}$$

$$\nabla^2 p_2 = \frac{1}{c_0^2}\frac{\partial^2 p_2}{\partial t^2}$$

由于每个方程都是线性的，所以将上面两式相加得到

$$\nabla^2 (p_1 + p_2) = \frac{1}{c_0^2}\frac{\partial^2 (p_1 + p_2)}{\partial t^2} \tag{1.6.1}$$

比较式(1.2.8)及式(1.6.1)，并考虑声学边界条件也是线性的，所以得到

$$p = p_1 + p_2 \tag{1.6.2}$$

这就是说，两列声波合成声场的声压等于每列声波的声压之和。显然，此结论可以推广到多列声波同时存在的情况。由此给出声场叠加原理：如果声场中存在 p_1，p_2，…，p_n，n 个独立声波，在某点的总声压为

$$p = p_1 + p_2 + \cdots + p_n = \sum_{i=1}^{n} p_i \tag{1.6.3}$$

在前面求解介质Ⅰ的反射与折射声场中，结果为反射波与入射波之和($p_{\mathrm{i}} + p_{\mathrm{r}}$)，其实已是叠加原理的应用。

1.6.2　驻波

两列相同频率但以相反方向行进的平面波可分别表示为

$$p_{\mathrm{i}} = p_{\mathrm{ia}} e^{\mathrm{j}(\omega t - kx)}$$

$$p_{\mathrm{r}} = p_{\mathrm{ra}} e^{\mathrm{j}(\omega t + kx)}$$

根据叠加原理，合成声场的声压为

$$p = p_{\mathrm{i}} + p_{\mathrm{r}} = 2p_{\mathrm{ra}} \cos kx \ e^{\mathrm{j}\omega t} + (p_{\mathrm{ia}} - p_{\mathrm{ra}}) e^{\mathrm{j}(\omega t - kx)} \tag{1.6.4}$$

由此可见，合成声场由两部分组成，第一项代表一种驻波场，各位置的质点都作同位相振动，但振幅大小却随位置而异，当 $kx = n\pi$，即 $x = n\lambda/2(n=1,2,\cdots)$时，声压振幅最大，称为声压波腹，而当 $kx = (2n-1)\pi/2$，即 $x = (2n-1)\lambda/4(n=1,$

2,…)时,声压振幅为零,称为声压波节;第二项代表向 x 方向行进的平面行波,其振幅为原先两列波的振幅之差。

从上面简单的分析可以得出一个重要的规律,如果存在沿相反方向行进的波,如在房间中入射波与由墙壁产生的反射波相叠加,则空间中合成声压的振幅将随位置出现极大和极小的变化,这样就破坏了平面自由声场的性质;如果反射波越强,p_{ra}越大,则第一项比第二项的作用大,即自由声场的条件越不成立。特别是,如果反射波的振幅等于入射波的振幅(全反射),$p_{ra}=p_{ia}$,则式(1.6.4)的第二项为零,只剩下第一项,这时的合成声是一个纯粹的"驻波",也称为定波。

1.6.3 声波的相干性

如果是两列具有相同频率、固定相位差的声波的叠加,这时会发生干涉现象。

设到达空间某位置的两列声波分别为

$$p_1 = p_{1a}\cos(\omega t - \varphi_1)$$
$$p_2 = p_{2a}\cos(\omega t - \varphi_2)$$

并设两列声波到达该位置时的相位差 $\psi=\varphi_2-\varphi_1$ 不随时间变化,也就是说两列声波始终以一定的相位到达该处。

由叠加原理可以得到合成声场的声压为

$$p = p_1 + p_2 = p_{1a}\cos(\omega t - \varphi_1) + p_{2a}\cos(\omega t - \varphi_2) = p_a\cos(\omega t - \varphi) \tag{1.6.5}$$

式中

$$p_a^2 = p_{1a}^2 + p_{2a}^2 + 2p_{1a}p_{2a}\cos(\varphi_2 - \varphi_1)$$
$$\varphi = \tan^{-1}\frac{p_{1a}\sin\varphi_1 + p_{2a}\sin\varphi_2}{p_{1a}\cos\varphi_1 + p_{2a}\cos\varphi_2} \tag{1.6.6}$$

式(1.6.5)及式(1.6.6)说明,该位置上合成声压仍然是一个相同频率的声振动,但是合成声压的振幅并不等于两列声波声压的振幅之和,而是与两列声波的相位差 ψ 有关。

从能量的角度考虑,因为声压的平方反映了声场中平均能量密度的大小,而两者的关系可由式(1.1.13)描述,因此将式(1.6.5)两边对时间取平均,可得合成声压的平均能量密度为

$$\bar{\varepsilon} = \overline{\varepsilon_1} + \overline{\varepsilon_2} + \frac{p_{1a}p_{2a}}{\rho_0 c_0^2}\cos\psi \tag{1.6.7}$$

如果某些位置上有 $\psi=0,\pm 2\pi,\pm 4\pi,\cdots$,这意味着两列声波始终以相同的相位到达,则

$$p_a = p_{1a} + p_{2a}$$
$$\bar{\varepsilon} = \overline{\varepsilon_1} + \overline{\varepsilon_2} + \frac{p_{1a}p_{2a}}{\rho_0 c_0^2} \tag{1.6.8}$$

如果某些位置上有 $\psi=\pm\pi,\pm3\pi,\cdots$，这意味着两列声波始终以相反的相位到达，即有

$$\begin{aligned} p_a &= p_{1a}-p_{2a} \\ \bar{\varepsilon} &= \overline{\varepsilon_1}+\overline{\varepsilon_2}-\frac{p_{1a}p_{2a}}{\rho_0 c_0^2} \end{aligned} \tag{1.6.9}$$

式(1.6.8)及式(1.6.9)说明，在两列同频率、具有固定相位差的声波叠加以后的合成声场中，任何一个位置上的平均能量密度并不简单地都等于两列声波的平均密度之和，而是与两列声波到达该位置时的相位差有关。特别是在某些位置上，声波加强，合成声压值为两列声波值之和，平均声能量密度为两列声波平均声能量密度之和还要加上一个增量 $\frac{p_{1a}p_{2a}}{\rho_0 c_0^2}$。如果 $p_{1a}=p_{2a}$，那么这些位置上的合成声压幅值为每列的2倍，平均声能量密度为每列声波平均声能量密度的4倍。在另外一些位置上，声波互相抵消，合成声压幅值为两列声波幅值之差，平均能量密度比两列声波平均能量密度之和要差一个数值 $\frac{p_{1a}p_{2a}}{\rho_0 c_0^2}$。如果 $p_{1a}=p_{2a}$，那么这些位置上，合成声压幅值及平均声能量密度为零。这就是声波的干涉现象，这种具有相同频率且有固定相位差的声波称为相干波。

如果两列不同频率的声波，即使有固定的相位差，也可以证明：不发生干涉现象；合成声场的平均能量密度为两列声波平均能量密度之和。

1.6.4　无规相位的声波叠加

在一般噪声问题中，所遇到的声波频率不同，或者不存在固定的相位差，或者两者兼有，那么这样的两列波或两列以上的声波叠加后的声场将不会出现干涉现象。因为这时的式(1.6.6)以及式(1.6.7)中的两列波的相位差 $\psi=\varphi_2-\varphi_1$ 不再是一个固定的常数，而是随时间作随机的变化，不同的瞬时时间 ψ 呈现出不同的值，而人耳及声学测量仪器是对一段时间内的平均，则有

$$\frac{1}{T}\int_0^T \cos\psi \mathrm{d}t = 0$$

因此有

$$\bar{\varepsilon}=\overline{\varepsilon_1}+\overline{\varepsilon_2} \tag{1.6.10}$$

即不发生干涉、不出现驻波现象，总声能量等于两列声波声能量的叠加。由于是互不相干的，所以合成声场的声压是各列波的声压之和。根据式(1.1.13)描述的声压的平方反映了声场中平均能量密度的大小，因此两列无规相位声波的合成声压振幅的平方等于各自声压振幅平方的简单相加，即有

$$p_a^2 = p_{1a}^2 + p_{2a}^2 \tag{1.6.11}$$

或用有效声压表示为

$$p_{e}^{2} = p_{1e}^{2} + p_{2e}^{2} \tag{1.6.12}$$

如此可以推广到，对于 n 个不相干的、独立运行的声源发出的声波叠加有

$$p^{2} = \sum_{i=1}^{n} p_{i}^{2} \tag{1.6.13}$$

根据声压级定义，$L_{pi} = 20\lg \dfrac{p_i}{p_{\text{ref}}}$，而 $p_i^2 = p_{\text{ref}}^2 10^{L_{pi}/10}$，代入到式(1.6.13)便可得到声压级的叠加公式为

$$L_p = 10\lg \sum_{i=1}^{n} 10^{0.1L_{pi}} \tag{1.6.14}$$

对于两个独立的噪声源的声压级叠加，当 $L_1 \geqslant L_2$ 时，式(1.6.14)简化为

$$L_p = 10\lg(10^{0.1L_1} + 10^{0.1L_2}) = L_1 + \Delta L \tag{1.6.15}$$

其中

$$\Delta L = 10\lg(1 + 10^{-0.1(L_1 - L_2)}) \tag{1.6.16}$$

如果 $L_1 = L_2$，则 $\Delta L = 3\text{dB}$，即两个声压级相同的噪声源叠加后的总声压级为单个声源声压级上加 3dB；如果 $L_1 - L_2 = 10\text{dB}$，则有 $\Delta L = 0.4\text{dB}$。可以看出，若两个声源的声压级相差 10dB 以上，叠加后的总声压级几乎与高声压级的那个声源原来的数值相近，低声压级声源对叠加的贡献可以忽略。依据式(1.6.16)作出的 ΔL 与 $L_1 - L_2$ 的关系曲线如图 1.6.1 所示。

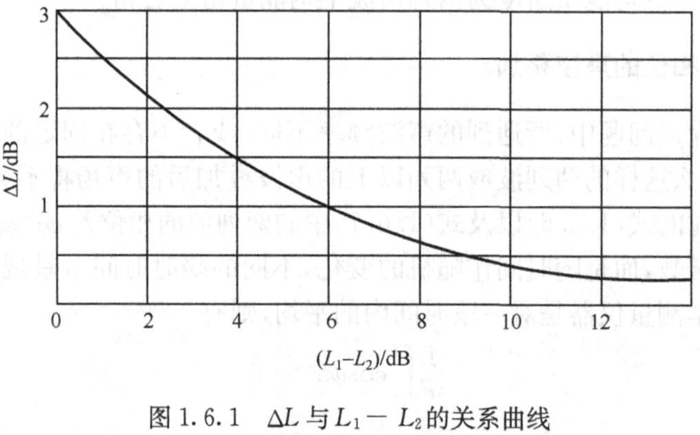

图 1.6.1　ΔL 与 $L_1 - L_2$ 的关系曲线

与两个声源叠加相反，当已知两个声源产生的总声压级 L_p 和其中一个声源的声压级 L_2，而要确定另一个声源的声压级 L_1 时，由式(1.6.12)得到

$$L_1 = L_p - \Delta L$$

而其中的 ΔL 为

$$\Delta L = -10\lg[1 - 10^{-0.1(L_p - L_2)}] \tag{1.6.17}$$

根据式(1.6.17)作出的 ΔL 与 $L_p - L_2$ 的关系曲线如图 1.6.2 所示。

现举例说明图 1.6.2 的使用方法。例如，有一机器在开动时测得的总声压级

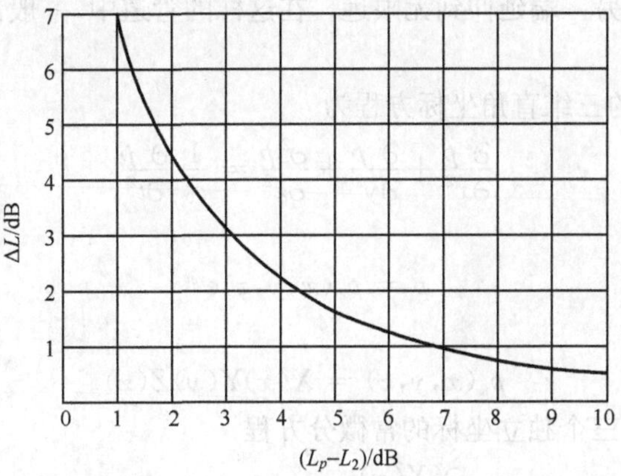

图 1.6.2　ΔL 与 $L_p - L_2$ 的关系曲线

(包括背景噪声)为 80dB,关掉机器在同一测点测得背景噪声为 73dB,于是 $L_p - L_2 = 7\text{dB}$,由式(1.6.17)计算或从图 1.6.2 中查得 $\Delta L = 1\text{dB}$,因而求得该机器本身产生的声压级为 $L_1 = 80 - 1 = 79\text{dB}$。

需要指出的是,当 $L_p - L_2 < 3\text{dB}$ 时,$\Delta L > 3\text{dB}$,机器单独产生的声压级比背景噪声还要低,因此用此方法难以得到可靠的结果。

1.7　声波导管与管中的声波

声学研究中经常遇到声在管中传播的情况,而且都是假定在管中传播的是沿管轴方向的一维平面波,由于平面波的各声学量之间的关系十分简单,因此许多声学测量工作(如吸声材料和吸声结构的测量)都是在管中进行。本节主要介绍管中的平面波是如何获得的,管的形状、尺寸以及管壁的边界对管中平面波的影响。

1.7.1　矩形声波导管

设有一矩形管,如图 1.7.1 所示,其宽度为 l_y,高度为 l_x,管长用 z 表示。设管

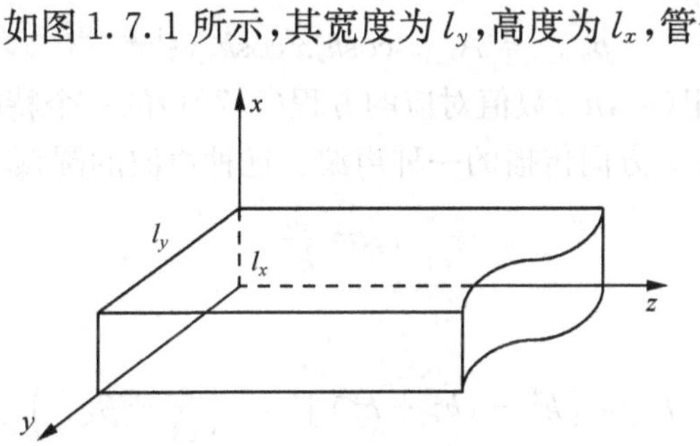

图 1.7.1　矩形管示意图

口取在 $z=0$ 处,另一端延伸到无限远。在这样的管道中,一般说来声波在 x、y、z 方向是不均匀的。

矩形管道中的三维直角坐标方程为

$$\frac{\partial^2 p}{\partial x^2}+\frac{\partial^2 p}{\partial y^2}+\frac{\partial^2 p}{\partial z^2}=\frac{1}{c_0^2}\frac{\partial^2 p}{\partial t^2} \tag{1.7.1}$$

现令其解为

$$p=p_{\mathrm{a}}(x,y,z)\mathrm{e}^{\mathrm{j}\omega t} \tag{1.7.2}$$

而设

$$p_{\mathrm{a}}(x,y,z)=X(x)Y(y)Z(z) \tag{1.7.3}$$

分离变量后,得到三个独立坐标的常微分方程

$$\begin{aligned}&\frac{\partial^2 X(x)}{\partial x^2}+k_x^2X(x)=0\\&\frac{\partial^2 Y(x)}{\partial y^2}+k_y^2Y(y)=0\\&\frac{\partial^2 Z(z)}{\partial z^2}+k_z^2Z(z)=0\end{aligned} \tag{1.7.4}$$

其中,k_x、k_y、k_z 为三个待定常数,满足下面关系

$$k^2=k_x^2+k_y^2+k_z^2 \tag{1.7.5}$$

因为 x、y 方向是有界的,声波在边界上产生反射,入射波与反射波叠加后产生驻波;而在 z 轴方向没有边界,因此取行波解,所以对应方程(1.7.4)的解为

$$\begin{aligned}X(x)&=A_x\cos k_x x+B_x\sin k_x x\\Y(y)&=A_y\cos k_y y+B_y\sin k_y y\\Z(z)&=A_z\mathrm{e}^{-\mathrm{j}k_z z}\end{aligned} \tag{1.7.6}$$

根据刚性管壁的边界条件

$$(v_x)_{(x=0,x=l_x)}=0$$

$$(v_y)_{(y=0,y=l_y)}=0$$

得到解的形式为

$$p_{n_x n_y}=A_{n_x,n_y}\cos k_x x\cos k_y y\mathrm{e}^{\mathrm{j}(\omega t-k_z z)} \tag{1.7.7}$$

这里 $p_{n_x n_y}$ 为每一组(n_x,n_y)数值对应的方程(1.7.1)的一个特解,它表示在声波导管中可能存在的沿 z 方向传播的一种声波。这种声波的圆频率为 ω,传播速度为

$$c_z=\frac{\omega}{k_z}$$

其中

$$k_z=[k^2-(k_x^2+k_y^2)]^{\frac{1}{2}}=\left(\frac{\omega^2}{c_0^2}-\beta_{n_x n_y}^2\right)^{\frac{1}{2}} \tag{1.7.8}$$

而

$$\beta_{n_x n_y}^2 = \left[\left(\frac{n_x}{l_x}\right)^2 + \left(\frac{n_y}{l_y}\right)^2\right]\pi^2 \tag{1.7.9}$$

从式(1.7.8)中不难看出，仅当 k_z 为实数时，在 z 方向才表现有波的传播。也就是满足条件

$$\frac{\omega^2}{c_0^2} > \beta_{n_x n_y}^2$$

即 $f > f_{n_x n_y}$，其中

$$f_{n_x n_y} = \frac{c_0}{2}\sqrt{\left(\frac{n_x}{l_x}\right)^2 + \left(\frac{n_y}{l_y}\right)^2} \tag{1.7.10}$$

称为声波导管的简正频率。

1. 管中平面声波的获得

当 $n_x = 0, n_y = 0$ 时，所对应的(0,0)次波的声压为

$$p_{00} = A_{00}\mathrm{e}^{\mathrm{j}(\omega t - kz)} \tag{1.7.11}$$

是管中沿 z 轴方向传播的波阵面为平面的一维平面波。这种平面波仅是可能存在的多种波中的一个，但不是唯一的一个。例如，(0,1)次波为

$$p_{01} = A_{01}\cos\frac{\pi}{l_y}y\,\mathrm{e}^{\mathrm{j}\left(\omega t - \sqrt{\left(\frac{\omega}{c_0}\right)^2 - \left(\frac{\pi}{l_y}\right)^2}z\right)} \tag{1.7.12}$$

由此看出，对于(0,1)次波在垂直于 z 轴的平面上振幅将随 y 的位置而变化。为了加以区别，称(0,0)次波为主波，除(0,0)次波以外的波称为高次波。

从上面分析可以指出，只有当声源的激发频率 f 比管中某个简正频率 $f_{n_x n_y}$ 高时，才能在管中激发出对应的(n_x, n_y)次波。可以设想，如果声源的频率低于管中除零以外的最低一个简正频率，那么管中所有的高次波都不能出现。因为(0,0)次波的简正频率 $f_{00} = 0$，所以只要有声源存在，任何频率都总是大于零的，这时管中只可能传播唯一的(0,0)次波。因此，我们称除零以外的一个最低简正频率为声波导管的截止频率，简称管子的截止频率。也就是说，如果有一声管，已确定其截止频率，那么只要声源的工作频率比它低，在这一管中就只能传播唯一的(0,0)次波。

例如，有一矩形管内充空气，管子的宽度 $l_x = 0.2\text{m}$，高度 $l_y < l_x$，于是可确定声波导管的截止频率为 $f_c = f_{10} = \frac{343}{2}\sqrt{\left(\frac{1}{0.2}\right)^2} = 875.5\text{Hz}$，所以只要声源的频率低于 875.5Hz，在管中就能产生唯一的沿 z 轴传播的平面波。

2. 高次振动的衰减

根据上面的讨论，某一组(n_x, n_y)数对应的一个解，仅是方程(1.7.1)的一个特解，与该特解相应的简正波只是管中可能存在的一种波，所以方程的一般解是所有简正波的叠加。因此，管中的总声压表示为

$$p = \sum_{n_x n_y} p_{n_x n_y} = \sum_{n_x}^{\infty} \sum_{n_y}^{\infty} A_{n_x n_y} \cos(k_{n_x} x) \cos(k_{n_y} y) \mathrm{e}^{\mathrm{j}(\omega t - k_z z)} \quad (1.7.13)$$

已经知道，当声源的激发频率 f 高于管子的某一简正频率 $f_{n_x n_y}$ 时，即 $f > f_{n_x n_y}$ 时才能激发起相应的(n_x, n_y)次的高次波；而符合 $f < f_{n_x n_y}$ 条件的那些(n_x, n_y)波就变成沿 z 轴的高次衰减振动。此时，$k_z = -\mathrm{j}\alpha_{n_x n_y}$，其中

$$\alpha_{n_x n_y} = \sqrt{\beta_{n_x n_y}^2 - \frac{\omega^2}{c_0^2}}$$

将其代入式(1.7.13)，则总声压可改写成

$$p = \sum_{n_x n_y} p_{n_x n_y} = \sum_{n_x}^{\infty} \sum_{n_y}^{\infty} A_{n_x n_y} \mathrm{e}^{-\alpha_{n_x n_y} z} \cos(k_{n_x} x) \cos(k_{n_y} y) \mathrm{e}^{\mathrm{j}(\omega t - k_z z)} \quad (1.7.14)$$

例如，有一内充空气的矩形管，横截面积为 0.15m×0.15m，则可以估计管子的截止频率为 $f_c = 1146\text{Hz}$。如果管口声源的频率为 $f = 573\text{Hz}$，那么可以算得 $\alpha_{10} = \alpha_{01} = 18\text{m}^{-1}$，如果 $z = 0.1\text{m}$，则 $\mathrm{e}^{-\alpha} = \mathrm{e}^{-1.8} = 0.166$，即对于(0,1)与(1,0)次的振动，在离声源 0.1m 处其振幅已受到很大衰减。可以估计，对于比(0,1)与(1,0)次更高次的振动将衰减得更厉害，于是在离声源的一定距离处，管中的总声压将几乎只剩下与 α_{00} 对应的一种主波，即

$$p \approx A_{00} \mathrm{e}^{\mathrm{j}2\pi \times 573 \left(t - \frac{z}{c_0}\right)}$$

如果声源的频率与声波导管截止频率相接近，如 f 也等于 1146Hz，那么不难想象，此时虽然管中不仅有(0,0)次主波，但是在此平面波上还叠加着(0,1)与(1,0)次几乎不衰减的振动，这种振动实际上就是在 x、y 方向上的声驻波。此时的声场，自然不能再认为在管中仅存在一种纯净的 z 方向平面声场了。通过此例说明，如果我们希望在声管中获得一种比较纯净的平面声场，那么声源的频率不仅要比声管的截止频率低，而且还要低得更多一些，低得越多，在管中获得纯净的平面声场的区域越大。

1.7.2 圆柱形声波导管

圆柱形波导管中的声波传播特性与矩形管相似，这里仅就管中平面声场形成的条件进行简要分析。

设有一半径为 a 的圆形管，一端延伸无限远。圆形管的声波方程以柱坐标系描述。管的径向坐标为 r，极角为 θ，管轴用 z 表示，如图 1.7.2 所示。直角坐标与柱坐标之间有如下关系：

$$x = r\cos\theta$$
$$y = r\sin\theta$$
$$z = z$$

采用柱坐标的拉普拉斯算符可表示为

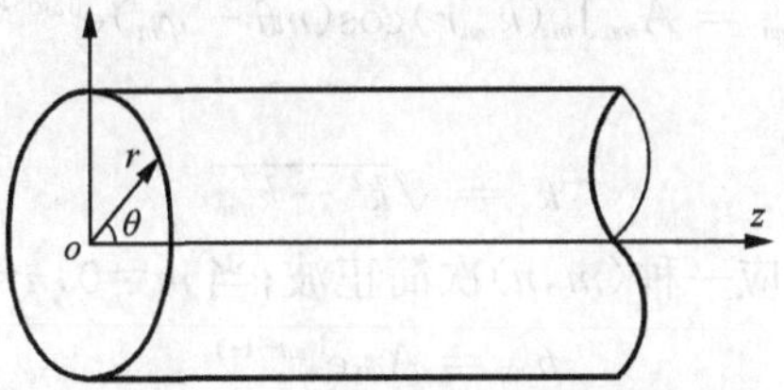

图 1.7.2　圆柱形波导管示意图

$$\nabla^2 = \frac{1}{r}\frac{\partial}{\partial r}\left(r\frac{\partial}{\partial r}\right) + \frac{1}{r^2}\frac{\partial^2}{\partial \theta^2} + \frac{\partial^2}{\partial z^2} \tag{1.7.15}$$

于是方程(1.7.1)可变换为

$$\frac{1}{r}\frac{\partial}{\partial r}\left(r\frac{\partial p}{\partial r}\right) + \frac{1}{r^2}\frac{\partial^2 p}{\partial \theta^2} + \frac{\partial^2 p}{\partial z^2} = \frac{1}{c_0^2}\frac{\partial^2 p}{\partial t^2} \tag{1.7.16}$$

令解的形式为

$$p = R(r)\Theta(\theta)Z(z)\mathrm{e}^{\mathrm{j}\omega t}$$

代入式(1.7.16)中,得到管中声压的解为

$$p_m = A_m \mathrm{J}_m(k_r r)\cos(m\theta - \varphi_m)\mathrm{e}^{\mathrm{j}(\omega t - k_z z)} \tag{1.7.17}$$

这是宗量为(kr)的 m 阶柱贝塞尔函数表征的声压,其对应的径向速度为

$$v_m = \frac{\mathrm{j}}{\rho_0\omega}\frac{\partial p_m}{\partial r} = A_m\frac{\mathrm{j}k_r}{\rho_0\omega}\left[\frac{\mathrm{dJ}_m(k_r r)}{\mathrm{d}(k_r r)}\right]\cos(m\theta - \varphi_m)\mathrm{e}^{\mathrm{j}(\omega t - k_z z)} \tag{1.7.18}$$

设管壁为刚性,由边界条件 $v_{r=a}=0$,得到如下关系

$$\left[\frac{\mathrm{dJ}_m(k_r r)}{\mathrm{d}(k_r r)}\right]_{(r=a)} = 0$$

由贝塞尔函数的关系,得到函数方程

$$\mathrm{J}_{m-1}(k_r a) = \mathrm{J}_{m+1}(k_r a)\quad (m>0)$$

和

$$\mathrm{J}_1(k_r a) = 0\quad (m=0)$$

从这些方程得到一系列根值,其部分根值见表 1.7.1。

表 1.7.1

$k_r a = k_{mn} a$	$m=0$	$m=1$	$m=2$
$n=0$	0	1.841	3.054
$n=1$	3.832	5.322	6.705
$n=2$	7.015	8.536	9.965

在刚性壁的条件下,用 m 和 n 的正整数表示 k_r,即 $k_r = k_{mn}$,因此声压解又可以写成

$$p_{mn} = A_{mn} J_m(k_{mn} r) \cos(m\theta - \varphi_m) e^{j(\omega t - k_z z)} \tag{1.7.19}$$

其中

$$k_z = \sqrt{k^2 - k_{mn}^2} \tag{1.7.20}$$

不同的 m 和 n 数值,对应一种(m,n)次简正波;当 $m=0$,$n=0$ 时,$J_0(k_{00} r) = 1$,有

$$p_{00} = A_{00} e^{j(\omega t - kz)} \tag{1.7.21}$$

这就是沿 z 轴直线传播的(0,0)次平面波,其余称为(m,n)次高次波。

我们采用与矩形管类似的方法,确定圆柱形管中的截止频率为

$$f_c = f_{10} = 1.841 \frac{c_0}{2\pi a} \tag{1.7.22}$$

如果声源是作极轴对称振动,即 $m=0$,可以确定截止频率为

$$f_c = f_{01} = 3.832 \frac{c_0}{2\pi a} \tag{1.7.23}$$

由此可见,如果采用轴对称振动声源,则可将管中的截止频率提高一倍多,但是声源要达到轴对称振动是有困难的。从以上讨论可以知道,圆柱形波导管中的声波也是由若干简正波组成,为了保证管中传播单一的平面波,一般采用式(1.7.22)计算波导管的上限截至频率。

1.8 室内声场

声波在室内传播与在空间或半封闭空间(如平行边界间或管道内)传播完全不同。由于在三维封闭空间中,当声波波长大致与房间尺度是同数量级或更短时,声波一经声源发出便将往返反射于各墙壁间,而形成不同的驻波,不但不像在自由空间中那样声压与距离平方成反比,反而在有些远处的点上,声压比近声源处更高。简正波的互相作用,使声强在声源旁虽是最强,离开声源渐渐降低,但不远处却又升高,随距离增加有升降起伏的变化。当在频率较高时,简正波密度较大,而形成扩散声场。在扩散声场中,声波也可以认为是能量流动,用声学的统计理论方法处理,可以获得室内声场的规律;对室内声场的声压级和混响时间进行控制,可以得到声学测量所需的自由声场、半自由声场和混响声场。本节通过室内声场的介绍,以期掌握如何获得理想的声学环境。

1.8.1 室内声学的波动理论

1. 简正振动

假设室内的壁面为刚性的矩形房间,其长、宽、高分别为 l_x, l_y, l_z。在直角坐标中的声波动方程为

$$\frac{\partial^2 p}{\partial x^2}+\frac{\partial^2 p}{\partial y^2}+\frac{\partial^2 p}{\partial z^2}=\frac{1}{c_0^2}\frac{\partial^2 p}{\partial t^2} \tag{1.8.1}$$

如果把坐标原点取在房间的一角上,因在三个方向是有界的,可以写出刚性壁面的边界条件为

$$\begin{aligned}(v_x)_{(x=0,x=l_x)}&=0\\(v_y)_{(y=0,y=l_y)}&=0\\(v_z)_{(z=0,z=l_z)}&=0\end{aligned} \tag{1.8.2}$$

其中,v_x、v_y、v_z 分别表示质点速度在 x、y、z 方向的分量。因此,可得到满足上述边界条件的特解为

$$p_n=A_{n_x,n_y,n_z}\cos(k_x x)\cos(k_y y)\cos(k_z z)\mathrm{e}^{\mathrm{j}\omega_n t} \tag{1.8.3}$$

其中,$k_x=\dfrac{\omega_x}{c_0}=\dfrac{n_x\pi}{l_x}$,$k_y=\dfrac{\omega_y}{c_0}=\dfrac{n_y\pi}{l_y}$,$k_z=\dfrac{\omega_z}{c_0}=\dfrac{n_z\pi}{l_z}$,而 $k_n^2=\left(\dfrac{\omega_n}{c_0}\right)^2=k_x^2+k_y^2+k_z^2$,$\omega_n^2=\omega_x^2+\omega_y^2+\omega_z^2$。

由此,简正频率表示为

$$f_n=\frac{\omega_n}{2\pi}=\sqrt{f_x^2+f_y^2+f_z^2}=\frac{c_0}{2}\sqrt{\left(\frac{n_x}{l_x}\right)^2+\left(\frac{n_y}{l_y}\right)^2+\left(\frac{n_z}{l_z}\right)^2} \tag{1.8.4}$$

其中,n_x、n_y、n_z 都是 0,1,2,3,…的正整数。

由于有如下关系

$$\cos(k_x x)=\frac{1}{2}(\mathrm{e}^{-\mathrm{j}k_x x}+\mathrm{e}^{\mathrm{j}k_x x})$$

$$\cos(k_y y)=\frac{1}{2}(\mathrm{e}^{-\mathrm{j}k_y y}+\mathrm{e}^{\mathrm{j}k_y y})$$

$$\cos(k_z z)=\frac{1}{2}(\mathrm{e}^{-\mathrm{j}k_z z}+\mathrm{e}^{\mathrm{j}k_z z})$$

再设 $k_x=k_n\cos\alpha$,$k_y=k_n\cos\beta$,$k_z=k_n\cos\gamma$,类似前面 1.7.1 节中讨论的一样,对应每一组 (n_x,n_y,n_z) 数值的特解就决定了一种简正振动方式,对应的就是传播方向由方向余弦 $(\cos\alpha,\cos\beta,\cos\gamma)$ 决定的一种平面驻波。方程(1.8.1)的一般解应该是所有特解的线性叠加,因此室内总声压应表示为

$$p=\sum_{n_x=0}^{\infty}\sum_{n_y=0}^{\infty}\sum_{n_z=0}^{\infty}A_{n_x,n_y,n_z}\cos\left(\frac{n_x\pi}{l_x}x\right)\cos\left(\frac{n_y\pi}{l_y}y\right)\cos\left(\frac{n_z\pi}{l_z}z\right)\mathrm{e}^{\mathrm{j}\omega_n t} \tag{1.8.5}$$

由此表明,封闭空间声场存在大量的简正波或驻波。

2. 简正频率分布

如果以 f_x,f_y,f_z 构成频率空间,那么每一简正频率 f_n 以及其对应的简正波可以用频率空间中的一个特征点来代表,这一点的坐标在 x、y、z 轴的分量分别为 $c_0/2l_x$、$c_0/2l_y$、$c_0/2l_z$ 的整数倍。图 1.8.1 表示了与这些简正频率对应的特征点,

可以看到所有的简正波都被包括在正的 f_x，f_y，f_z 轴所构成的 1/8 的频率空间里。应用这种频率空间中特征点的模型，可以计算某一频率以下室内简正频率数。

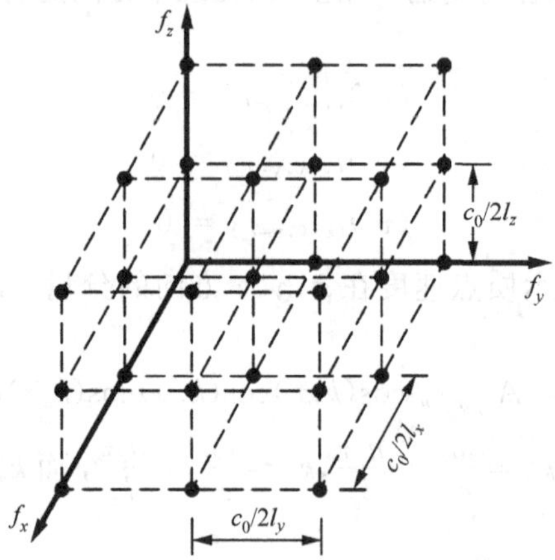

图 1.8.1　简正频率空间中特征点的模型

根据 n_x、n_y、n_z 是否为零，可以把简正波分成以下三个大类。

(1) 轴向波：可以看出，当 n_x、n_y、n_z 中有一个不为零、其他两个为零时，对应的驻波，则表示为轴向波。例如，$n_x \neq 0$，$n_y = n_z = 0$，其行进方向与 x 轴平行传播的波；同样情况有 y 轴向波、z 轴向波。

(2) 切向波：当 n_x、n_y、n_z 中有一个为零、其他两个不为零时的驻波，称为切向波。例如，$n_x \neq 0$，$n_y \neq 0$，$n_z = 0$ 则为行进方向与 xy 平面平行的切向波；类似可得到 xz 平面切向波、yz 平面切向波。

(3) 斜向波：当 n_x、n_y、n_z 都不为零时的驻波，称为斜向波。

上述三种类型波的情况如图 1.8.2 所示。这些不同类型的简正方式，不仅有不同的自由行波的传播方向和不同的分布方式，而且具有不同的声学特性，它们对规则形状房间中稳定声场的起伏和衰变过程的不规则性起着重要作用。

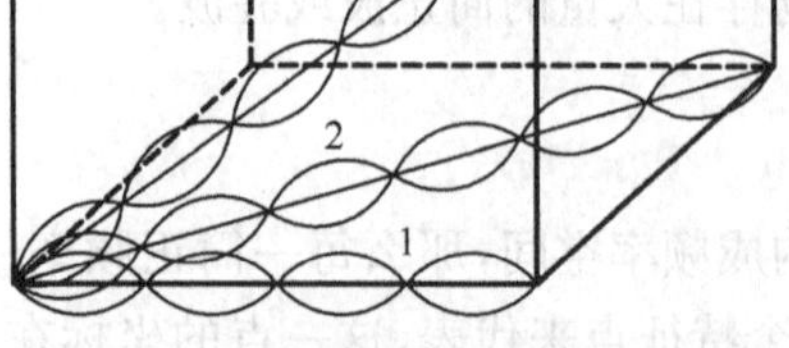

图 1.8.2　矩形房间的不同类型波的传播

1 为轴向波；2 为切向波；3 为斜向波

由此可以得到室内频率低于 f 的三类波的平均总数为

$$N = \frac{4\pi f^3 V}{3c_0^3} + \frac{\pi f^2 S}{4c_0^2} + \frac{fL}{8c} \tag{1.8.6}$$

式中，$V = l_x l_y l_z$ 为房间的体积；$S = 2(l_x l_y + l_y l_z + l_z l_x)$ 为房间的总面积；$L = 4(l_x + l_y + l_z)$ 为房间各边长的总和。

式(1.8.6)代表的是各类波的平均数，它同准确数之间自然有一偏差，但需要指出，非常对称的房间尺寸，将带来较大的偏差。例如，有一个 l_x=3m、l_y=4.5m、l_z=6m 的矩形房间(注意这里 $l_z = 2l_x$)，若用式(1.8.4)来算低于 100Hz 以下的房间简正频率数，可得简正波总数 N 为 18，这些简正频率依次列在表 1.8.1 中。如果将上述房间尺寸与频率代入式(1.8.6)中计算，则可得 N 为 18.1，四舍五入也等于 18。但在这 18 个简正波中，(1,0,0)次与(0,0,2)次都是 57.2Hz，(0,1,2)次与(1,1,0)次都是 68.6Hz，(0,2,2)与(1,2,0)次都是 95.1Hz，因此实际的简正频率共有 15 个。这是因为 $l_z = 2l_x$ 的对称性引起的频率"简并化"，即不同的简正波具有相同的简正频率。

表 1.8.1　l_x=3m、l_y=4.5m、l_z=6m 的矩形房间 100Hz 以下的简正频率

简正波(n_x,n_y,n_z)	频率/Hz	简正波(n_x,n_y,n_z)	频率/Hz	简正波(n_x,n_y,n_z)	频率/Hz
0,0,1	28.6	0,1,2	68.6	0,0,3	85.8
0,1,0	38.0	1,1,0	68.6	1,1,2	89.4
0,1,1	47.0	1,1,1	74.3	0,1,3	93.7
1,0,0	57.2	0,2,0	76.1	0,2,2	95.1
0,0,2	57.2	1,0,2	80.5	1,2,0	95.1
1,0,1	63.9	0,2,1	81.6	1,2,1	99.2

当房间的尺寸非常对称时，如长、宽、高都成整数比，那么简并化就更严重，这样由式(1.8.6)算出的简正频率数与实际结果就有很大出入。由于简并化结果，很可能在某一频率范围内没有简正频率，而在另一频率范围内却有较多的简正频率，造成简正频率的不均匀。我们知道，这里的简正频率就是房间作自由振动的固有频率，简正频率分布的密集均匀程度就表示了房间的传输频率特性均匀程度。简并化的影响主要在低频比较突出，频率较高时，兼并的影响就减少了。在进行室内音质设计时，房间的简并化是应注意避免的。用于测量吸声材料的混响室，为了避免简并化，三个尺度的边长比取成调和级数。

将式(1.8.6)对频率进行微分，可以得到在 df 频带内的简正频率数，即

$$\mathrm{d}N = \left(\frac{4\pi f^2 V}{c_0^2} + \frac{\pi f S}{2c_0^2} + \frac{L}{8c_0^2}\right)\mathrm{d}f \tag{1.8.7}$$

式(1.8.7)表明，在频率 f 附近的 df 频带内的简正频率数基本上与频率平方成正

比。如在前面的例子中，当 $f=100\text{Hz}$、$\mathrm{d}f=10\text{Hz}$ 时，可得 $\mathrm{d}N=4$；而当 $f=1000\text{Hz}$、$\mathrm{d}f=10\text{Hz}$ 时，$\mathrm{d}N=268$。$\mathrm{d}N$ 随着频率增高增加得更快，这一规律十分重要。我们可以设想，在 10Hz 频带内存在 268 个驻波方式，如此多的驻波方式出现，对一种驻波是波节的地方，那么对另外一种驻波有可能正好是波腹。于是，大量驻波方式的叠加，反而可以把驻波效应"平均"掉，而使室内声场趋于均匀。这一结果说明，从波动声学的观点看来，如果声源发出的声波频率不是单频，而是具有一定频带宽度，或者说中心频率对应的声波波长比房间的平均线度小很多，那么房间中激起的简正波数就比较多，室内声场就较均匀，就容易满足扩散声场的条件。因此，房间的体积比较大或者频率比较高时，可以近似获得扩散声场。

3. 驻波的衰减

上面我们假设壁面都是刚性的，因而室内声波是不衰减的，这相当于房间的无阻尼自由振动情况。然而，壁面不可能完全刚性，或者在各壁面上铺设有吸声量 $S_i\alpha_i$ 相等的吸声材料。当声源突然停止时，房间内的各类驻波将以不同时间衰减、消失。

一般情况是，斜向波衰减最快，其次是切向波，而平行于吸收最强壁面的轴向波衰减最慢。很明显，室内声场在衰减过程中能量分布是在不断变化的。由于不同类型的驻波衰减时间不同，从室内记录下来的混响时间就不会是一条光滑的曲线，而是呈三折状。第一段与斜向波对应，混响时间最短；中间一段与切向波对应；最后一段与轴向波对应，混响时间最长，要比斜向波长 1 倍。室内声场衰减的不均匀性，从统计声学看来是室内声场扩散程度不够的表现。要使室内声场扩散得好，那么应该尽量使房间呈不规则状，并且在室内放置各种扩散体，同时使用宽频带声源以激发更多的驻波方式，这样各种类型的波在衰减过程中无规性增加，从而使室内声场在衰减过程中趋向均匀，混响曲线趋于光滑。

1.8.2 室内统计声学

1. 扩散声场与平均自由程

统计声学是分析封闭空声场的另一种方法，主要用于空间尺寸远大于声波波长的情况。该理论认为，声源发出的声波以声速沿直线(声线)传播，遇到障碍物的反射、折射等遵从 Snell 定律。假定室内壁面呈无规则状，那么声线在室内到处"乱窜"，室内声的传播完全处于无规状态，如图 1.8.3 所示。从统计的观点来说，可以认为声线通过任何位置的概率相同，并且通过的方向也是各方向概率相同的，在同一位置各声线相遇的相位是无规的，从而造成室内声场的平均能量密度分布是均匀的。这种统计平均的均匀声场称为扩散声场。

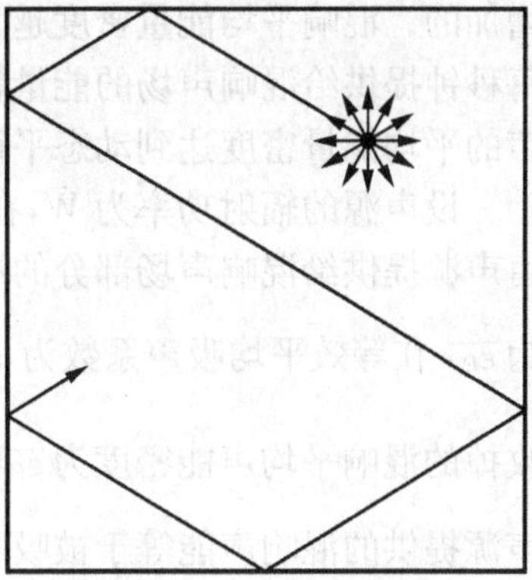

图1.8.3　声以声线传播

综上所述，可以归纳扩散声场的定义为：

(1) 声以声线方式以声速 c_0 直线传播，声线所携带的声能向各方向的传递的概率相同；

(2) 是互不相干的，声线在叠加时，它们的相位变化是无规的；

(3) 室内声能密度处处相同。

这三条定义之间都有内在的联系，是互相制约的，缺少其中任一条，扩散声场的假定条件就会受到全面破坏。

前面的室内波动声学理论中已经说明了大量驻波的存在，使驻波场中的声压极大和声压极小的差异几乎消失，可以形成"均匀"的声场。然而，理想的扩散声场是难以获得的。特别在低频段，被激发起的简正方式较少，到达某点的声波入射方向不够多，以致各点声能密度的起伏也比较大。此外，当室内壁面存在有大面积的表面声阻抗率相差较大的材料时，也会使空间内的声场不均匀。这种情况称为声场不扩散或扩散不良。为了获得较好的扩散声场，特别是对于混响室，在设计时经常采取以下措施：①使室内有足够大的体积；②使室内具有不成整数比例边长的布局；③在室内增加适当的固定或活动的扩散体。

在室内，声波经相邻两次反射距离的平均值定义为平均自由程 d，理论和实践都已证实，不论空间的形状如何，声源处于的位置如何，均为

$$d=\frac{4V}{S} \tag{1.8.8}$$

式中，V 为房间容积，单位是 m^3；S 为房间的总内表面积，单位是 m^2。式(1.8.8)充分反映了平均自由程这一量具有统计规律的特性。

声音在空气中每秒钟传播的距离为声速 c_0，因此声波在每秒钟内的平均反射次数 n 应为 c_0/d，即

$$n=\frac{c_0 S}{4V} \tag{1.8.9}$$

2. 平均吸声量与声能密度

声源在室内辐射时，室内声能由两部分组成：一个是直达声能，它是声波受到第一次反射以前的声能；另一个是混响声能，它是包括经第一次反射以后的所有声波能量的叠加。当声源开始稳定地辐射声波时，直达声能的一部分被壁面与介质所吸收，另一部分就用来不断增加室内混响声场的平均能量密度，所以声源开始发声后的一段时间内，房间的总平均声能密度是随混响平均声能密度的增加而不断

增加的。混响平均能量密度越大，被壁面与介质吸收的能量就越多。最后，由声源每秒钟提供给混响声场的能量将正好补偿被壁面与介质所吸收的能量，室内混响声的平均能量密度达到动态平衡，这一平均能量密度称为稳态混响平均声能密度。

设声源的辐射功率为 $\overline{W}$，在第一次反射中被壁面等吸收的平均功率为 $\overline{W}\,\overline{\alpha^*}$，由声源提供给混响声场部分的平均功率为 $\overline{W}(1-\overline{\alpha^*})$。设稳态混响平均声能密度为 $\overline{\varepsilon_R}$，在等效平均吸声系数为 $\overline{\alpha^*}$ 的壁面上 1s 的反射次数为 $\dfrac{c_0S}{4V}$，那么每秒钟被吸收掉的混响平均声能密度为 $\overline{\varepsilon_R}V\overline{\alpha^*}\dfrac{c_0S}{4V}$。根据室内声能达到稳定状态时，每秒钟由声源提供的混响声能等于被吸收的混响声能，其动态平衡条件有

$$\overline{\varepsilon_R}V\overline{\alpha^*}\frac{c_0S}{4V}=\overline{W}(1-\overline{\alpha^*}) \tag{1.8.10}$$

由此可解得

$$\overline{\varepsilon_R}=\frac{4\overline{W}}{Rc_0} \tag{1.8.11}$$

其中，R 为房间常数，单位为 m^2；$\overline{\alpha^*}$ 为等效平均吸声系数。则

$$R=\frac{S\overline{\alpha^*}}{1-\overline{\alpha^*}} \tag{1.8.12}$$

$$\overline{\alpha^*}=\bar{\alpha}+4mV/S \tag{1.8.13}$$

其中，m 表示空气的声强吸收系数，是声波频率的函数；平均吸声系数 $\bar{\alpha}$ 为

$$\bar{\alpha}=\frac{S_1\alpha_1+S_2\alpha_2+\cdots}{S_1+S_2+\cdots}=\frac{\sum S_i\alpha_i}{\sum S_i} \tag{1.8.14}$$

式中，α_i 为 S_i 面积的吸声系数；$\bar{\alpha}$ 是指室内各壁面在某一频率的平均吸声系数，表示房间壁面单位面积的平均吸声能力，也称为单位面积的平均吸声量。显然，稳态混响平均声能密度与平均辐射功率成正比，与房间常数成反比；房间常数与房间的平均吸声系数有关，$\overline{\alpha^*}$ 越大，R 就越大。

假定室内有一声源，平均辐射功率为 $\overline{W}$，它在空间产生的直达平均声能密度为 $\overline{\varepsilon_D}$，有

$$\overline{\varepsilon_D}=\frac{\overline{W}}{4\pi r^2c_0} \tag{1.8.15}$$

其中，r 为接收点离声源的径向距离。因为直达声与混响声是不相干的，它们在空间的叠加应表现为它们的能量密度相加，这时室内叠加声场的总平均能量密度应等于

$$\bar{\varepsilon}=\overline{\varepsilon_D}+\overline{\varepsilon_R} \tag{1.8.16}$$

3. 室内稳态声压级

根据上面的讨论，并考虑到声能密度与声压的关系 $\bar{\varepsilon}=p_e^2/\rho_0c_0^2$，将

式(1.8.11)和式(1.8.15)代入到式(1.8.16),可以得到室内的稳态声压为

$$p_e^2 = \overline{W}\rho_0 c_0\left(\frac{1}{4\pi r^2}+\frac{4}{R}\right) \tag{1.8.17}$$

如果取 $\rho_0 c_0 = 400\mathrm{Pa\cdot s/m}$,则由声压级和声功率级的定义,可以得到声压级 L_p 和声功率级 L_W 的关系,即

$$L_p = L_W + 10\lg\left(\frac{1}{4\pi r^2}+\frac{R}{4}\right)\ (\mathrm{dB}) \tag{1.8.18}$$

从式(1.8.18)可以看到,室内总声压级与离声源距离 r 的关系同自由声场不一样。当 r 较小,即接收点离声源很近时,$\frac{1}{4\pi r^2} \gg \frac{4}{R}$,室内声场以直达声为主,混响声可以忽略;反之,$r$ 较大,以致满足 $\frac{1}{4\pi r^2} \ll \frac{4}{R}$ 时,总声压级就以混响声为主,直达声可以忽略,而此时总声压级与 r 无关。例如,两人凑近讲话,听者听到的主要是讲话者的直达声,而房间的影响不起作用;如果两人相距较远,那么听者听到的主要是混响声,房间的影响起主要作用。如果取 $\frac{1}{4\pi r^2} = \frac{4}{R}$,由此可确定一个临界距离

$$r = r_c = \frac{1}{4}\sqrt{\frac{R}{\pi}} \tag{1.8.19}$$

在此距离上,直达声与混响声相等。当 $r > r_c$ 时,混响声起主要作用;而 $r < r_c$ 时,直达声起主要作用。临界距离与房间常数 R 平方根成正比,如果 R 相当小(也即 $\bar{\alpha}$ 小),那么房间中大部分区域是混响声场;反之,如果 R 相当大,那么房间中大部分区域是直达声场。由此可见,房间常数 R 是描述房间声学特性的一个重要参量。

4. 混响时间

当声源在室内发声达到稳态之后而突然停止,由于壁面的多次反射,声音不会立即消失,声在室内逐渐衰减,这种持续的声音称为室内混响。室内存在混响是有界空间的一个重要声学特性,在无界空间中是不存在这一现象的。

室内声音衰减的快慢程度用混响时间来描述,它的定义是:在扩散声场中,当声源停止后,从初始的声压级降低 60dB(相当于平均声能密度降为原来的百万分之一)所需的时间,用符号 T_{60} 来表示。按混响时间的定义有

$$T_{60} = 55.2\,\frac{V}{-c_0 S\ln(1-\bar{\alpha})} \tag{1.8.20}$$

如果取声速 $c_0 = 344\mathrm{m/s}$,则可得到

$$T_{60} = 0.161\,\frac{V}{-S\ln(1-\bar{\alpha})} \tag{1.8.21}$$

如果室内平均吸声系数较小，满足 $\bar{\alpha}<0.2$，那么由于幂级数展开 $\ln(1-\bar{\alpha})\approx-\bar{\alpha}$，式(1.8.21)可近似为

$$T_{60}\approx 0.161\frac{V}{S\bar{\alpha}} \tag{1.8.22}$$

这是由美国声学家 W. C. 赛宾从大量实验获得的公式，因此命名为赛宾公式。

考虑到空气吸收的影响，在频率高于 1000Hz 时，就需要修正混响时间式(1.8.21)和式(1.8.22)，即有

$$T_{60}=\frac{0.161V}{-S\ln(1-\bar{\alpha})+4mV} \tag{1.8.21a}$$

$$T_{60}=\frac{0.161V}{S\bar{\alpha}+4mV} \tag{1.8.22a}$$

声强吸收系数 m 在不同频率与空气的温度和相对湿度有关，一般频率越高吸收系数越大。表 1.8.2 给出的是大气中声压吸收系数的实验数据(Harris C M, 1979)。例如，温度在 20℃、相对湿度 50%的空气中，频率为 2000Hz 的 $4m$ 值等于 0.010m^{-1}。对于一个 100m^3 的小型混响室来说，如果室内表面积为 120m^2 的水磨石壁面的吸声系数为 0.02，则室内壁面的吸声量 $S\bar{\alpha}$ 是 2.4m^2，而空气吸收为 1.0m^2，占到壁面吸收的 42%；4000Hz 的空气吸收更大。

表 1.8.2　大气中吸收系数　　(单位：dB/m)

温度/℃	相对湿度/%	频率/Hz					
		125	250	500	1000	2000	4000
30	10	0.0009	0.0019	0.0035	0.0082	0.026	0.088
	20	0.0006	0.0018	0.0037	0.0064	0.014	0.044
	30	0.0004	0.0015	0.0038	0.0068	0.012	0.032
	50	0.0003	0.0010	0.0033	0.0075	0.013	0.025
	70	0.0002	0.0008	0.0027	0.0074	0.014	0.025
	90	0.0002	0.0006	0.0024	0.0070	0.015	0.026
20	10	0.0008	0.0015	0.0038	0.0121	0.040	0.109
	20	0.0007	0.0015	0.0027	0.0062	0.019	0.067
	30	0.0005	0.0014	0.0027	0.0051	0.013	0.044
	50	0.0004	0.0012	0.0028	0.0050	0.010	0.028
	70	0.0003	0.0010	0.0027	0.0054	0.010	0.023
	90	0.0002	0.0008	0.0026	0.0056	0.010	0.021

续表

温度/℃	相对湿度/%	频率/Hz					
		125	250	500	1000	2000	4000
10	10	0.0007	0.0019	0.0061	0.0190	0.045	0.090
	20	0.0006	0.0011	0.0029	0.0094	0.032	0.070
	30	0.0005	0.0011	0.0022	0.0061	0.021	0.070
	50	0.0005	0.0011	0.0020	0.0041	0.012	0.042
	70	0.0004	0.0010	0.0020	0.0038	0.009	0.030
	90	0.0003	0.0010	0.0021	0.0038	0.008	0.025
0	10	0.0010	0.0030	0.0089	0.0180	0.023	0.026
	20	0.0005	0.0015	0.0050	0.0160	0.037	0.057
	30	0.0004	0.0010	0.0031	0.0108	0.033	0.074
	50	0.0004	0.0008	0.0019	0.0080	0.021	0.067
	70	0.0004	0.0008	0.0016	0.0042	0.014	0.051
	90	0.0003	0.0008	0.0015	0.0036	0.011	0.041

混响时间的长短直接影响到室内音质，混响时间过长会使人们感到声音“混浊”不清；混响时间过短，又有声音沉寂干瘪的感觉。要获得良好的音质效果，常通过调整各频率的平均吸声系数 $\bar{\alpha}$，以求得各频率的“最佳混响时间”。在噪声控制中，可以通过吸声来降低室内混响声，达到降低总声压级的目的。

5. *声源指向性的影响*

前面讨论的前提是在声源为无指向性的情况，因此适用于点声源。一般声源总是具有一定的指向性，因而室内总声压级公式需要加以修正。指向性因数 Q 的定义是：距离声源中心某一位置上（指远场）的有效声压平方与同样功率的无指向性声源，在同一位置产生的有效声压的平方的比值。因此，可以写出在某一方向离声源 r 处的有效声压平方为

$$p_e^2 = \frac{\overline{W}Q}{4\pi r^2}\rho_0 c_0 \tag{1.8.23}$$

对应的总声压级公式就写成

$$L_p = L_W + 10\lg\left(\frac{Q}{4\pi r^2} + \frac{R}{4}\right) \tag{1.8.24}$$

临界距离公式改写成

$$r_c = \frac{1}{4}\sqrt{\frac{RQ}{\pi}} \tag{1.8.25}$$

对于声源来说，即使是点声源，如果安放在室内的位置不同，Q 值也将随之变

化。当点声源位于房间中央时，$Q=1$；如果点声源放在刚性地面或墙面中心附近，那么声源能量将集中在半空间内辐射，$Q=2$，运用镜像反射原理来解释，由于声源靠近壁面，实声源与虚声源几乎重合，因而向房间内辐射的总声功率应由实声源与虚声源两部分叠加组成，声源功率比点声源在房间中心情况增加一倍，这就相当于指向性因数增加一倍变为 2。类似的讨论可以指出，如果点声源放在两壁面边线中心，那么声源能量集中在 1/4 空间内辐射，$Q=4$；如果点声源放在房间的一角，那么声源集中在 1/8 空间内辐射，$Q=8$。这时声源辐射功率相当于放在房间中心的 8 倍，而临界距离也增加了$\sqrt{8}$倍。声源的辐射功率与它所安放的位置有关，这是不难理解的，因为声源的位置不同，房间对它的反作用不同，以致声源的辐射阻也不同，由此就必然引起辐射功率的不同。在低频情况下，声源的指向性可以忽略。

第 2 章　测量信号与声学环境

2.1　声学测量常用的信号

在声学测量中，不同的测试目的需要使用不同的测量信号，这里介绍的是专为声学测量提供的声源电信号，分别适用于声学换能器校准、测量，声学设备和仪器的性能的检测，常用的有纯音、啭音、白噪声、粉红噪声及猝发音(脉冲声)等。

2.1.1　纯音信号

瞬时电压随时间按正弦或余弦规律变化的信号，也称为纯音。例如，$E=E_0\sin(\omega t+\varphi)$，这种信号可以用幅值、频率和相位进行描述。

因为描述声波特性的量有声压、频率、质点振动速度以及相位，对于稳态声，通常只要求测量声压幅值及其频率响应以及与之相应的关系，而与换能器有关的参数，如声功率、效率或指向性因数等是通过测出量导出的，所以连续正弦信号是声学测量中使用比较多的信号。

2.1.2　啭音信号

啭音信号是指频率作正弦式调制的纯音。它是一种以连续正弦信号频率 f_0 为中心而上下变动频率为 $\pm\Delta f$ 的信号，具有离散的频谱。当取频率的偏移为 Δf，调制频率(每秒钟从 $f_0-\Delta f$ 到 $f_0+\Delta f$ 变动的次数)为 f_c时，啭音所包含的频率数近似地为 $2\Delta f/f_c$。在一般情况下，频率偏移取值为

$$\Delta f=(2^{\frac{1}{6}}-1)\approx 0.12f_0 \tag{2.1.1}$$

在实际应用中 $f_c<f_0/10$，通常最大频率偏移为 200Hz，而调制频率不大于 16Hz。

在测量混响时间中，调制频率可以根据下式选取，即

$$f_c=\frac{4}{T_{60}}\sim\frac{10}{T_{60}} \tag{2.1.2}$$

式中，T_{60}是混响时间。

在测量混响时间时使用啭音，主要是为了在房间中激发更多的简正振动方式，消除单频的正弦信号产生的驻波，从而使室内声场趋向均匀。

2.1.3 猝发音信号

猝发音信号是一种脉冲正弦信号。在持续时间内包含一定个数的正弦波，所以猝发音也称为正弦波列。

猝发音信号主要用于测试电声器件的瞬态失真和声学仪器检波指示器的特性。例如，声级计用来测量各种噪声信号，由于被测信号不是规则的信号，因此指示的声压给出的是有效值声压，即

$$p=\sqrt{\frac{1}{T}\int_0^T p^2(t)\mathrm{d}t} \tag{2.1.3}$$

对于声级计测量瞬态信号声级的性能要求，应用 4kHz 的单个电猝发音电信号进行测试；为了检查声级计测量声暴露级 L_{AE} 和等效连续声级 L_{eqA} 的性能，应用重复猝发音电信号来检验和评价声级计的检波指示器特性。

在水声换能器的自由场校准方法中，在有限的水域中进行自由场校准时，为了将由边界造成的声反射对声场的影响从时间上分离开来而获得自由场条件，使用脉冲调制器产生一定宽度的脉冲调制正弦波信号，根据被测换能器工作时的波长，选择脉冲的宽度和重复周期，以达到相当于连续信号校准测试的结果。

在水声材料纵波声速和衰减系数测量的脉冲声管法中，同样使用脉冲调制正弦波作为脉冲声进行测量。

2.1.4 噪声信号

噪声的含意可以有两种理解：第一种是对任何一个不希望有的声信号的统称，如一个声信号干扰了第二个声信号，尽管前者也是一个有规则的信号，但我们常称它是第二个信号的干扰噪声；第二种含意是无规、间歇的或随机的信号，它可以看成是许多正弦信号的叠加，即具有许多频率成分的噪声，这种噪声有连续谱与线状谱，多数为连续谱。声学测量中使用的噪声信号就是第二种含意的噪声，具有连续谱的噪声信号作为测试信号。

一般所说的测量噪声信号有两种：白噪声和粉红噪声。“白”和“粉红”是将噪声频谱与白色光谱和粉红光谱相类比而得名的。

1) 白噪声

用固定频带宽度测量时，频谱连续并且均匀，功率谱密度不随频率改变的噪声。其特性是：

(1) 白噪声具有各种频率成分，每个频率的噪声电压大小是不断变化的，但它的幅值对时间的分布在统计上是服从高斯分布的。

(2) 具有连续的噪声谱，功率谱密度与频率无关，即各频率的能量分布是均匀的。

(3) 在等带宽的滤波通带中输出的能量是相等的,即在线性坐标(等带宽)中输出是一条平行于横坐标的直线;而在对数坐标(等比例带宽)中,白噪声的输出是按每倍频程带宽增加 3dB 的斜率上升。

2) 粉红噪声

用正比于频率的频带宽度测量时,频谱连续并且均匀,功率谱密度与频率成反比的噪声。其特性是:

(1) 具有包含有各种频率成分、连续的噪声谱。

(2) 功率谱密度与频率成反比,在线性坐标(等带宽)中输出是按每倍频程带宽 3dB 的斜率下降;而在对数坐标(等比例带宽)中,其输出基本是一条平行于横坐标的直线。

(3) 从频谱所占的比例来看,粉红噪声的低频成分比白噪声更丰富。图 2.1.1 给出了白噪声和粉红噪声的频谱特性。

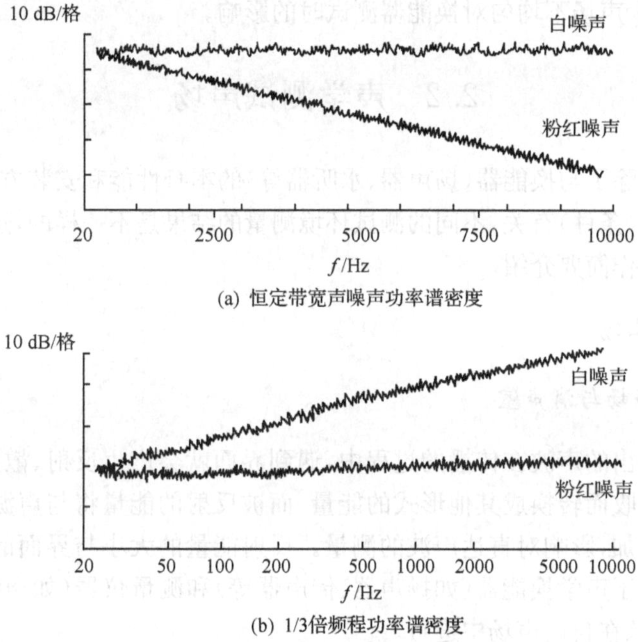

图 2.1.1　白噪声和粉红噪声的频谱特性

根据白噪声和粉红噪声的信号频谱特征,只要在白噪声信号源上加一个每倍频程衰减 3dB 的衰减网络,就可以得到粉红噪声信号;或者将粉红噪声通过倍频程滤波器,就可以得到白噪声信号。

噪声信号是声学测量中经常使用的信号。各种语言和音乐节目往往是多个频率组合在一起的瞬态过程。平均峰值因数(最大值与有效值之比)大约是 3,而噪声信号是一个连续的无规信号，其峰值因数也约为3，两种信号比较接近。因此，常用噪声信号作为模拟正常的语言信号和音乐节目信号，用来测试扬声器的某些电声特性，如特性灵敏度、失真和寿命试验等，这种情况的测试结果要比用正弦（纯音）信号测试更接近实际使用情况。

在混响室或者厅堂混响时间的测量中更是常用到噪声信号，并不是因为它不产生驻波，而是因为它在一定频段内的频率成分比较丰富，激发室内的简正波（驻波）的数目多，各频率驻波叠加的结果使声场趋于均匀，容易满足扩散声场的条件，使得测量的误差较小。

在消声水池中用噪声信号来减小低频声场的驻波比。在低频范围内，由于消声水池的消声效果大大降低，池壁或其他反射物对连续正弦声信号的反射能力增强，使测量空间形成的声场是不均匀的驻波场。采用脉冲技术也无法使直达脉冲声信号与反射声信号分开，在这一频率范围内常用窄带噪声信号来减小声场中的驻波比，以减少声场不均匀对换能器测试时的影响。

2.2　声学测试声场

声学测量除了与换能器（扬声器、水听器等）的本身性能和安装方式有关外，还与测试的环境（条件）有关，不同的测试环境测量的结果是不一样的，这里对常用的声学测试声场作简要介绍。

2.2.1　自由声场

1. 自由声场与消声室

从声源发出的声波在传播的过程中，遇到界面就会产生反射、散射或透射，一部分能量被吸收而转换成其他形式的能量，而被反射的能量将与声源发出的直达声波的能量叠加，影响对直达声波的测量。反射能量的大小与界面的材料性质和形状有关。对于声学换能器（如扬声器、传声器等）和测量仪器（如声级计）的电声性能测量，应该在自由声场中进行。

理想的自由声场是指传播声波的介质均匀地向各个方向无限延伸，使声源辐射的声波能“自由”的传播，既无障碍物的反射，也无环境噪声的干扰。显然，这种理想空间是无法完全实现的。所以，在实际测量中，人们总是希望把界面的反射声控制到最低限度，使反射声与直达声相比可以忽略不计。因此，实际测量中的自由声场是指均匀各向同性介质中，边界影响可以忽略的声场。

利用自然条件获得自由声场的方法往往受到气候的影响和环境噪声的干扰。此外，还受到地面或附近物体的影响。所以，为了满足声学测量的需要，在一定条件下，在室内（或箱内）各边界上铺设吸声性能良好的材料，使吸声系数达到 99%以上，并采用良好的隔声和隔振装置，用人工的方法模拟自由声场。

对于音频声学测量的自由声场是消声室（或半消声室），而对于水声或超声测量所用的自由场是消声水池（槽）。消声室与消声水池的自由声场在设计原理上是一样的，只是传播声音的介质不一样，所以使用的吸声材料就不一样。

对于消声室内的吸声结构，最常用的是尖劈。在消声室内地面尖劈的上方应该装设水平的钢绳网，以便放置试件，并可在室内走动。

消声室性能的优劣，取决于吸声材料和结构的吸声性能。一般吸声材料的吸声性能是频率的函数，在低频段随着频率降低，吸声性能变差，而高频吸声性能较好。吸声尖劈的长度决定了测量下限的截止频率（吸声系数达 99%的最低频率），尖劈长度大约相应于截止频率波长的 1/4。为了改善低频的吸声性能，在安装尖劈的底部与墙面保持一定的空腔（图 2.2.1(a)），利用共振吸声来吸收低频声波。但是，高频声波的波长短，消声室内放置被测件的支架和网格对声波的散射比较大；此外，如果尖劈的蒙布过密，则声波不易透入，也使得高频的反射变大而干扰声场，使声压变化不能满足 $1/r$ 的规律。

尖劈吸声体的使用已有数十年历史，但是还没有严格的设计方法，因此尖劈的尺寸、材料密度等是用实验方法确定的，其吸声特性一般用驻波管法测量。图 2.2.1(b)是尖劈的典型吸声系数曲线，其截止频率大约为 70Hz。尖劈底板穿孔和共振腔设计也都需要经过实验验证。

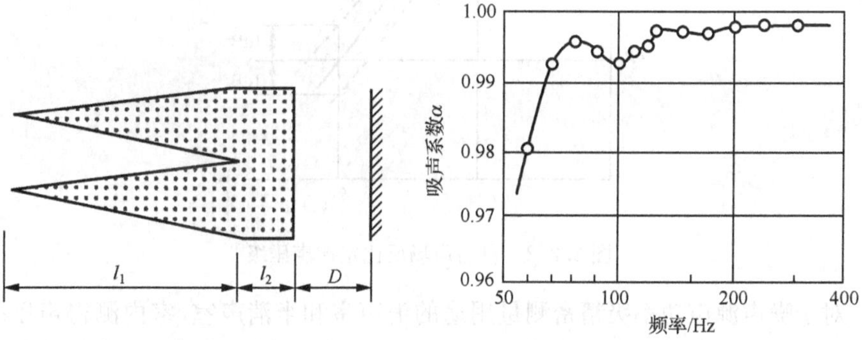

(a) 吸声尖劈结构　　(b) 吸声特性

图 2.2.1　尖劈的结构及其典型吸声系数特性曲线

在一般消声室的基础上，利用镜面反射原理，可以设计半消声室。例如，在一个矩形房间内，在五个壁面用尖劈作吸声处理，将地板用瓷砖或水磨石铺面以形成镜面，使该房间在结构上相当于高度增大一倍的消声室的一半，故称为半消声室。

为了避免室外的声源和振源对消声室内声学测试带来的影响，消声室需要采取一定的隔声和隔振措施。为了隔绝空气声的传递，通常消声室采用基础完全分离的双层墙结构，相应的消声室内外墙上的门也采用隔声门或双层门。为了隔绝固体声的传递，使消声室坐落在隔振器上，隔振器系统的固有频率设计在 5Hz 左右，这样就可以有效地保证在 20Hz 以上的测试频率不受振动的干扰。

2. 自由场的鉴定

消声室和半消声室自由声场的鉴定是利用球面波的声压级随着测试点到点声源距离的反比规律，来确定自由声场的频率范围和空间范围。由于在消声室内声场要完全符合这个规律是很难做到的，总有一定的误差，因此需要根据不同的测试要求对声场的误差提出不同的指标。对于电声仪器计量校准、检测或电声器件和电声产品的声学特性测量的消声室或半消声室，室内声压级与反比定律理论值的最大偏差，在测试的频率范围内一般小于或等于±1.0dB(图 2.2.2)，即实际测量的声压级随距离变化的曲线与理论曲线相比允许有±1.0dB 的偏离。一般来说，离开声源的距离增大，自由场偏离也将增加。

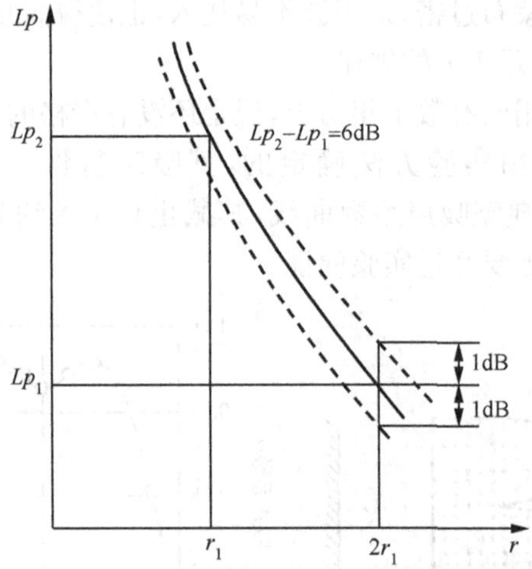

图 2.2.2 自由声场反比定律声压级

对于噪声源声功率级精密测量用途的消声室和半消声室，室内测得声压级与反比定律的理论值的最大允许误差，在 ISO3745-2003 标准和我国国家标准与计量校准规范都作了相应的规定，见表 2.2.1。

在自由声场鉴定中应注意以下几个问题：一是声源应该满足球面声源的条件，即它发出的声波的波阵面应该是一个球面，也就是说，应该是全指向性的，在距离声源等距离的点，测得的声压级应该是相同的；二是测试距离应该从声源的声中心算起，即从声波波阵面的曲率中心算起；三是当房间的体积较大或频率较高时，应考虑空气吸收而引起的衰减修正。

表 2.2.1　实测声压级与反比定律理论值的最大允许偏差

测试室类型	1/3 倍频带频率/Hz	允许偏差/dB
消声室	≤630	±1.5
	800～5000	±1.0
	≥6300	±1.5
半消声室	≤630	±2.5
	800～5000	±2.0
	≥6300	±3.0

3. 自由场测量中的远场与近场

在自由场测量时，换能器的尺寸与测试点位于近场和远场的距离有密切关系。自由声场测量中的远场是指声源辐射的声压近似满足反比规律的区域；近场则是指声源辐射的声压不满足反比规律的区域。近、远场的分界点到声源的距离称为临界距离。声学理论分析表明，换能器的尺寸对其辐射特性有很大影响，不同的换能器具有不同的临界距离；即使对于同一个声源，测量的准确度要求不同，其临界距离也不同。

例如，装在障板上的扬声器，在频率比较低时，其纸盆做整体运动，纸盆上各点的振动速度和相位是相同的。这时，可以近似地把它看成活塞式声源，而辐射的声波近似平面波。因此，常用障板上的平面活塞来代替扬声器进行分析。无限大障板上半径为 a 的刚性活塞作简谐振动，在离活塞 r 处的轴向辐射声压为

$$p = A\sin\frac{\pi}{\lambda}(\sqrt{a^2+r^2}-r) \tag{2.2.1}$$

其中，$A = 2\rho_0 c_0 u_a$，为声压幅值。

在 r 比较小的近场区，出现了声压振幅起伏的特性，如图 2.2.3 所示；而当 $r \gg a$ 时，可以将式(2.2.1)的正弦函数中的辐角展开成级数，并取近似，得到

$$\sin\frac{\pi}{\lambda}(\sqrt{a^2+r^2}-r) \approx \sin\frac{a^2\pi}{2\lambda} = \sin\frac{\pi}{2}\frac{z_g}{r} \tag{2.2.2}$$

式中

$$z_g = \frac{a^2}{\lambda} \tag{2.2.3}$$

z_g 是活塞辐射从近场过渡到远场的分界线，称为近远场的临界距离。在 $r > z_g$ 区域，声压振幅像球面波一样随着距离 r 反比减弱。

在自由场中实际测量时，接收换能器应避免在近场的声压起伏的区域，因此远

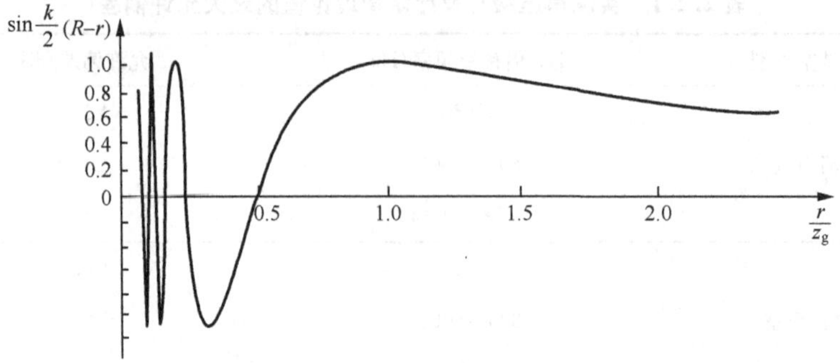

图 2.2.3 活塞辐射轴向声压与距离的关系

场测量条件是 $r \geqslant \frac{a^2}{\lambda}$。当频率较低时，由于声波的波长较长，远场的条件很容易满足；而当测试频率较高时，一定要注意检查远场条件是否满足。

2.2.2 扩散声场

1. 扩散声场与混响室

在消声室内，我们希望声波传播到边界上面的声能全部被吸收掉，没有反射，以获得自由声场。另外，一些测量（如扬声器的声功率、噪声源的声功率测量以及材料和结构吸声性能的测试等）需要在边界上尽量少吸收的扩散声场中测试。扩散声场应满足：

(1) 室内空间各点的声能密度均匀；

(2) 声波从各个方向到达某一点的携带声能的概率相同；

(3) 由各个方向到某点的声波的相位是无规的。

在实际中，能产生扩散声场的实验室称为混响室，所以混响室内的声场也常称为混响声场。

根据上面所述，混响室的设计要求尽量加长空室的混响时间，以保证室内声场扩散。混响时间的极限，在高频决定于空气的分子吸收，在低频则决定于各壁面（包括天花板和地面）的吸收，因此混响室内的壁面大都采用反射系数很强的材料，如水磨石、磨光大理石墙面等。为了增强室内的扩散均匀性，在墙面上设置不同弧形或锥形状的扩散体，或者在室内安装旋转扩散体。

关于混响室的最小容积与所使用的频率范围，国家标准 GB/T6881.1-2002 和有关计量校准规范作出了规定，见表 2.2.2。

表 2.2.2　作为所考虑最低频带函数的测试室最小容积

最低的 1/3 倍频程中心频率/Hz	测试室最小容积/m^3
100	200
125	150
160	100
200 及更高	70

根据 1.8.2 节的讨论，混响室内的声场有以下一些特点：

(1) 声源在室内辐射声波达到稳定时，室内的声场由直达声和混响声叠加组成，存在有混响半径，即临界距离

$$r_c = 0.14\sqrt{QR} \tag{2.2.4}$$

(2) 在混响室内离开声源的距离大于混响半径以后，平均声压级将不随距离变化。混响声能密度除了由室内简正振动引起的起伏外，与房间中的位置无关，它正比于总的声源辐射功率，并且与声源的指向性无关。因此，常在混响室内测量扬声器的辐射声功率或者噪声源的辐射声功率。

(3) 根据统计声学理论，在扩散声场中，相距 r 的两点之间的相关系数为 H，当 r 沿直线变化时，具有如下规律

$$H = \frac{\sin kr}{kr} \tag{2.2.5}$$

式中，$k = 2\pi/\lambda$ 是波数，λ 是波长。从式(2.2.5)可以看出，扩散声场中离开半波长远的两点间的相关系数为零。因此，选择测点时，两点之间距离应大于半波长。

(4) 从波动声学的理论可知，声源放在混响室内的墙角处的辐射阻最大，因此辐射功率也最大。另外，声源放在墙角处，如果声源发出的不是单频而是一个频带的声波，可以激发室内更多的简正频率，使室内更接近“扩散声场”。尤其是在低频，可以减少声场的起伏。这样做有利于材料吸声系数的测试。而对于声源声功率的测量，放在墙角处的声源辐射的声功率比放在其他地方要大，为了减少测量误差，声源应该离开壁面一段距离。

2. 混响声场的鉴定

混响室的主要声学特性是混响时间、声压的均匀性、本底噪声以及频率响应的离散程度。

实施鉴定时，根据不同的用途和测试对象，以窄带噪声或离散频率进行测试。国家标准 GB/T6881.1-2002《声压法测定噪声源声功率级混响室精密法》中，关于混响室的测试方法中，对测试信号的频带和离散频率、声源特性要求、传声器的位置等，都作了相应的规定，主要有：

(1) 信号发生器输出粉红噪声信号，通过 1/3 倍频程滤波器变为窄带噪声激励声源，采用突然中断法进行混响时间测量。

(2) 声场鉴定测量至少有 4 个传声器测量点，每个测点之间的距离大于所测频段最低中心频率波长的 1/2，并且远离声源和边界面。

(3) 计算混响时间的衰变曲线，应在稳态声压级以下 5～25dB 范围内，取线段的平均斜率，线段的底端应比本底噪声至少高 15dB；每个测点各频带以三次以上测量平均值给出混响时间。

(4) 混响室内声压均匀性测量，使用宽带白噪声信号激励标准声源，在测量频率范围内选择 6 个传声器位置的 1/3 倍频带声压级，进行标准偏差的估计。表 2.2.3 给出了混响室内声压级的标准偏差 S_m 要求。

表 2.2.3　混响室内声压级标准偏差最低要求

1/3 倍频程中心频率/Hz	标准偏差/dB
100～315	$S_m \leqslant 3$
⩾400	$S_m \leqslant 1.5$

根据理论和实验的要求，室内混响声场在各点的混响时间应该相同，衰变曲线虽有起伏，但接近指数律；室内各点的声压均匀，而混响室的混响时间越长越好。

思　考　题

1. 白噪声和粉红噪声在功率谱的密度上有什么不同？各自具有什么特点？

2. 为什么说消声室的测试下限截止频率一般取决于吸声尖劈长度和吸声特性？

3. 混响室的扩散声场特性除了与壁面的材料、壁面的扩散体有关之外，还与房间的各方向的尺度比例有关。为什么各方向的尺寸不能成整数比例？

4. 检验并确定消声室的自由场频率范围和空间范围，为什么要利用球面波的声压级与测试点到点声源之间的距离成反比的规律？

第 3 章　测量传声器的校准

传声器是一种将声信号转换为声频电信号的换能器。在声学测量中，由于传声器位于各种测量仪器的前端，不仅对声信号起到接收作用，而且其性能对测量准确度有着重要的影响；此外，在声学计量中，传声器是空气声声压量值复现和传递的关键器件。因此，传声器的校准在声学测量中占据了特殊地位。

3.1　测量传声器的工作原理

3.1.1　传声器的分类

传声器的分类方法有多种：①按换能方式分类，可分为电动式、电容式和压电式等；②若按传声器的指向特性分类，可分为无指向性、单指向性和双指向性（包括心形和钳形指向性）等类型；③若按声波接收的原理分类，传声器可分为声压式、压差式以及声压与压差复合型式。

在扩声系统和音响工程中，一般使用的是动圈传声器和驻极体电容传声器。

在声学测量中使用的传声器是电容传声器，这种传声器具有灵敏度高、频率响应宽而平直、稳定性好的特点，因此作为实验室标准传声器和测量传声器。

3.1.2　电容传声器的工作原理

图 3.1.1 给出的是电容式传声器的结构示意图。由振动膜片和后极板构成一个电容。当声波作用在膜片上时，随声波运动的振膜发生振动，导致振膜与后极板的距离发生变化，从而引起电容量变化。这时电容的阻抗也在变化，由于与其串联的负载电阻的阻值是固定的，电容的阻抗变化表现为输出电位的变化。经过耦合电容，将电位变化的信号输入到前置放大器。由于电容传声器的静电容容量很小（几十皮法），在音频测量的频率范围内具有相当高的阻抗，需要用阻抗变换器与后面的衰减器和放大器连接匹配，所以，在测量时传声器总是与前置放大器连接。前置放大器一方面是对电容传声器输出的信号进行预放大，另一方面主要是将电容传声器的高输出阻抗转换为低阻抗输出，使其与后续放大电路阻抗相匹配，便于信号的传输。为了保证传声器的输出电压与被测声压之间满足线性关系，在电容器的两极之间需施加足够大的极化电压。

由质点振动理论分析可知，电容传声器的振动系统可以近似地认为是位于弹

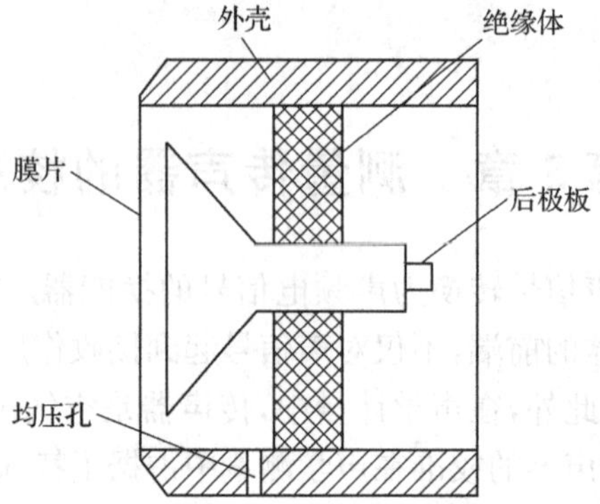

图 3.1.1　电容式传声器的结构示意图

性控制区。在该控制区，当外力激励频率远小于振动系统固有频率时，系统振动的位移与外力振幅成正比，与系统的弹性系数成反比，而与激励频率无关。

电容传声器的类比电路和简化等效电路如图 3.1.2 所示。由简化等效电路可知，传声器的输出电压为

$$V_0(t)=\frac{C(t)}{C}E_0\ \frac{\mathrm{j}\omega RC}{1+\mathrm{j}\omega RC} \tag{3.1.1}$$

其中，E_0为极化电压；$C(t)$为由声压引起的电容量变化；总电容 $C=C_t+C_s+C_i$，其中 C_t为传声器头的电容，C_s为杂散电容，C_i为前置放大器输入电容。图中 C_c为前置放大器的耦合电容。$R=R_iR_c/(R_i+R_c)$，其中 R_c为充电电路电阻，R_i为前置

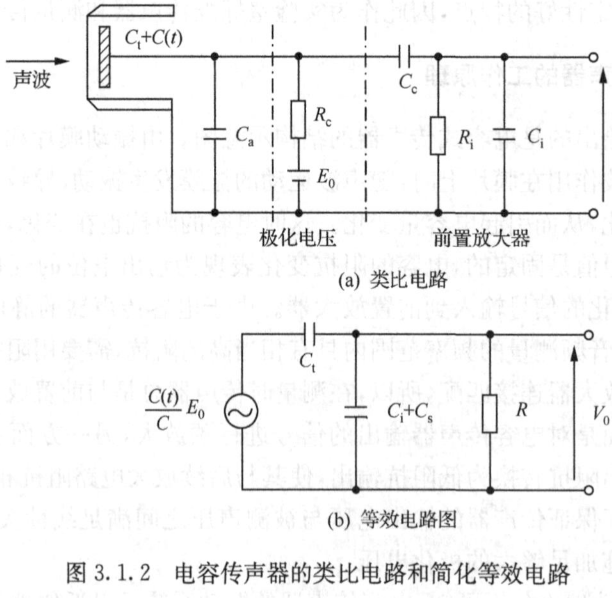

图 3.1.2　电容传声器的类比电路和简化等效电路

放大器的输入电阻。由此可以获得传声器的灵敏度为

$$S = \frac{V_0(t)}{p(t)} = \frac{C(t)}{C \cdot p(t)} E_0 \frac{\mathrm{j}\omega RC}{1 + \mathrm{j}\omega RC} \tag{3.1.2}$$

式中，$p(t)$是随时间变化的声压。在高频时，由于 $\omega RC \gg 1$，传声器的灵敏度与极化电压 E_0 成正比，而与总电容 C 成反比，任何附加的电容都会降低传声器的灵敏度。

在低频时，$\omega RC \ll 1$，传声器的灵敏度可以写成

$$S \approx \frac{C(t)}{C \cdot p(t)} E_0 \cdot \mathrm{j}\omega RC \tag{3.1.3}$$

在低频段传声器的灵敏度与频率有关，灵敏度下降 3dB 所对应的频率称为截止频率，即

$$f_c = \frac{1}{2\pi RC}$$

因此，要获得和保证较低的下限工作截止频率，前置放大器的输入电阻必须非常大。

近十来年，驻极体电容传声器已经广泛应用于声学测量当中，尤其是在现场测量的声学仪器逐渐替代了原来需要加极化电压的电容传声器。驻极体传声器是采用有机高分子驻极体材料作为膜片，经电场处理后，保留极化状态，相当于永磁体的绝缘材料，两面分别带有正、负电荷，用驻极体薄膜正电荷面镀金属与外壳构成一个电极，负电荷面与后极板构成另一个电极，其工作原理与电容传声器基本相同，因为不需要极化电压，对前置放大器以及测量放大器供电电路的要求可以简化。

3.2　传声器校准的目的和意义

声学研究和应用中需要用到声压、声强和声功率等声学量，而最基本的、使用最广泛的量是声压。这是因为：

(1) 声波的传播规律主要是以声压变化规律为基础来描述的；

(2) 声学中的其他一些参量与声压有一定关系，如平面声波传播的声强、自由声场或扩散声场中的声功率，可通过声压测量来获得；

(3) 从声学测量的角度看，测量工作大部分是测量声压随时间、频率以及空间的变化规律，例如，混响时间的测量是通过测出声压随时间的衰减曲线来求得的；扬声器频率响应测量的是扬声器辐射声压随频率的变化。

空气中的声压测量需要使用一个已知灵敏度的传声器进行，要保证传声器测量结果的准确，关键是要有一个灵敏度经过严格校准的传声器。因此，传声器的灵敏度校准，在声学测量中占据了重要的地位。

按照不同的工作用途和对应的准确度等级，目前把传声器分为三种类型：实验室标准传声器、工作标准传声器和测试工作传声器。

实验室标准传声器又称基准传声器（用 LS 表示），在我国发布的《空气声声压计量器具检定系统表》中，规定使用实验室标准传声器的灵敏度（声压灵敏度和自由场灵敏度）参数进行空气声声压量值的复现和传递，用互易法校准测量。在 20Hz～2kHz 频率范围内，用耦合腔互易法校准的不确定度为 0.05～0.1dB；在 1～20kHz 频率范围内用自由场互易法校准，不确定度为 1dB。

工作标准传声器（用 WS 表示），是计量标准器具的一种，主要用作次级标准，一般用比较法或互易法校准测量，在 20Hz～2kHz 频率范围内，不确定度为 0.1～0.2dB；在 1～20kHz 范围内，不确定度为 0.4～0.5dB。

测试工作传声器是普通传声器，用于各种目的的空气声学测量。一般用比较法或声校准器测量。在 20Hz～20kHz 频率范围内，校准测量的不确定度为 0.3～1.0dB。

综上所述，校准传声器灵敏度的常用方法有：自由场互易法、耦合腔互易法、声校准器法和标准声源法。互易法校准被称为绝对校准方法，用耦合腔互易法来校正传声器的声压灵敏度，自由场互易法则用来校准传声器的声场灵敏度。由于耦合腔互易法达到了较高的准确度，国际标准组织（ISO）已建议采用为传声器绝对校准的标准方法。此外，尚有用于现场校准的声校准器法，在校准准确度保证的情况下，使用快捷方便。

3.3 传声器灵敏度

3.3.1 传声器灵敏度的定义

传声器的灵敏度是指传声器输出的开路电压与作用在其膜片上的声压之比。知道了灵敏度，只要将传声器放于待测声场中某点，测出传声器在声压作用下的开路电压，就可求出该点的声压或声压级。但是，上述定义是不够严格的，在实际应用上也有困难。因为当传声器放入自由声场中某点时，必然引起声场散射，所以“作用在膜片上的声压”可以有两种含义：一种是实际作用于膜片上的声压，是指声场声压和由传声器引起的散射声压的叠加；另一种是指传声器未置入声场时的声场声压。根据这两个不同的含义，传声器的灵敏度可分为声场灵敏度及声压灵敏度。声场灵敏度一般又可分为平面自由声场灵敏度（通常简称为自由场灵敏度）及扩散声场灵敏度。这种区分的实用意义，在于对不同的测量场合，使用不同类型灵敏度的传声器。例如，传声器若置于消声室中测量其自由场声压，就要求知道传声器的平面自由声场灵敏度，否则测出的数据就没有意义。若在人工耳室中或腔体中进行测量，那么就应该知道传声器的声压灵敏度，用声场灵敏度测试就会带来误差。对不同使用场合和测量用途的传声器的灵敏度定义如下。

1. 平面自由声场灵敏度

平面自由声场灵敏度 M_f 是指在自由场环境条件，对给定频率的正弦声波，传声器的开路输出电压与传声器放入声场以前传声器声中心（或特定的参考点）位置上的平面自由声场声压之比。它的数学表达式为

$$M_f = \frac{e}{p_f} \tag{3.3.1}$$

其中，e 为传声器开路输出电压，单位 V（伏）。由于电容传声器输出阻抗高，必须由前置放大器作阻抗变换，在这种情况下，开路电压一般是指电容传声器极头的开路电压。p_f 为传声器放入声场前，声场中传声器声中心位置（或特定的参考点）上平面自由声场声压，单位 Pa（帕）。

传声器灵敏度是一复数量，当不计相位时，灵敏度可用其模量表示，单位为伏每帕，V/Pa。所谓传声器平面自由声场灵敏度是指它的模量。这种情况，同样也适用于传声器的声压灵敏度、扩散声场灵敏度等。

2. 传声器声压灵敏度

声压灵敏度 M_p 是指在给定环境条件下，对给定频率的正弦信号，传声器输出端的开路电压与均匀作用在传声器膜片表面上的声压之比，即

$$M_p = \frac{e}{p_p} \tag{3.3.2}$$

式中，e 为传声器开路电压输出，单位 V（伏）；p_p 为实际作用于传声器膜片上的声压，单位 Pa（帕）。

3. 传声器扩散声场灵敏度

扩散声场灵敏度 M_d 是指在给定环境条件下，对给定频率的正弦信号，传声器的开路输出电压与传声器放入声场以前传声器声中心（或特定的参考点）位置上扩散声场声压之比，即

$$M_d = \frac{e}{p_d} \tag{3.3.3}$$

式中，e 为传声器开路输出电压，单位 V（伏）；p_d 为传声器放入扩散声场之前，在传声器放置位置上的扩散声场声压，单位 Pa（帕）。

4. 灵敏度级

传声器的灵敏度通常用“级”来表示，称为灵敏度级。灵敏度级是测量的灵敏

度模量与参考灵敏度 M_r 之比。因此，根据上面所述，对应的灵敏度级分别为

自由声场灵敏度级

$$L_{M_f} = 20\lg\left(\frac{M_f}{M_r}\right) \tag{3.3.4}$$

声压灵敏度级

$$L_{M_p} = 20\lg\left(\frac{M_p}{M_r}\right) \tag{3.3.5}$$

扩散声场灵敏度级

$$L_{M_d} = 20\lg\left(\frac{M_d}{M_r}\right) \tag{3.3.6}$$

其中，参考灵敏度 M_r 的值等于 1V/Pa(1 伏/帕)。

传声器灵敏度是频率的函数，传声器灵敏度与频率之间的关系曲线称为频率响应曲线。同时，传声器的平面自由声场灵敏度也随声波入射角的变化而变化，当声波的入射角等于零时，其灵敏度称为轴向灵敏度。一般均用传声器的轴向灵敏度来表示传声器灵敏度特性，为了方便起见，常略去“轴向”两个字。

通常传声器的声中心位置不在传声器膜片中心位置，它们之间差一小距离，当进行一般测量时，由于测试距离较大，并且要求精度不高，这种声中心距离的变化对测量结果影响不大。但是对于传声器灵敏度校准，由于校准时传声器间距取得比较小(自由场中是 20～100cm)，而且精度要求高，在这种情况下就必须严格考虑声中心位置。

3.3.2　不同灵敏度的比较和使用

比较声压灵敏度与声场灵敏度，它们的主要区别有以下三点。

(1) 频率响应不同：根据定义，传声器声场灵敏度是指传声器置入声场前该点的声压[p_f或 p_d(扩散场)]与传声器输出端开路电压 e 之比；而声压灵敏度则是指实际作用于传声器膜片上的声压 p 与传声器输出端开路电压之比。假设传声器置于自由声场前，自由声场声压为 p_f，传声器放入后由于声波的散射作用，实际作用于传声器膜片上声压 $p > p_f$，因此，实际作用于传声器膜片上声压 p 与自由声场声压 p_f 之间差一个增量。对于同一个传声器而言，平面自由声场灵敏度 M_f 的数值要大于声压灵敏度 M_p 的值，随着频率的增高，差值变大。

由于以上原因，对同一尺寸的电容传声器，其平面自由声场灵敏度、扩散声场灵敏度及声压灵敏度频响曲线如图 3.3.1 所示，由于频率越高，声散射的影响越显著，它们的频响曲线形状在高频段也有很大差别。

电容传声器的自由场灵敏度和声压灵敏度之间差值的大小与传声器的几何结构(平装式振膜或凹座式振膜)有关。

(2) 应用的场合不同：自由声场灵敏度应用于消声室等自由声场环境的测

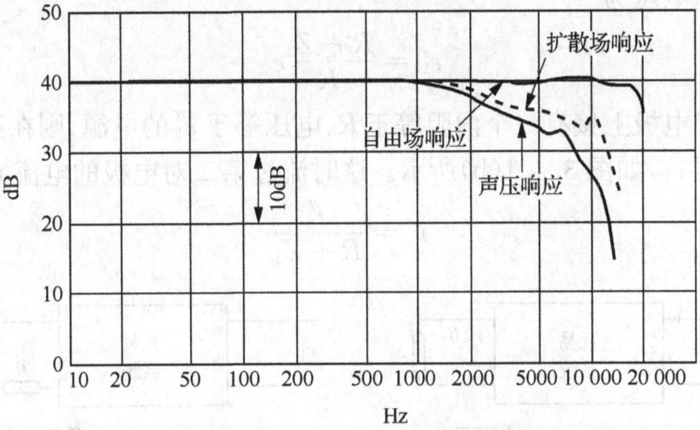

图 3.3.1　23.77mm(1in)电容传声器灵敏度频响曲线

试，而扩散声场灵敏度则使用于扩散场中，声压灵敏度则要求传声器用于仿真耳室等腔室内。

(3) 使用的校准方法不同：自由场灵敏度需在消声室中进行校准，而声压灵敏度需在耦合腔中进行校准，在 3.2 节中已经作了说明，本章后面将作进一步的介绍。

3.4 互易原理

对于作为声压基准的标准传声器，国际电工委员会发布的系列标准 IEC 61094-1:2000、IEC 61094-2:1992 和 IEC 61094-3:1995 中，将互易技术用于实验室标准传声器的声压灵敏度和自由声场灵敏度的校准。互易法校准是一种准确度很高的绝对校准方法，为了更好地理解传声器灵敏度的互易校准原理，在介绍传声器的两种互易校准方法之前，本节先介绍互易原理。

3.4.1 线性网络互易原理

如果以恒定电流 i_1 流过四端线性网络的第一对电极，将在该网络的第二对电极产生一个开路电压 e_2；反过来，在第二对电极上有恒定电流 i_2 流过时，将在第一对电极上产生开路电压 e_1，则这四个量之间有以下关系

$$\frac{e_2}{i_1}=\frac{e_1}{i_2} \tag{3.4.1}$$

满足式(3.4.1)关系的系统称为互易系统，其中等式的两端均为转移电阻抗。

根据式(3.4.1)的关系，作进一步的变化，如图 3.4.1(a)所示。当第一对电极通过电流 i_1 时，在第二对电极负载电阻 R 上产生电压为 e_2'，根据欧姆定律，则第二

对电极的开路电压为

$$e_2 = \frac{R + Z_2}{R} e_2' \tag{3.4.2}$$

若在第二电极上接有一个内阻等于R、电压等于e_2''的电源，则在第一对电极上产生开路电压e_1，如图 3.4.1(b)所示。这时流过第二对电极的电流i_2等于

$$i_2 = \frac{e_2''}{R + Z_2} \tag{3.4.3}$$

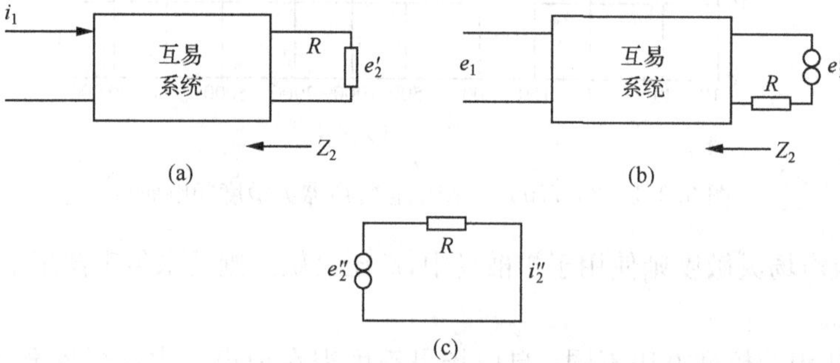

图 3.4.1　线性网络互易原理

将式(3.4.2)、式(3.4.3)代入到式(3.4.1)得

$$\frac{e_2}{i_1} = \frac{e_1}{e_2''/R}$$

式中，e_2''/R为接在第二对电极上的电源的短路电流i_2''，如图 3.4.1(c)所示。因此得到

$$\frac{e_2'}{i_1} = \frac{e_1}{i_2''} \tag{3.4.4}$$

因此，在线性网络理论中，对互易原理的描述是：线性、可逆、无源的两端口网络，在只有一个激励源的情况下，当激励与响应互换位置时，其转移阻抗相等。

3.4.2　声场中的互易原理

在两个小球声源辐射声场中，当小球源 1 作为声源辐射时，在小球源 2 的位置上产生的声压p_{21}与小球源 1 的体积速度U_1之比，等于小球源 2 作为声源辐射时，在小球源 2 的位置上产生的声压p_{12}与小球源 2 的体积速度U_2之比，即

$$\frac{p_{21}}{U_1} = \frac{p_{12}}{U_2} \tag{3.4.5}$$

式(3.4.5)反映了在线性声学范围内，从发射到接收之间的声学系统是一个互易系统。

如果将两个球声源用两个换能器置换放在声场中的A、B两点，且换能器的尺

度远小于工作频率的波长，那么式(3.4.5)等号的左端则为换能器1发射、换能器2接收时，声场中A、B两点的转移声阻抗；等号的右端为换能器2发射、换能器1接收时，声场中A、B两点的转移声阻抗。

3.4.3　电声互易原理

将声场互易原理与线性网络互易原理结合起来，就可以得到由换能器与声场组成的电声系统的电声互易原理。

比较图3.4.1和图3.4.2，根据式(3.4.5)可得

$$\frac{p_f}{i_1}=\frac{e_{oc}}{U_2} \tag{3.4.6}$$

等式(3.4.6)左边的p_f/i_1为换能器1在发射状态下，在其声轴d处产生的自由场声压p_f与其输入电流i之比，定义为换能器1的发送电流响应$S_{i1}=p_f/i_1$；等式的右端表示换能器1的接收性能，对其作变换可得

$$\frac{e_{oc}}{U_2}=\frac{e_{oc}}{p_1}\cdot\frac{p_1}{U_2}=M_1\cdot\frac{p_1}{U_2} \tag{3.4.7}$$

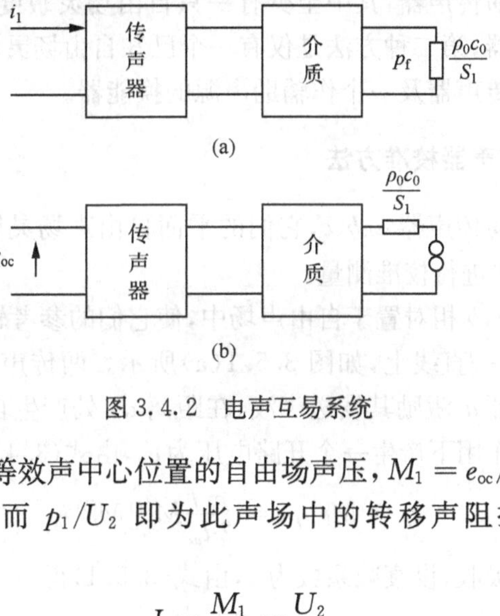

图3.4.2　电声互易系统

式中，p_1为换能器1等效声中心位置的自由场声压，$M_1=e_{oc}/p_1$为换能器1接收时的自由场灵敏度；而p_1/U_2即为此声场中的转移声阻抗。由式(3.4.6)、式(3.4.7)有

$$J=\frac{M_1}{S_{i1}}=\frac{U_2}{p_1} \tag{3.4.8}$$

其中，J为互易常数。

根据上面所述，电声互易原理为：一个线性、可逆的电声换能器，其用作接收时的灵敏度与用作发射器时的发送电流响应的比值与换能器结构无关，是一个常数。

对于点声源2辐射的自由场声压，由声学理论可知，当$kr_{20}\ll 1$时，有

$$p = \mathrm{j}\frac{\rho_0 c_0 k u_{2a}}{d} r_{20}^2 \mathrm{e}^{\mathrm{j}(\omega t - kr)} \tag{3.4.9}$$

将式(3.4.9)代入到式(3.4.8)中，在不考虑相位关系时，得到的是球面波自由声场中的互易常数

$$J = \frac{2d}{\rho_0 f} \tag{3.4.10}$$

式(3.4.10)表明，互易常数与介质、频率及传播特性有关；与换能器的辐射面形状、辐射声波的形式、声场的介质和边界条件有关。

对于耦合腔而言，可以得到互易常数为

$$J = 2\pi f \beta V$$

式中，β为介质的绝热压缩系数；f为频率，Hz；V为耦合腔体积，m^3。

3.5　自由场灵敏度的互易校准

在自由声场中利用互易原理校准传声器的自由声场灵敏度有两种方法：第一种方法是有三个互易传声器，其中至少有一只自由场灵敏度已知的实验室标准传声器用作参考传声器；第二种方法是仅有一个已知自由场灵敏度的互易传声器，一个非互易的待校准传声器及一个作辅助声源的换能器。

3.5.1　三只互易传声器校准方法

假定有三个互易传声器a、b、c，它们的平面自由声场灵敏度分别为$M_{\mathrm{f}}^{(a)}$、$M_{\mathrm{f}}^{(b)}$及$M_{\mathrm{f}}^{(c)}$，按下述方法进行校准测量。

(1) 将传声器a，b相对置于自由声场中，使它们的参考轴(一般是指垂直于膜片中心的直线)在同一直线上，如图3.5.1(a)所示。两传声器声中心间距为d_{ab}，以电流i_a馈给传声器a激励其发送声波，在距离d_{ab}处产生自由场声压p_{f}，接收传声器b在这个声压作用下产生一个开路电压为e_b，由式(3.4.8)和式(3.4.10)可得

$$e_b = M_{\mathrm{f}}^{(b)} p_{\mathrm{f}} = \frac{\rho_0 f}{2d_{ab}} M_{\mathrm{f}}^{(a)} M_{\mathrm{f}}^{(b)} i_a \tag{3.5.1}$$

由于空气中存在的吸收，设衰减系数为α，由式(3.5.1)得

$$M_{\mathrm{f}}^{(a)} M_{\mathrm{f}}^{(b)} = \frac{2d_{ab}}{\rho_0 f}\left|\frac{e_b}{i_a}\right| \mathrm{e}^{\alpha \cdot d_{ab}} \tag{3.5.2}$$

(2) 将传声器b，c相对置于自由声场中，以传声器b作发送，c作接收，如图3.5.1(b)所示，可得

$$M_{\mathrm{f}}^{(b)} M_{\mathrm{f}}^{(c)} = \frac{2d_{bc}}{\rho_0 f}\left|\frac{e_c}{i_b}\right| \mathrm{e}^{\alpha \cdot d_{bc}} \tag{3.5.3}$$

式中，d_{bc}为传声器b和c的声中心间距；i_b为传声器b的驱动电流；e_c为传声器作接

收时的开路电压。

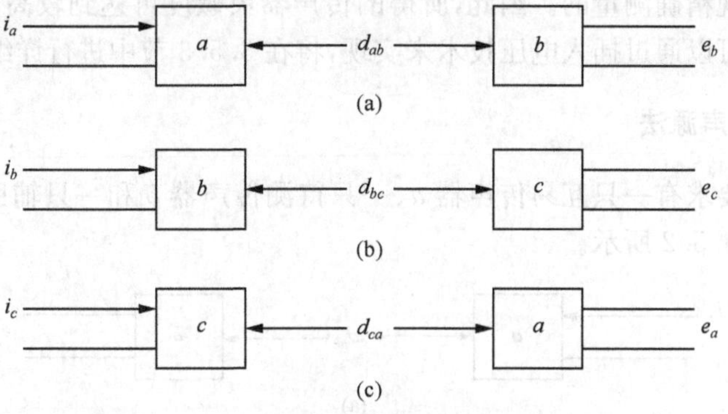

图 3.5.1　三只互易传声器自由场互易校准原理图

(3) 将传声器 c,a 相对置于自由声场中,以 c 作发送,a 作接收,如图 3.5.1(c) 所示。重复前面的过程,可得

$$M_f^{(c)} M_f^{(a)} = \frac{2d_{ca}}{\rho_0 f} \left| \frac{e_a}{i_c} \right| e^{\alpha \cdot d_{ca}} \tag{3.5.4}$$

式中,d_{ca} 为传声器 c 和 a 之间声中心间距;i_c 为传声器 c 的驱动电流;e_a 为传声器作接收时的开路电压。

将式(3.5.2)、式(3.5.3)及式(3.5.4)中的电压与电流的关系定义为系统的电转移阻抗的模量,分别为 $R_{ab} = |e_b/i_a|$,$R_{bc} = |e_c/i_b|$,$R_{ca} = |e_a/i_c|$,则由上述三式求得三传声器的灵敏度分别为

$$M_f^{(a)} = \left[\frac{2}{\rho_0 f} \frac{d_{ab} d_{ca}}{d_{bc}} \frac{R_{ab} R_{ca}}{R_{bc}} e^{\alpha(d_{ab}+d_{ca}-d_{bc})} \right]^{1/2} \tag{3.5.5}$$

$$M_f^{(b)} = \left[\frac{2}{\rho_0 f} \frac{d_{ab} d_{bc}}{d_{ca}} \frac{R_{ab} R_{bc}}{R_{ca}} e^{\alpha(d_{ab}+d_{bc}-d_{ca})} \right]^{1/2} \tag{3.5.6}$$

$$M_f^{(c)} = \left[\frac{2}{\rho_0 f} \frac{d_{bc} d_{ca}}{d_{ab}} \frac{R_{bc} R_{ca}}{R_{ab}} e^{\alpha(d_{bc}+d_{ca}-d_{ab})} \right]^{1/2} \tag{3.5.7}$$

保持测试距离不变,即在 $d_{ab} = d_{bc} = d_{ca} = d$ 的条件下,测出三个电转移阻抗后,可按下面公式计算三只传声器在频率为 f 时的自由场开路灵敏度级

$$L_f^{(a)} = 10\lg \frac{2d}{\rho_0 f} + 10\lg R_{ab} + 10\lg R_{ca} - 10\lg R_{bc} + \frac{1}{2}\Delta_A d \tag{3.5.8}$$

$$L_f^{(b)} = 10\lg \frac{2d}{\rho_0 f} + 10\lg R_{ab} + 10\lg R_{bc} - 10\lg R_{ca} + \frac{1}{2}\Delta_A d \tag{3.5.9}$$

$$L_f^{(c)} = 10\lg \frac{2d}{\rho_0 f} + 10\lg R_{bc} + 10\lg R_{ca} - 10\lg R_{ab} + \frac{1}{2}\Delta_A d \tag{3.5.10}$$

其中,$\Delta_A = 8.686\alpha$ 是空气衰减的修正值,可直接查表或通过公式计算得出。

从以上讨论可知,由于避开了易受干扰的声压量的测量,仅通过测量力学量和

电学量便可求得传声器的灵敏度，而且，对于距离和电压等参量，在目前的技术水平是容易实现精确测量的。因此，所得的传声器灵敏度可达到较高的精度。对于电转移阻抗可以通过插入电压技术来实现，将在 3.5.3 节中进行详细介绍。

3.5.2 辅助声源法

本方法要求有一只互易传声器 a、一只待测传声器 b 和一只辅助声源 c，其校准过程如图 3.5.2 所示。

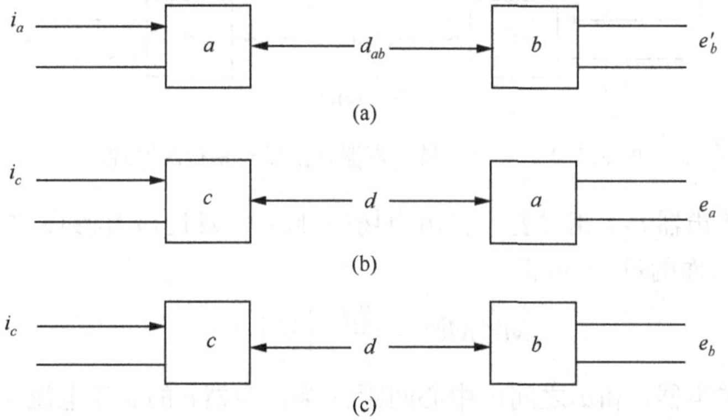

图 3.5.2 辅助声源法自由场互易校准

(1) 将传声器 a 及传声器 b 相对置放于自由场中，其声中心间距为 d，以驱动电流 i_a 馈给传声器 a 发射声波，传声器 b 作接收时的开路电压输出为 e'_b，则有

$$M_f^{(a)} M_f^{(b)} = \frac{2d}{\rho_0 f} \frac{e'_b}{i_a} e^{\alpha d} \tag{3.5.11}$$

(2) 如图 3.5.2(b)所示，将传声器 a 置于辅助声源 c 的辐射声场中，c、a 之间声中心间距为 d，以驱动电流 i_c 馈送声源 c 发射声波，传声器 a 作接收时的开路输出电压为

$$e_f^{(a)} = M_f^{(a)} \frac{i_c \cdot S_{ic}}{d} \tag{3.5.12}$$

式中，S_{ic} 为发送响应。

(3) 将传声器 b 置于辅助声源 c 的辐射声场中，c、b 之间声中心间距仍为 d，并且辅助声源的驱动电流 i_c 不变，传声器 b 作接收时的开路输出电压为

$$e_f^{(b)} = M_f^{(b)} \frac{i_c \cdot S_{ic}}{d} \tag{3.5.13}$$

结合过程(2)和过程(3)得到

$$\frac{e_f^{(a)}}{e_f^{(b)}} = \frac{M_f^{(a)}}{M_f^{(b)}} \tag{3.5.14}$$

由式(3.5.11)及式(3.5.14)可得传声器的灵敏度

$$M_f^{(a)}=\left(\frac{2}{\rho_0 f}d_{ab}\frac{e_b'}{i_a}\frac{e_a}{e_b}e^{\alpha d_{ab}}\right)^{1/2} \tag{3.5.15}$$

$$M_f^{(b)}=\left(\frac{2}{\rho_0 f}d_{ab}\frac{e_b'}{i_a}\frac{e_b}{e_a}e^{\alpha d_{ab}}\right)^{1/2} \tag{3.5.16}$$

式中，$e_b'/i_a=R_{ab}$ 即为电转移阻抗，单位为Ω。测出电转移阻抗后，可按下面公式计算 a,b 两只传声器在频率为 f 时的自由场开路灵敏度级。

$$L_f^{(a)}=10\lg\frac{2d}{\rho_0 f}+10\lg R_{ab}+10\lg\frac{e_a}{e_b}+\frac{1}{2}\Delta_A d \tag{3.5.17}$$

$$L_f^{(b)}=10\lg\frac{2d}{\rho_0 f}+10\lg R_{ab}+10\lg\frac{e_b}{e_a}+\frac{1}{2}\Delta_A d \tag{3.5.18}$$

3.5.3　插入电压技术与电转移阻抗测量

电容传声器必须接前置放大器把高阻抗变换成低阻抗才能接入测试电路，此时的前置放大器实际上成为传声器输出端的一个电负载，在这种情况下，要测定传声器的开路电压有一定的困难，使用插入电压技术(也称置换法)可以实现在传声器有电负载时测定其开路电压。

插入电压技术的原理可以这样来叙述：在传声器回路中串接一个远小于传声器负载阻抗的电阻 R，如图 3.5.3 所示。假定传声器极头在频率为 f 的声压 p_f 作用下，产生的开路电压在电压表上得到一个读数，然后撤除 p_f 的作用(停止声源辐射)，而在电阻 R 上加一个频率与声信号相同的校准电压 E，通过调节 E 的大小，使它在电压表上的指示和在声压 p_f 的作用下的读数一样，这时 E 的有效值与传声器的开路电压有效值相等，由于电阻 R 的值很小，而一般电压表的输入阻抗很高，所以 E 值可以用一定精度的电压表直接精确测定，因而传声器的开路电压也就能精确测定了。

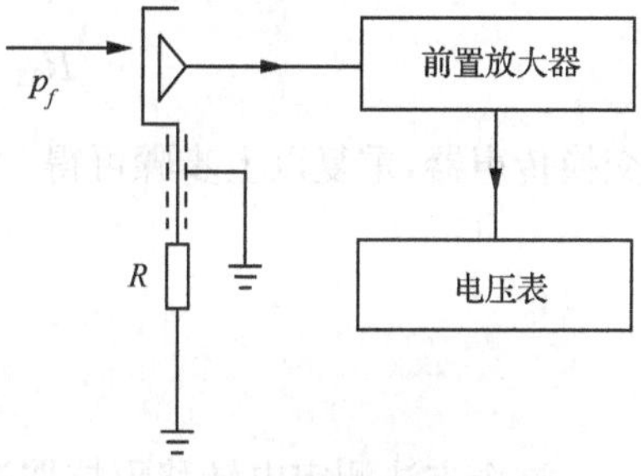

图 3.5.3　插入电压技术的原理

根据插入电压技术和图 3.5.4 所示的测试原理图，可以方便、精确地测定电转移阻抗。

(1) 将开关 K_1 置于 A，开关 K_2 置于 C，在数字电压表①上测出接收传声器在发射传声器的辐射声压作用下的输出电压 E_1。

(2) 开关 K_1 置于 B，开关 K_2 置于 C，保持信号发生器输出电压不变，调节交流变阻箱，使数字电压表①上的指示值与声波作用时的 E_1 相同；从数字电压表②上读出 E_2，即为接收传声器的开路电压。

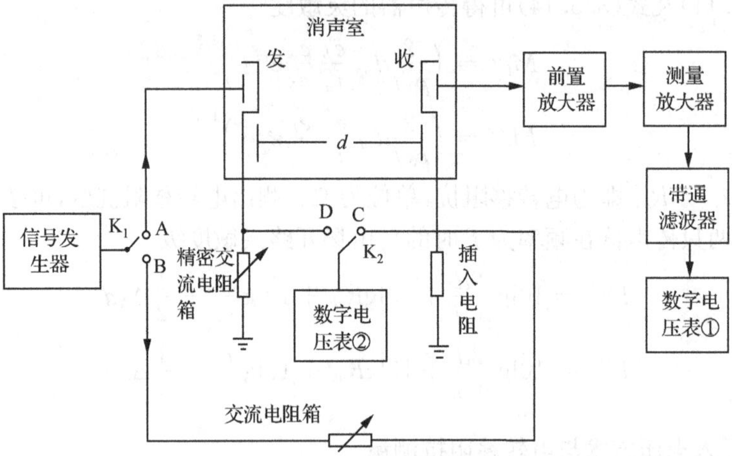

图 3.5.4　传声器电转移阻抗测量原理图

(3) 开关 K_1 置于 A,开关 K_2 置于 D,调节精密交流电阻箱 R,使电压表②上的指示值与上面步骤(2)在电压表②上的指示 E_2 相同。这时精密交流电阻箱上的示值即为电转移阻抗模值,对应于式(3.5.5)有

$$R_{12}=\frac{E_2}{I_1}=\frac{e_b}{i_a}=R_{ab} \tag{3.5.19}$$

交换传声器,重复以上步骤可得

$$R_{bc}=\frac{e_c}{i_b} \tag{3.5.20}$$

$$R_{ca}=\frac{e_a}{i_c} \tag{3.5.21}$$

这个方法测定电转移阻抗取决于指示仪表及电阻箱的精度。由于指示仪表和电阻箱的精度都可以做得很高,因而利用这个方法可以精确地测出电转移阻抗。

3.5.4　影响自由声场灵敏度校准的因素

由于互易法通过测量其他力学量及电学量来求得传声器的灵敏度,避开了声压的直接测量,所以自从互易原理于 20 世纪 40 年代应用于传声器校准以来,到目前为止一直被认为是传声器灵敏度校准的最精确方法之一。不过,在自由场进行传声器灵敏度的互易校准过程中会受到各种因素的影响,为了达到精确的校准目的,还必须注意以下各种影响校准精度的因素。

1. 空气吸收的修正

理想的球面自由声场声压应当是随距离 r 成反比关系衰减,但由于空气的吸收作用,实际的球面自由声场应当比 $1/r$ 规律衰减更快,频率越高,这一影响越大。因此,对于 1000Hz 以上的测量频率,在高精度校准传声器自由声场灵敏度时,必须要考虑到空气吸收的影响。

在式(3.5.8)、式(3.5.17)等计算灵敏度级的公式中,空气吸收的衰减修正值为

$$\Delta_A = 20\lg e^{\alpha} = 8.686\alpha \tag{3.5.22}$$

IEC 61094.3 提供了作为频率、温度、气压和相对湿度的函数的空气衰减系数 α 的计算方法。

$$\alpha = f^2\left[18.4\times10^{-12}\left(\frac{p_s}{p_{s,r}}\right)^{-1}\left(\frac{T}{T_{20}}\right)^{\frac{1}{2}} + \left(\frac{T}{T_{20}}\right)^{-\frac{5}{2}}\left(0.01275\,\frac{\exp(-2239.1/T)}{f_{rO}+(f^2/f_{rO})} + 0.1068\,\frac{\exp(-3352.0/T)}{f_{rN}+(f^2/f_{rN})}\right)\right] \tag{3.5.23}$$

其中

$$f_{rO} = \left(\frac{p_s}{p_{s,r}}\right)\left[24+4.04\times10^5 h\left(\frac{0.2+10^3 h}{3.91+10^3 h}\right)\right]$$

$$f_{rN} = \left(\frac{p_s}{p_{s,r}}\right)\left(\frac{T}{T_{20}}\right)^{-\frac{1}{2}}\left[9+2.8\times10^3 h\exp\left\{-4.170\left[\left(\frac{T}{T_{20}}\right)^{-\frac{1}{3}}-1\right]\right\}\right]$$

$$h = \frac{H}{100}\left(\frac{p_m}{p_{s,r}}\right)\left(\frac{p_{s,r}}{p_s}\right)$$

$$\frac{p_m}{p_{s,r}} = 10^{\left[4.6151-6.8346\left(\frac{T_{01}}{T}\right)^{1.261}\right]}$$

式中,$T_{20}=293.15\text{K}$;$T_{01}=273.16\text{K}$;T 为绝对温度(K);p_s为大气气压(kPa);p_m为水饱和蒸汽压(kPa);$p_{s,r}$为标准大气压(kPa);H 为相对湿度(%);h 为水蒸气的摩尔分数;f 为频率(Hz);f_{rO}为氧弛豫频率(Hz);f_{rN}为氮弛豫频率(Hz)。

表 3.5.1 给出了一般环境条件下,计算所得的实验室自由场互易校准的声压空气衰减系数。表中数据为 $\Delta_A=8.686\alpha$,以分贝/米表示。

表 3.5.1 声压空气衰减系数 (单位：dB/m)

f /kHz	t=21℃，p_s=101.325kPa			t=23℃，p_s=101.325kPa			t=25℃，p_s=101.325kPa		
	H=25%	H=50%	H=80%	H=25%	H=50%	H=80%	H=25%	H=50%	H=80%
1.0	0.0054	0.0048	0.0054	0.0054	0.0052	0.0059	0.0054	0.0057	0.0063
1.25	0.0075	0.0059	0.0063	0.0072	0.0062	0.0069	0.0070	0.0067	0.0076
1.6	0.0111	0.0075	0.0077	0.0104	0.0078	0.0083	0.0099	0.0082	0.0091
2.0	0.0162	0.0099	0.0093	0.0149	0.0099	0.0099	0.0140	0.0102	0.0107
2.5	0.0240	0.0134	0.0116	0.0220	0.0132	0.0121	0.0203	0.0132	0.0129
3.15	0.0365	0.0192	0.0153	0.0332	0.0184	0.0155	0.0304	0.0180	0.0161
4.0	0.0565	0.0287	0.0212	0.0514	0.0271	0.0210	0.0469	0.0259	0.0212
5.0	0.0846	0.0426	0.0299	0.0773	0.0397	0.0291	0.0707	0.0374	0.0287
6.3	0.1267	0.0649	0.0441	0.1170	0.0601	0.0421	0.1076	0.0561	0.0407
8.0	0.1882	0.1010	0.0673	0.1767	0.0933	0.0635	0.1645	0.0866	0.0605
10.0	0.2643	0.1527	0.1013	0.2539	0.1411	0.0949	0.2405	0.1308	0.0896
12.5	0.3578	0.2292	0.1535	0.3537	0.2131	0.11434	0.3429	0.1980	0.1347
16.0	0.4771	0.3541	0.2435	0.4885	0.3327	0.2275	0.4889	0.3115	0.2132
20.0	0.5929	0.5139	0.3682	0.6266	0.4901	0.3452	0.6468	0.4641	0.3240
25.0	0.7123	0.7256	0.5514	0.7737	0.7061	0.5207	0.8224	0.6794	0.4910
31.5	0.8421	1.0019	0.8244	0.9332	0.9998	0.7876	1.0166	0.9828	0.7491
40.0	0.9947	1.3445	1.2191	1.1136	1.3795	1.1847	1.2326	1.3915	1.1419
50.0	1.1758	1.7135	1.7083	1.3157	1.8007	1.6930	1.4636	1.8612	1.6594

2. 传声器声中心

互易定理推导过程中，是把传声器当成点源(点辐射、点接收)来处理的，因而对传声器自由声场灵敏度作互易校准时，其校准距离应是两相对放置的传声器声中心间距离，而在实际校准时能测量到的仅是两个传声器膜片几何中心之间的距离，这样就引入了测量误差，因此，在校准过程中，必须考虑声中心位置。例如，对于互易校准常用的4160型实验室标准传声器(LS1P型)，直径为23.77mm，在校准距离为150～600mm的情况下，在去掉保护罩加上一个保护环时，应利用图3.5.5或表3.5.2中提供的数据进行距离修正。以膜片的几何中心为参考，正号表示声中心位于膜片的前方。图和表的数据不确定度在传声器共振频率以下小于2mm。

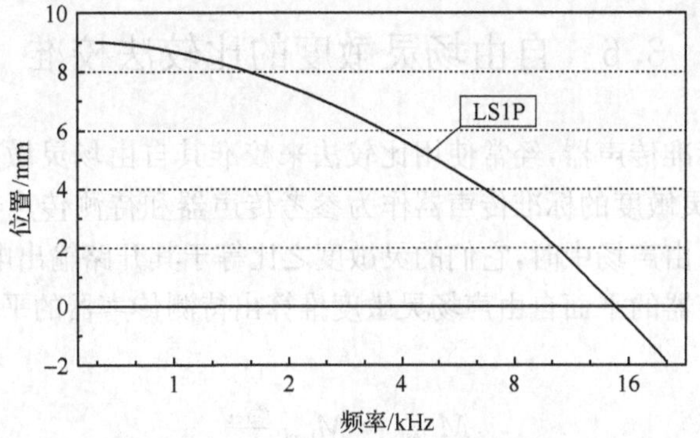

图 3.5.5　4160 型传声器垂直入射相对于膜片的声中心位置的估评值

表 3.5.2　LS1P 传声器垂直入射相对于膜片的声中心位置的估评值

频率/kHz	0.63	0.8	1.0	1.25	1.6	2.0	2.5	3.15
声中心位置/mm	9.0	8.9	8.7	8.4	8.0	7.5	7.0	6.4
频率/kHz	4.0	5.0	6.3	8.0	10.0	12.5	16.0	20.0
声中心位置/mm	5.7	5.0	4.2	3.3	2.2	0.9	−0.4	−1.9

传声器的声中心是频率和结构的函数，结构（包括外形尺寸）不同，即使频率不变，其声中心也将不同。结构相同而频率不同，声中心的位置也不同。

3. 自由场的偏离

1）自由声场偏离

理想的球面波自由声场声压 p 随距离 r 的衰减规律是 $p\sim 1/r$，空气吸收会影响这一规律，除此以外，消声室中安装的一些支架引起的散射将对声场产生影响。所以，完全理想的自由声场与实际应用中的自由场存在有一定大小的偏离。在校准过程中，必须准确估计这种声场偏离对校准精度的影响。由式(3.5.5)可以看出，如果要获得±0.1dB 的校准准确度，那么，校准应当在 $20\lg(1/r)\pm 0.2$dB 的声场中进行。

2）平面波偏离

在校准传声器的过程中，假定作用在传声器膜片上的声压是平面波声压。这种条件仅在球面自由声场中距离较远时，由于球面波波阵面很大，在传声器膜片范围内，作用在膜片的声压可以认为各处近似相等，从而与平面波作用于膜片的效果一样。但在校准过程中，若校准距离较短，因作用到膜片上的声压不满足平面波，应当对由此而引起的校准误差作出准确的估计。一般在膜片上声压分布偏离不超过 0.2dB 时，造成约 0.05dB 的灵敏度偏差。

3.6 自由场灵敏度的比较法校准

对于工作标准传声器，经常使用比较法来校准其自由场灵敏度校准。校准原理是：当用已知灵敏度的标准传声器作为参考传声器和待测传声器同时交替暴露于相同的平面自由声场中时，它们的灵敏度之比等于其开路输出电压之比。这样，就可由参考传声器的平面自由声场灵敏度推算出待测传声器的平面自由声场灵敏度 $M_{\text{f-test}}$，即

$$M_{\text{f-test}} = M_{\text{f-ref}} \frac{e_{\text{test}}}{e_{\text{ref}}} \tag{3.6.1}$$

式中，e_{test}和 e_{ref}分别为待测声器和参考传声器的开路输出电压，mV；$M_{\text{f-ref}}$为参考传声器的平面自由声场灵敏度（采用平面自由声场互易法校准获得），mV/Pa。

比较法校准又分直接比较法和间接比较法。

1. 直接比较法

直接比较法也称为同时激励法。如图 3.6.1 所示，基本测量步骤如下：

(1) 将待测传声器与参考传声器都置于声源的自由声场区，并满足远场条件，一般取为 1m。

(2) 两传声器正对声源，对称地置于声源参考轴的两侧，且其参考轴与声源参考轴平行。

(3) 两传声器间距应使它们的相互影响为最小（<±1dB），一般取 10cm 左右。

(4) 两传声器所在处的声压之差不超过 1dB（用参考传声器进行测量）。

(5) 根据测量所要求的声波频率和信噪比，确定施加至声源上的电信号的频率和幅度。

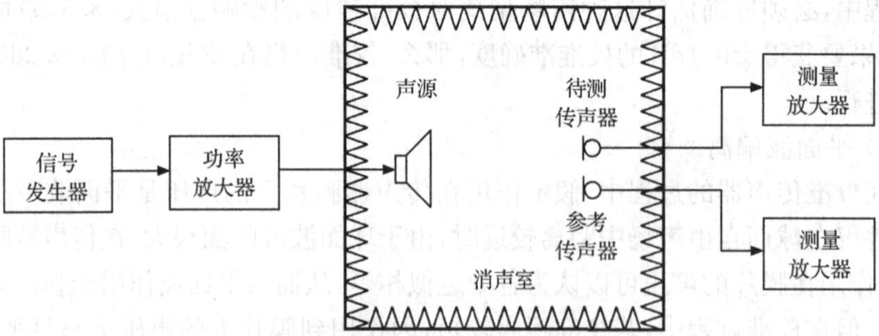

图 3.6.1 直接比较法校准传声器自由场灵敏度原理示意图

(6) 分别测量两传声器的开路电压，则由式(3.6.1)可求得待测传声器的平面自由声场灵敏度。

为了减小某些不对称性引起的两传声器所在位置的声压不一致，应将传声器互换位置重新测量，并分别计算两个传声器输出电压的平均值。

2. 间接比较法

采用直接比较法中，存在着如下难以克服的缺陷：①参考传声器和待测传声器是同时放在声场中，由于传声器的结构不完全一致而带来的两传声器所在位置的声压也不可能完全一致，给测量带来了误差；②在频率较高时，传声器的散射的相互作用会对声场带来较大的影响；③传声器接收系统，包括前置放大器阻抗和测量放大器增益的不一致将加大系统误差工。

为了克服上述影响，采用间接比较法(也称为代替法或顺序激励法)。

间接比较法的测量条件和测量原理图基本上与直接比较法相同，所不同的是在声场中选择一点作为测点(一般选在声源参考轴上位于远场中的某点，如距声源1m处)。在测量过程中应保持声源辐射的声场恒定，交替的将参考传声器和待测传声器放在测点上，分别测量其开路输出电压，并由式(3.6.1)计算待测传声器的平面自由声场灵敏度。

在这里应特别注意的是传声器的参考轴必须与声源参考轴重合，且两传声器的受声面必须处于同一位置。

无论用上述哪种方法进行校准，还应注意的是传声器的灵敏度与测量环境条件(气压、温度或湿度)有关。通常计量检定机构提供的参考传声器的声压灵敏度是修正到基准环境条件下的值，因此测量时应根据实际环境条件进行修正。

3.7　声压灵敏度的耦合腔互易校准

自由场互易校准由于声场存在起伏，准确度不能达到很高，实验的过程也比较复杂。与之相比，耦合腔的互易校准就可以在普通实验室内进行。

耦合腔互易法校准实验室标准传声器的声压灵敏度，由于精度很高，国际电工委员会 IEC 61094.2-1992 标准规定为“原级方法”，并规定声压灵敏度参数作为进行声压量值的复现和传递的基准。目前，对于 LS1P(4160)型实验室标准传声器校准测量的频率范围为 20Hz～10kHz，不确定度为 0.05～0.10dB ($k=2$)；LS2P(4180)型实验室标准传声器校准测量的频率范围为 20Hz～25kHz，不确定度为 0.05～0.12dB ($k=2$)。

3.7.1 耦合腔互易校准方法

耦合腔互易法校准传声器声压灵敏度当采用三传声器时，三只传声器中必须有两只是互易的，其中至少有一个为参考用实验室标准传声器；当采用辅助声源法时，两只传声器中必须有一只是互易的。

1. 三传声器法

耦合腔互易法校准声压灵敏度级测试原理图如图 3.7.1 所示。

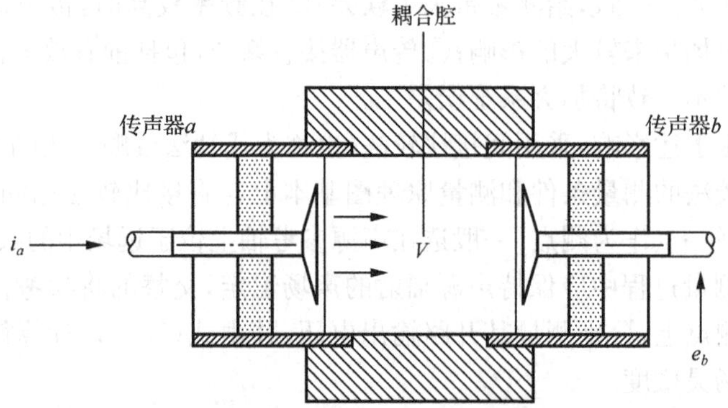

图 3.7.1　耦合腔互易法校准声压灵敏度级的测试原理图

第一步：传声器 a 发射、传声器 b 接收。当以电流 i_a 驱动传声器 a 辐射声波，声压 p 作用在传声器 b 的膜片上，传声器 b 产生开路输出电压 u_b，根据互易原理和传声器灵敏度的定义有

$$J=\frac{M_a}{S_{ia}}=\frac{U_s}{p}=\frac{1}{Z_{ab}}$$

$$M_b=\frac{e_b}{p}$$

$$S_{ia}=\frac{p}{i_a}$$

得到传声器 b 的开路电压为

$$e_b=M_bp=M_b\cdot M_ai_aZ_{ab} \tag{3.7.1}$$

其中，M_a，M_b分别是传声器 a，b 的声压灵敏度；Z_{ab} 等于作用在传声器 b 膜片上的声压 p 与传声器 a 辐射时的体积速度之比，是系统的声转移阻抗。

当耦合腔总体尺寸远小于声波波长时，耦合腔可以看成一个声顺，因此声阻抗为

$$Z_{ab}=\frac{\gamma P_0}{\mathrm{j}\omega(V+V_e^{(a)}+V_e^{(b)})} \tag{3.7.2}$$

其中，P_0为大气压；γ为气体的定压热容量与定容热容量之比；$V_e^{(a)}$ 和 $V_e^{(b)}$ 分别为传声器 a 和 b 的前腔与膜片的等效体积之和，由式(3.7.1)得到

$$M_aM_b = \frac{e_b}{i_a} \cdot \frac{1}{Z_{ab}} = R_{ab}\frac{1}{Z_{ab}} \tag{3.7.3}$$

式中，$R_{ab} = e_b/i_a$ 称为系统的电转移阻抗，单位为 Ω。

第二步：传声器 a 发射、传声器 c 接收时，测得传声器 c 的开路输出电压 e_c 和传声器 a 的驱动电流 i_a 的关系为

$$e_c = M_cp = M_b \cdot M_ai_aZ_{ac} \tag{3.7.4}$$

$$M_aM_c = R_{ac}\frac{1}{Z_{ac}} \tag{3.7.5}$$

式中，$R_{ac} = e_c/i_a$。

第三步：传声器 b 发射、传声器 c 接收时，测得传声器 c 的开路输出电压 e_c 和传声器 b 的驱动电流 i_b 的关系为

$$e_c = M_cp = M_b \cdot M_ci_bZ_{bc} \tag{3.7.6}$$

$$M_bM_c = R_{bc}\frac{1}{Z_{bc}} \tag{3.7.7}$$

式中，$R_{bc} = e_c/i_b$ 为电转移阻抗。

将式(3.7.3)、式(3.7.5)、式(3.7.7)联立，可以得到三个传声器的灵敏度为

$$M_a = \left(\frac{R_{ab}R_{ac}}{R_{bc}}\frac{Z_{bc}}{Z_{ab}Z_{ac}}\right)^{1/2} \tag{3.7.8}$$

$$M_b = \left(\frac{R_{ab}R_{bc}}{R_{ac}}\frac{Z_{ac}}{Z_{ab}Z_{bc}}\right)^{1/2} \tag{3.7.9}$$

$$M_c = \left(\frac{R_{ac}R_{bc}}{R_{ab}}\frac{Z_{ab}}{Z_{ac}Z_{bc}}\right)^{1/2} \tag{3.7.10}$$

上面三个灵敏度的表达式中的电转移阻抗，通过插入电压技术测量。在实施测量时，如果在发射通道串联一个标准小电阻，保持信号输出不变，则驱动电流 $i_a = i_b$，通过测量标准电阻上的电压降来求出，由此可见，通过直接测量四个电压，便可间接地求出灵敏度。

根据式(3.7.2)，对耦合腔参数进行预置，引入参考灵敏度级，可以得到三个传声器声压灵敏度级的表达式分别是

$$L_p^{(a)} = 10\lg R_{ab} + 10\lg R_{ac} - 10\lg R_{bc} + C_{VC} + C_{FV1} + C_{PS} + S_{ref}(dB) \tag{3.7.11}$$

$$L_p^{(b)} = 10\lg R_{ab} + 10\lg R_{bc} - 10\lg R_{ac} + C_{VC} + C_{FV2} + C_{PS} + S_{ref}(dB) \tag{3.7.12}$$

$$L_p^{(c)} = 10\lg R_{ac} + 10\lg R_{bc} - 10\lg R_{ab} + C_{VC} + C_{FV3} + C_{PS} + S_{ref}(dB) \tag{3.7.13}$$

式中，C_{VC}为耦合腔体积修正；C_{FV1}、C_{FV2}、C_{FV3}分别为三只传声器的前腔体积修正；C_{PS}为气压修正；S_{ref}为参考灵敏度级。

2. 辅助声源法

类似于前面所说的自由场的辅助声源方法。如果传声器 a 为待校传声器，传声器 b 为互易传声器，首先，将两只传声器置于耦合腔中，求得它们声压灵敏度的乘积；然后，将两只传声器依次分别放入耦合腔接受辅助声源辐射的相同声压，并测出两只传声器的输出电压，这时两个传声器输出电压的比值应等于其声压灵敏度的比值。待校传声器 a 的声压灵敏度表达式为

$$L_{\mathrm{p}}^{(a)} = 10\lg R_{ab} + 10\lg\left|\frac{e_a}{e_b}\right| + C_{\mathrm{V}} + C_{\mathrm{FV1}} + C_{\mathrm{PS}} + S_{\mathrm{ref}} \tag{3.7.14}$$

3. 声压灵敏度级频率响应

在校准测试的频率范围内，以 1/3 倍频程中心频率为测量点，重复以上的校准程序，测出每个频率校准点的开路声压灵敏度级，就可以获得校准传声器的声压灵敏度级的频率响应。

3.7.2 耦合腔互易校准的修正

耦合腔互易法校准的结果依赖于一些因数的修正，根据前面所述，其主要修正项有：

1. 大气压修正

耦合腔校准的结果应当修正到参考气压(101.325kPa)，修正公式为

$$C_{\mathrm{PS}} = 10\lg\left(\frac{101.325}{P_{\mathrm{s}}}\right) \tag{3.7.15}$$

式中，P_s 为测试期间的气压平均值，单位为 kPa。

2. 耦合腔体积修正

在校准测试时，如果实际使用的耦合腔体积与标称值有偏差，需要对耦合腔体积进行修正，修正公式为

$$V_{\mathrm{C}} = \left(\frac{2\times V_{\mathrm{mic}}(\mathrm{nom})+V_{\mathrm{coup}}}{2\times V_{\mathrm{mic}}(\mathrm{nom})+V_{\mathrm{coup}}(\mathrm{nom})}\right) \tag{3.7.16}$$

式中，$V_{mic}(nom)$为被测传声器标称前腔体积和标称膜片等效体积之和，mm^3；$V_{coup}(nom)$为所用耦合腔的标称体积，mm^3；V_{coup}为所用耦合腔的实际体积，mm^3。

3. *传声器前腔体积与等效体积修正*

灵敏度计算公式中，对不同的传声器结构，前腔的长度和体积，以及膜片的等效体积等声学参数有较大差异，表 3.7.1 中列出了 B&K 公司的典型实验室标准传声器或可作为实验室工作标准传声器使用的测试传声器的声学参数的标称值。

表 3.7.1　部分传声器的声学参数标称值

声学参数	传声器					
	4160	4180	4144*	4145*	4133*	4134*
前腔体积 V_F/mm^3	535	34	570	570	34	34
前腔长度 L_F/mm	1.95	0.50	1.95	1.95	0.50	0.50
膜片等效体积 V_e	136	9.2	136	120	10	10
共振频率 f_0/kHz	8.2	22	8.2	11	22	22
阻尼系数(损耗系数)	1.05	1.05	1.05	3.15	3.05	1.15
膜片有效直径/mm	17.9	8.95	17.9	17.9	8.95	8.95

* 为带相应的转接环。

在实际修正时，修正的方法是在不同长度的耦合腔选择 2～3 个频率点测出不加前腔修正的声压灵敏度级，取平均后，找出两个耦合腔测量灵敏度级的差值，根据提供的修正曲线查找修正值。

4. *参考灵敏度级*

由耦合腔的参量引入的参考灵敏度级，与传声器的型号规格、所用的耦合腔尺寸和测量频率有关，修正公式为

$$S_{ref} = S_{list} + C_P + C_T + C_{RH} + C_L \tag{3.7.17}$$

式中，S_{list} 为基本参考灵敏度级，以 1V/Pa 为参考；C_P，C_T，C_{RH}，C_L 分别为参考灵敏度级的气压修正、温度修正、湿度修正和长度修正。

3.8　声压灵敏度的比较法校准

对于工作标准传声器的灵敏度校准，经常使用比较法来校准传声器的声压灵敏度。

比较法的原理是：当参考传声器和待测传声器同时或交替暴露于相同声压时，它们的灵敏度之比由开路输出电压之比给出，然后从参考传声器的灵敏度计算出待测传声器的灵敏度(模和相位二者)。参考传声器使用的是经过互易法校准获得灵敏度的传声器。比较法校准又分直接比较法和替代比较法。

3.8.1 同时激励比较法

同时激励法也称为直接比较法。在校准中，使两个传声器同时暴露于相同的声压中，一般要求每个传声器的膜片小于在测量中最高频率对应的波长。将已知灵敏度的参考传声器和待测传声器面对面相隔约 2mm 插入有源耦合腔中，如图 3.8.1 所示。该耦合腔包括一个径向声源，在膜片之间产生一个径向对称声场。用插入电压法测量参考传声器和待测传声器的输出电压，于是，待校传声器的声压灵敏度为

$$M_{\text{p-test}} = M_{\text{p-ref}} \frac{e_{\text{test}}}{e_{\text{ref}}} \tag{3.8.1}$$

式中，e_{test}和 e_{ref}分别为待测传声器和参考传声器的开路输出电压；$M_{\text{p-ref}}$为参考传声器的声压灵敏度，单位为 mV/Pa。

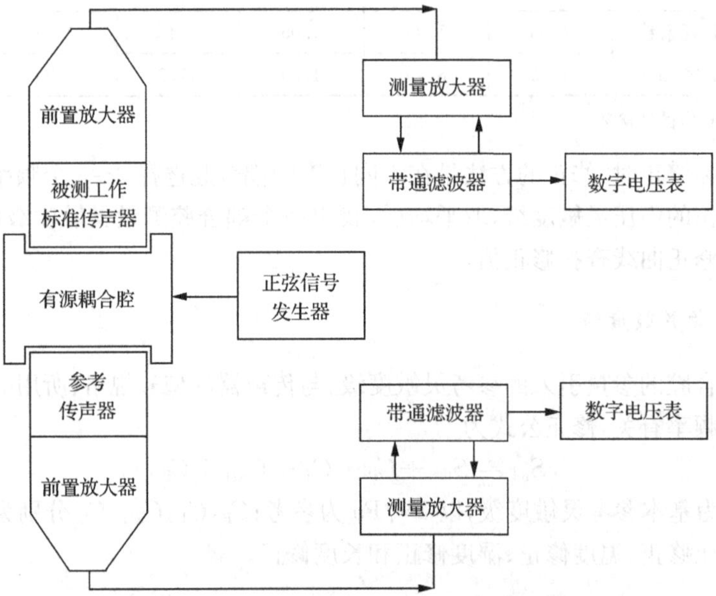

图 3.8.1　直接比较法声压灵敏度级测量装置示意图

为了减小某些不对称性引起的两传声器位置之间声压系统差的影响，应当将传声器互相交换位置重新测量，最后计算出两个传声器输出电压的平均值。

3.8.2 替代比较法

在上述比较法中，存在着两个难以克服的缺陷：①参考传声器和被测传声器是同时放在耦合腔的声场中，由于传声器的结构不完全一致而带来的两传声器所在

位置的声压也不可能完全一致，给测量带来了误差；②传声器接收系统包括前置放大器阻抗和测量放大器增益的不一致的影响。

采用代替法(顺序激励法)可以克服上述系统带来的误差。测量条件和原理图基本上与比较法相同。将待测传声器和参考传声器先后交替地安装在耦合腔中，保持耦合腔中的声压恒定，测量待测传声器和参考传声器的开路输出电压，计算方法与直接比较法相同。

为了控制耦合腔中的声压，可以采用探管式传声器从耦合腔的边上插入，其探头的尖端与腔壁的距离为腔内半径的 1/3，如图 3.8.2 所示。此方法需要注意的是探管传声器的声阻抗可能会影响测量结果。

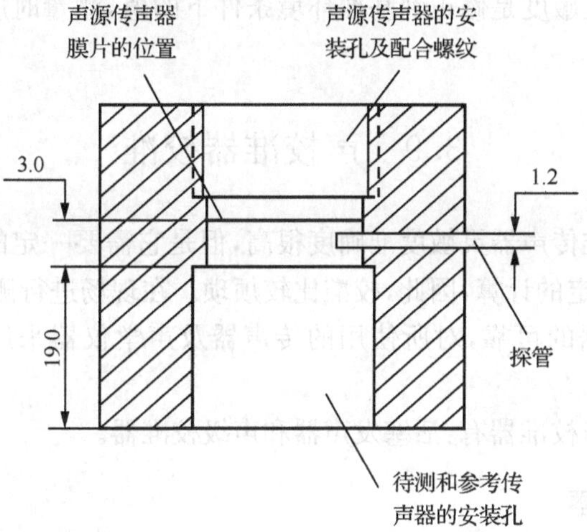

图 3.8.2　安装 LS1 型传声器的替代比较法耦合腔

采用替代比较法的耦合腔和声源，还可以使用准确度高的声校准器，如活塞发声器来代替，根据对校准不确定度的估计，在其允许范围内，也是一种简便、可行的方法，不过仅能进行单一频率的校准。

3.8.3　比较法校准中注意的问题

1. 传声器压力均衡孔的影响

膜片背后的空腔一般装有一个细的压力均衡管，使膜片两面的静压保持相同。因此，在非常低的频率，此管也能部分地均衡声压。在校准期间，如果作用在膜片上的声压入射到压力均衡管上，可能引起低频灵敏度的显著变化，其结果将不再是真实的声压灵敏度。对于传声器压力均衡管是否因声入射而带来灵敏度的变化，通过测量比较来确定，方法是：将压力均衡管有声入射时的校准结果，与在同一个装置上压力均衡管不暴露在声场中的校准结果进行比较，对灵敏度的变化采取适当的修正。

2. 极化电压的影响

电容传声器的极化电压对灵敏度有直接的影响。如果两个传声器所加极化电压相同，其影响可忽略不计。如果其中一个传声器被预极化，将存在误差。

3. 与环境条件的关系

传声器的灵敏度与静压、温度或湿度有关。制造商或计量检定机构提供的参考传声器的声压灵敏度是修正到基准环境条件下的值，测量时应根据实际环境条件对其进行修正。

3.9 声校准器校准

用互易法校准传声器灵敏度准确度很高，但是它需要一定的声学环境和仪器设备，还需进行一定的计算，因此，校准比较烦琐。在现场进行测试时，为了保证测量过程有效和数据的可靠，对所使用的传声器及声学仪器采用声校准器法进行校准。

实际常用的声校准器有：活塞发声器和声级校准器。

3.9.1 活塞发声器

活塞发声器包括一个刚性壁空腔，空腔内的一端用来装待校传声器，另一端则装有圆柱形活塞，活塞用凸轮或弯曲轴推动做正弦运动，测定活塞运动的振幅就可以求出腔内声压的有效值，其工作原理如图 3.9.1 所示。

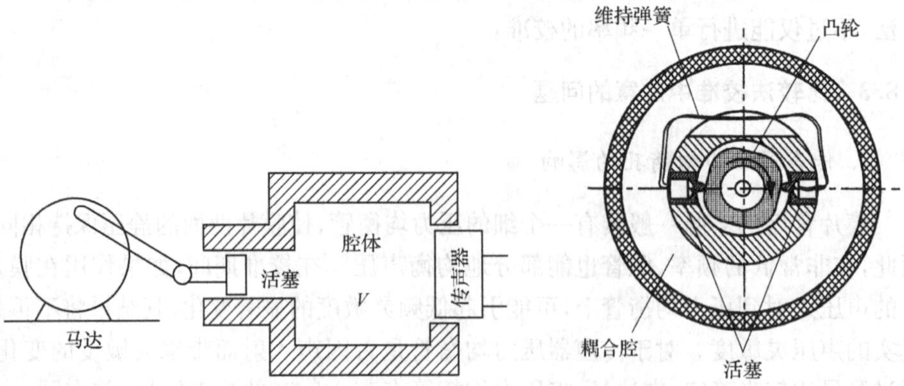

图 3.9.1 活塞发生器的工作原理图

设面积为 S 的活塞作往复运动的位移 $\xi=\xi_0 e^{j\omega t}$，活塞运动引起的体积速度 $U=j\omega S\xi_0 e^{j\omega t}$，如果体积速度 U 的变化远小于腔体的体积 V，腔内的声压为

$$p=UZ_a$$

其中，Z_a 为腔体的声阻抗。我们曾在 3.7.1 节提到，当腔体的几何尺寸远小于声波波长时，腔体作为声顺处理，即有 $Z_a=1/j\omega C_a$，而 $C_a=V/\gamma P_0$；在低频时有声压

$$p=j\omega S\xi_0\frac{\gamma P_0}{j\omega V}=S\xi_0\frac{\gamma P_0}{V}e^{j\omega t} \tag{3.9.1}$$

因此，声压有效值为

$$p_{RMS}=\gamma P_0\frac{S\xi_0}{\sqrt{2}V} \tag{3.9.2}$$

式中，P_0 为大气静压，Pa；S 为活塞的面积，m^2；V 为活塞在中间位置时，腔体积和传声器等效体积的和，m^3；ξ_0 为活塞的振动位移峰值，m；γ 为耦合腔中的气体比热容比，20℃，一个大气压下的空气 $\gamma=1.402$。

活塞发声器中的直流电机上装有一个凸轮，凸轮的形状按 $r=a+b\sin 4\varphi$ 规律加工，当电机带动凸轮转动时，使凸轮两侧用弹簧保持一定压力对称的小活塞按正弦规律作往复运动，在腔内产生频率为四倍于电机转速的声压。直流电机的离心开关保持转速恒定，电机转速为 3750r/min，活塞发声器的频率为 250Hz；由于两个活塞对称放置，产生的声压提高一倍，在大气压为 101.325kPa 时，声压级为 124dB，其准确度可达±0.2dB。如果大气压发生变化时，依据式(3.9.2)进行修正。图 3.9.2 给出了使用活塞发生器时气压的修正曲线。

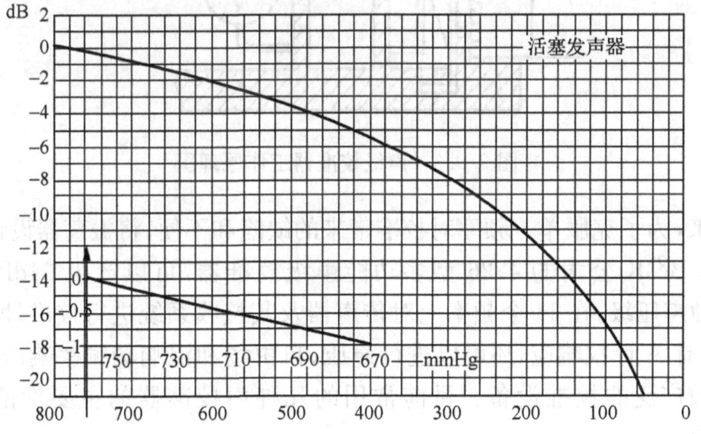

图 3.9.2　使用活塞发生器时气压的修正曲线

由上面讨论可知，活塞发声器运动的频率上限为机械振动的允许速度所控制。由于活塞发声器校准的准确度高，因此被称为标准声源。目前，实验室用的活塞发声器(B&K4228 型)的准确度可达到±0.12dB。

活塞发声器产生的声压级、频率等参量是用经过校准的标准传声器和测量放大器等仪器进行标定。

用活塞发生器校准传声器灵敏度的方法很简单，先使待测传声器与活塞发生器耦合，接通活塞发生器的电源，使它在传声器的膜片前产生一个恒定的声压。这时传声器的输出电压经放大器放大后，可以用具有声压级刻度的电压表来测量活塞发声器耦合腔内的声压级，以此进行传声器及其接收系统的校准。

3.9.2　声级校准器

声级校准器包括一个性能稳定的频率为 1000Hz 的振荡器和压电振动元件及振膜，如图 3.9.3 所示。使用时，振荡器的输出馈送给压电元件，带动膜片振动并在耦合腔内产生 1Pa 声压(94dB)。上述系统工作在共振频率，其等效耦合体积约为 200cm^3，所以产生的声压与传声器等效容积无关。在现场用它来校准传声器，其准确度可达±0.3dB。

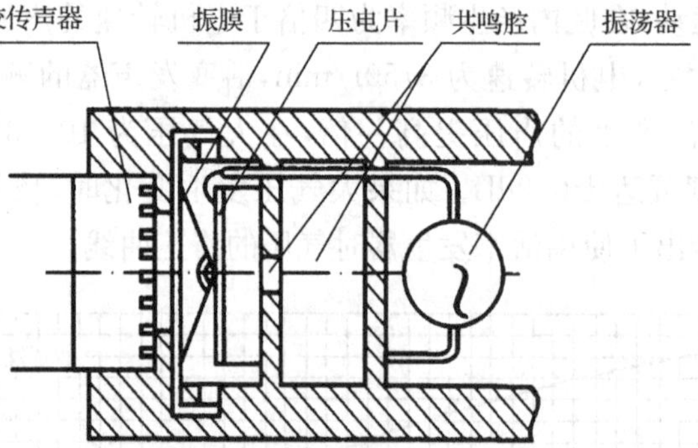

图 3.9.3　声级校准器工作原理图

近年来，为了克服单一频率对校准带来的缺陷和不便，将振荡器设计为多个输出频率，如 B&K 公司的 4226 型多功能声级校准器，可以产生 94dB、104dB 和 114dB 三种声压级，在 11 个频率上对传声器及其接收系统进行校准，既有线性频率响应，又有 A 计权响应，还可以进行声压、自由场和混响场频率响应试验，是一种用途比较广泛的校准设备。目前常用的几种声校准器的主要性能指标列于表 3.9.1中。

表 3.9.1　几种常用声校准器的主要性能指标

类型	活塞发声器	活塞发声器	声级校准器	声级校准器	多用途声校准器
型号及生产厂	4228 型（丹麦 B&K）	AWA 6011 型（杭州爱华仪器有限公司）	4231 型（丹麦 B&K）	ND9（红声器材厂嘉兴分厂）	4226 型（丹麦 B&K）
等级	0	1	1	1	1
标称声压级 /dB	124	124	94 和 114	94	94,104 和 114
声压级准确度 /dB	±0.12	±0.2（−10～+50℃）	±0.3（−10～+50℃）	±0.3（20～25℃）	±0.2（对 94dB，1000Hz 参考条件）
标称频率 /Hz	250	250	1000	1000	31.5Hz～16kHz 按倍频程点加上 12.5kHz
频率准确度 /%	±0.1	±2	±0.1	±2	±0.1
谐波失真 /%	≤3	≤3	≤1	≤2	≤1

3.10　传声器灵敏度的修正值

3.10.1　修正值 K_0 的来源

前面讲的传声器的互易校准是通过测量发射回路电压、接收回路的开路电压计算得到灵敏度，而测量放大器、声级计等声学测量设备均是以 50mV/Pa 的标称灵敏度对应的参考电压信号进行放大器增益校准。

由于生产工艺的原因和设计结构的不同，不可能使每一个传声器的灵敏度都具有 50mV/Pa 的灵敏度，因此，实际灵敏度与设计的标称灵敏度有一个差值。在测量使用中，为了保证所用仪器直接读出准确的声压级数，必须对传声器确定一个修正值，并依据修正值来校准测量系统及仪器。这个修正值就是 K_0 值，以分贝表示时，它是传声器的实际灵敏度级与标称灵敏度级（−26dB，以 1V/Pa 为参考）的差值。

$$K_0 = -26 - L_M \quad (\text{dB}) \tag{3.10.1}$$

式中，L_M 为传声器的实际灵敏度级。

例如，一个传声器的实际灵敏度为 45mV/Pa，其灵敏度级为

$$L_M = 20\lg\frac{45\times10^{-3}\,\text{V/Pa}}{1\text{V/Pa}} = -26.9\text{dB}$$

得到灵敏度修正值为

$$K_0 = -26 - (-26.9) = 0.9(\text{dB})$$

表示用该传声器进行测量时，由于该传声器的灵敏度比标称设计值低，应考虑由此引起的影响。在使用放大器的电校准信号时，实际结果应加上 0.9dB，所以在传声器出厂的校准卡上，标注灵敏度的修正值 $K_0=0.9\text{dB}$。

3.10.2 K_0 值的使用

传声器的输出阻抗高，必须与前置放大器配接一起工作使用，由 3.2 节讨论可知，在实际修正时，应考虑前置放大器的增益和前置放大器的输入端电容的影响，此时为传声器的有载灵敏度级，因此，实际使用的修正值为

$$K = K_0 - G \tag{3.10.2}$$

$$G = g + 20\lg \frac{C_t}{C_t + C_i}$$

式中，g 为前置放大器增益；C_t为传声器电容；C_i为前置放大器电容。

当用活塞发声器校准传声器及其接收系统时，如果腔内产生的信号频率为 250Hz，声压级为 124dB，那么调整放大器的增益使电表读数(dB)与活塞发声器的数值一致时，其中就包含前置放大器的增益和前置放大器的输入端电容的影响。

值得注意，测试传声器的出厂说明书上给出的是 K_0，在实际应用时要注意两者的区别。

3.11 静电激励器测量声压灵敏度频率响应

将不同频率的灵敏度连成一条曲线，就是传声器灵敏度的频率响应。实际上，声学测量是在不同类型的声场中进行，因而，测量传声器的灵敏度和频率响应取决于声场的类型。使用静电激励器测量传声器的声压灵敏度的频率响应，无需建立特殊的声场条件，在一般实验室即可进行。

静电激励器包括一块开槽金属板，安装在传声器的膜片前面，如图 3.11.1 所示。在开槽板与膜片之间加直流电压 E 和交变信号电压 $e=e_0\sin\omega t$，当 $E \gg e_0$ 时，由于库仑力的作用，此时在膜片上产生一个频率与 e 的频率相同的交变压力，等效瞬时声压大小为

$$p = \frac{8.85 E e_0 a}{d^2} \times 10^{-12}(\text{Pa}) \tag{3.11.1}$$

其中，d 为开槽金属板与膜片的距离，a 为有效激励器面积和有效膜片面积之比。在 p 的作用下，传声器产生的开路电压可用电压表测量。

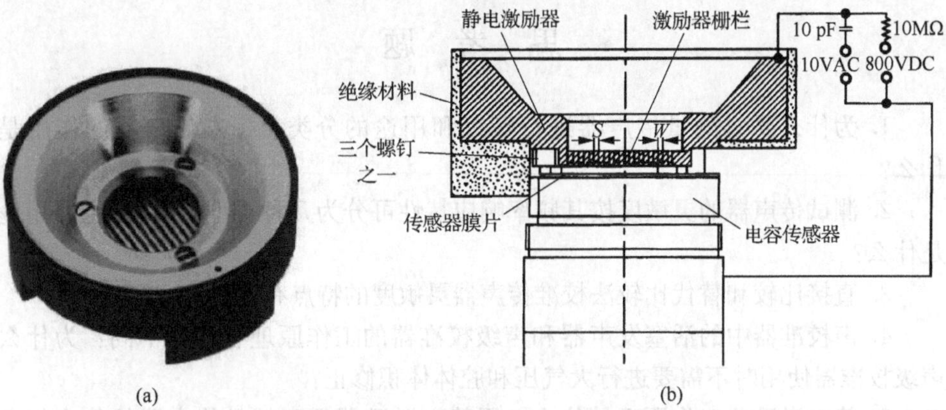

图 3.11.1　静电激励器表面式样及工作原理图

由式(3.11.1)可知,静电激励器产生的声压与频率无关,只要 E,e_0 和 d 保持不变,就能测量电容传声器的声压灵敏度响应。测量的频率范围可高达 200kHz,当 $E=800\text{V}$,$e_0=30\text{V}$ 时,可产生 1Pa 的声压。如果已知被校传声器的自由场和扩散声场的修正值,那么,只要在声压频率响应上逐个频率叠加上修正值,就可以得到被校传声器的自由场频率响应或者扩散声场的响应。

由于静电激励器工作时,通常是在直流电压上叠加正弦交流电压,除了所要求的基频等效声压 p 外,还产生二次谐波声压,此时采用选择性测量技术可以达到仅测量基波频率分量的目的。虽然式(3.11.1)描述了产生于传声器膜片上的等效声压的绝对值,但静电激励器法通常仅用于测定相对频率响应。此方法可用于测定传声器的绝对灵敏度,但对多数应用来说,所引起的不确定度太大。相对较大的不确定度来源于距离 d 和面积比 a 的测定。

图 3.11.2 所示的是应用静电激励器测量传声器声压灵敏度响应的典型测量装置框图。利用静电激励器在传声器膜片上模拟声压,可全程监测测量系统的整个频率响应。被测试系统可以是单台仪器(如手持式声级计),也可以是复杂的系统,如传声器和附接的前置放大器与系统的指示部分分离的室外监测系统。

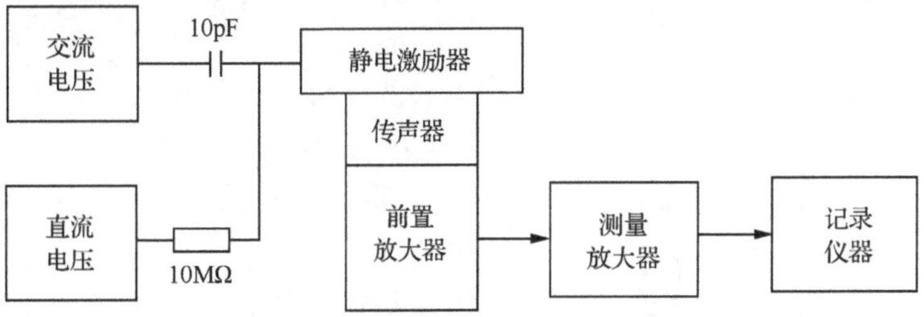

图 3.11.2　传声器的静电激励器响应的典型测量装置框图

思　考　题

1. 为什么要对测量传声器进行等级和用途的分类？标准传声器的作用是什么？

2. 测试传声器的灵敏度按其频率响应特性可分为几种类型，各自的主要用途是什么？

3. 直接比较和替代比较法校准传声器灵敏度的特点有哪些？

4. 声校准器中的活塞发声器和声级校准器的工作原理有什么不同？为什么声级校准器使用时不需要进行大气压和腔体体积修正？

5. 静电激励器工作原理是什么？用静电激励器得到的是传声器的什么频率响应？

6. 采用活塞发声器校准测试时，实际的大气压为 98kPa，而随仪器携带校准卡给出的声压级是在基准大气压为 101.3kPa 的值，求气压的修正量。

7. 应用插入电压技术测量开路灵敏度中，信号发生器的输出阻抗对测量结果的影响是什么？

第4章 噪声测量

随着工业化程度的提高以及交通运输和城市化建设的迅速发展,噪声污染已普遍成为一种社会公害。噪声对人们的健康影响已引起各方面的关注。噪声控制已成为环境保护的一项重要内容,我国政府已颁布了关于噪声控制的法律法规,相应地制定了一系列有关噪声测量、噪声限制和控制的国家标准和行业标准。

噪声测量是噪声影响评价、噪声控制方法和控制技术措施制定及其控制效果检验等一系列工作的基础,而测量噪声的仪器对噪声测量的结果有着直接的影响,因此熟悉测量仪器的功能和特点,了解和掌握有关噪声测量方法、噪声影响评价参量和要求,为正确开展不同用途的噪声影响评价和噪声控制工作创造条件。

4.1 声级计的原理及其性能测量

噪声测量中常用的仪器有:声级计、频谱分析仪、电平记录仪等。根据不同的测量目的与要求,可选择不同的测量仪器和不同的测量方法。声级计是噪声现场测量的一种基本测试仪器,主要用来测试噪声的声级,与相应的仪器配套还可进行频谱分析和振动的测量。

4.1.1 声级计的工作原理

声级计是一种根据国家标准、依据人耳的听力特性、按照一定时间计权和频率计权测量声音声压级的仪器,具有体积小、重量轻、便于携带、使用广泛的特点。按使用用途可分为测量指数时间计权声级的常规声级计、测量时间平均声级的积分声级计和测量声暴露级的积分声级计;按电路的组成方式可分为模拟声级计和数字声级计;按使用形式可分为便携式声级计和袖珍式声级计;按指示方式可分为模拟指示声级计和数字指示声级计。

各种类型声级计的工作原理基本上相同,所不同的往往是在一般声级计上附加一些特殊的性能,用作各种不同的测量。例如,积分声级计是在一般声级计上附加有积分器和时间平均器,这样在选定的平均时间内对所发生的声音给予同等的重视,测量噪声的等效连续声级 L_{eq};再附加数据储存和统计功能,从而形成用来测量噪声的统计分布,并直接指示或输出 L_N(L_{10}、L_{50}、L_{90}等)的噪声分析仪。在积分声级计的基础上增加测量声暴露或噪声剂量转换功能,而构成噪声暴露计。

声级计通常由传声器、放大器、衰减器、计权网络、检波器、指示器及电源等部分组成，其工作原理方框图如图 4.1.1 所示。被测量的声信号由传声器接收后，将声信号变成电信号，微小的电信号经前置放大器送到输入衰减器组和输入放大器，放大器将微小电信号放大，对较大的输入信号由衰减器加以衰减，使在指示器上获得适当的指示，也使测量量程扩大。计权网络对通过的信号进行频率滤波，使声级计的整机频率响应符合规定的频率计权特性要求，以便能测量计权声压级。信号再经输出衰减器和输出放大器后被送到检波器进行检波，交流信号变成直流，并由显示器显示以 2×10^{-5}Pa(N/m^2)为参考值的方均根声压级分贝数。检波器具有“快”、“慢”、“脉冲”或“保持”等时间计权特性，使声级计适应于不同时间变化的声音测量指示。有的声级计还具有“外接滤波器”插孔，用来与其他滤波器连接进行频谱分析。“放大器输出”插孔输出交流信号，以观察信号波形或者对被测信号进行记录存储和分析。

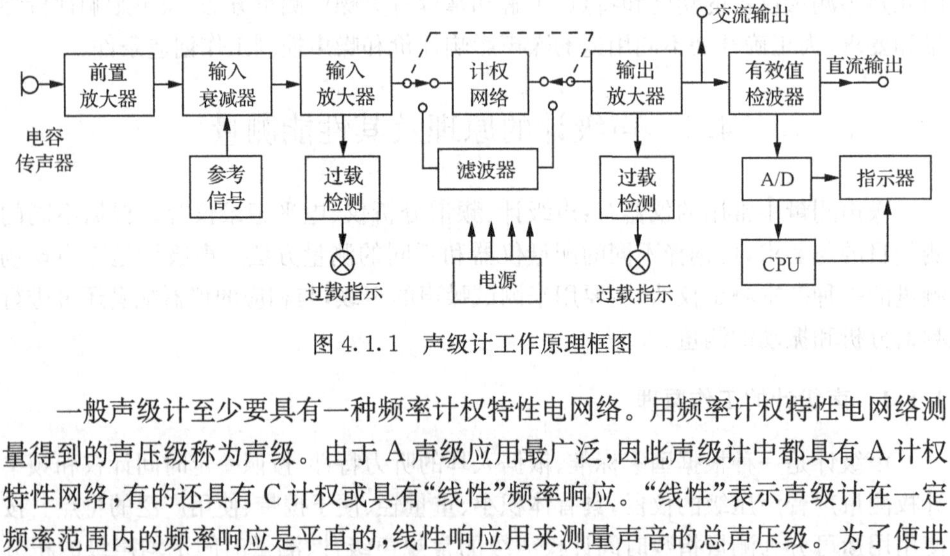

图 4.1.1　声级计工作原理框图

一般声级计至少要具有一种频率计权特性电网络。用频率计权特性电网络测量得到的声压级称为声级。由于 A 声级应用最广泛，因此声级计中都具有 A 计权特性网络，有的还具有 C 计权或具有“线性”频率响应。“线性”表示声级计在一定频率范围内的频率响应是平直的，线性响应用来测量声音的总声压级。为了使世界各国生产的声级计的测量结果可以互相比较，国际电工委员会(IEC)制定了声级计的有关标准，对声级计的电声性能和计权网络特性等指标进行规范，并推荐各国使用。除了已有的 A、B、C 三种频率计权网络之外，为了测量航空噪声，有的声级计还设置有按照 IEC 537《用于航空噪声测量的频率计权》标准中规定的“D”计权特性网络。几种计权网络曲线的形状如图 4.1.2 所示。

在自由场中的参考入射方向上，声级计的频率计权特性相对响应，不仅与计权网络的频率特性有关，也与传声器的频率响应、放大器和检波指示器的频率响应有关。

在声级计的具体使用中，不同部分的组合可以构成不同的分析用途。一般情况是按照某个频率计权网络对噪声信号的频率成分进行计权测量，或者与倍频程、

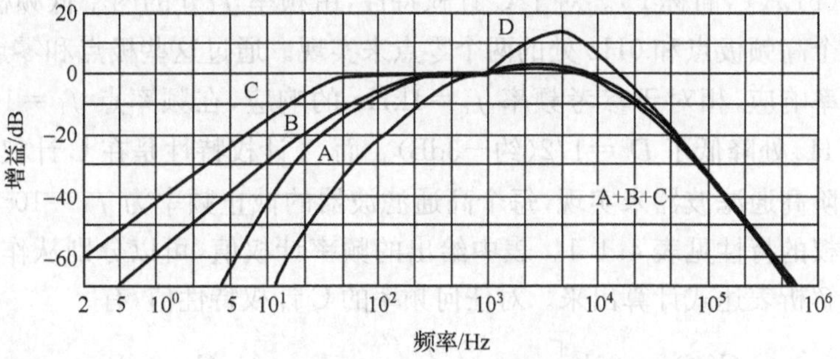

图 4.1.2　计权网络曲线

1/3 倍频程滤波器组合进行频谱分析。由于电子计算机和大规模集成电路的飞速发展，单片计算机、微型计算机和信号处理器在噪声测量系统中获得了广泛的应用，使噪声测量仪器实现了智能化、数字化和实时分析，也使得噪声测量仪器的功能得到增强，分析处理的速度加快。新型积分声级计、噪声统计分析仪在研究噪声的时间变化特性时，将 A 计权声级进行积分平均，得出连续等效声级 L_{eq}、声暴露级 L_{AE}；或者连续进行统计分析，得出统计声级 L_N、均方偏差 SD 等量值。

近年来，声级计输出部分的指示器，由数字显示器代替模拟指示电表，而且 CRT 显示器、点阵式 LCD 及字符打印机和其他的必要设备都已经包含在声级计系统中。

4.1.2　声级计的主要性能及其测量

声级计的主要电声性能与测量方法有以下几方面。

1. *频率计权和频率响应*

由于声级计测量的声音在可听声频率范围，因此声级计的电性能要求从 10～20000Hz 有平直的频率响应特性。随着噪声测量与评价的进展变化，2002 年国际电工委员会颁布的标准 IEC61672.1《声级计》取消并替代原来的 IEC 60651《声级计》和 IEC60804《积分声级计》标准，并对一些电、声性能指标和频率计权网络进行了新的规定。与 IEC 标准对应，我国制定了新标准 GB/T 3785-2010《声级计》，其对原来的国家标准进行修订，分别发布了电声性能的规范、型式评价试验和周期检定要求。此外，还规定了声级计分为 1 级和 2 级两种性能。通常，1 级和 2 级声级计的技术要求有相同的设计目标，主要是误差极限和工作温度范围不同。

新的标准最大的变化是将原来的计权网络 A、B 和 C 三种频率计权特性曲线，改为 A、C 和 Z 三种频率计权特性曲线，同时规定，声级计的频率计权特性中一般均有 A 计权，另外规定 1 级声级计应有频率计权 C，或不计权(ZERO，简称 Z)以及平直特性(FLAT,简称 F)。对于 C 计权特性,由频率 f_1 处的两个低频极点、频率 f_4 处的两个高频极点和 0Hz 处的两个零点来实现。通过这些极点和零点,C 计权特性的功率响应,相对于参考频率 $f_r = 1\text{kHz}$ 的响应,在频率点 $f_L = 10^{1.5}$ Hz 和 $f_H = 10^{3.9}$ Hz 处降低了 $D^2 = 1/2$(约 −3dB)。而 A 计权特性是在 C 计权上加两个耦合的一阶高通滤波器来实现,每个高通滤波器的截止频率为 $f_A = 10^{2.45}$ Hz。几种频率计权的特性见表 4.1.1。表中给出的频率计权值,可以分别从作为频率函数的数学解析表达式计算出来。对任何频率的 C 计权特性值,有

$$C(f) = 20\lg\left[\frac{f_4^2 f^2}{(f^2 + f_1^2)(f^2 + f_4^2)}\right] - C_{1000}\,(\text{dB}) \tag{4.1.1}$$

表 4.1.1　频率计权和允差(包括最大测量扩展不确定度)

标称频率[①] /Hz	频率计权[②]/dB			允差/dB	
	A	C	Z	1 级	2 级
10	−70.4	−14.3	0.0	+3.5;−∞	+5.5;−∞
12.5	−63.4	−11.2	0.0	+3.0;−∞	+5.5;−∞
16	−56.7	−8.5	0.0	+2.5;−4.5	+5.5;−∞
20	−50.5	−6.2	0.0	±2.5	±3.5
25	−44.7	−4.4	0.0	+2.5;−2.0	±3.5
31.5	−39.4	−3.0	0.0	±2.0	±3.5
40	−34.6	−2.0	0.0	±1.5	±2.5
50	−30.2	−1.3	0.0	±1.5	±2.5
63	−26.2	−0.8	0.0	±1.5	±2.5
80	−22.5	−0.5	0.0	±1.5	±2.5
100	−19.1	−0.3	0.0	±1.5	±2.0
125	−16.1	−0.2	0.0	±1.5	±2.0
160	−13.4	−0.1	0.0	±1.5	±2.0
200	−10.9	0.0	0.0	±1.5	±2.0
250	−8.6	0.0	0.0	±1.4	±1.9
315	−6.6	0.0	0.0	±1.4	±1.9
400	−4.8	0.0	0.0	±1.4	±1.9
500	−3.2	0.0	0.0	±1.4	±1.9
630	−1.9	0.0	0.0	±1.4	±1.9
800	−0.8	0.0	0.0	±1.4	±1.9
1 000	0	0	0	±1.1	±1.4
1 250	+0.6	0.0	0.0	±1.4	±1.9

续表

标称频率① /Hz	频率计权②/dB			允差/dB	
	A	C	Z	1级	2级
1 600	+1.0	−0.1	0.0	±1.6	±2.6
2 000	+1.2	−0.2	0.0	±1.6	±2.6
2 500	+1.3	−0.3	0.0	±1.6	±3.1
3 150	+1.2	−0.5	0.0	±1.6	±3.1
4 000	+1.0	−0.8	0.0	±1.6	±3.6
5 000	+0.5	−1.3	0.0	±2.1	±4.1
6 300	−0.1	−2.0	0.0	+2.1;−2.6	±5.1
8 000	−1.1	−3.0	0.0	+2.1;−3.1	±5.6
10 000	−2.5	−4.4	0.0	+2.6;−3.6	+5.6;−∞
12 500	−4.3	−6.2	0.0	+3.0;−6.0	+6.0;−∞
16 000	−6.6	−8.5	0.0	+3.5;−17.0	+6.0;−∞
20 000	−9.3	−11.2	0.0	+4.0;−∞	+6.0;−∞

① 标称频率由 GB/T3240-1982 中的表 1 给出。

② C、A 频率计权用式(4.1.1)和式(4.1.2)计算出来，频率 f 由 $f=(f_r)[10^{0.1(n-30)}]$计算，这里 $f_r=$ 1kHz；n 是 10～43 的一个整数。计算结果修约到 1/10 分贝。

而 A 计权特性的频率数值可由下式计算

$$A(f)=20\lg\left[\frac{f_4^2 f^4}{(f^2+f_1^2)(f^2+f_2^2)^{1/2}(f^2+f_3^2)^{1/2}(f^2+f_4^2)}\right]-A_{1000}(\text{dB}) \tag{4.1.2}$$

Z 计权特性为

$$Z(f)=0 \tag{4.1.3}$$

式中，C_{1000}和 A_{1000}是以分贝表示的常数，相当于在 1000Hz 时 0dB 频率计权的增益，一般取常数 $C_{1000}=-0.062$dB，$A_{1000}=-2.000$dB。$f_1\sim f_4$ 取近似值为：$f_1=20.6$Hz；$f_2=107.7$Hz；$f_3=737.9$Hz 和 $f_4=12\,194$Hz。

以计算 100Hz 的 C 计权和 A 计权的响应值为例，其计算的结果有

$$C(100)=20\lg\left[\frac{12\,194^2\times 100^2}{(100^2+20.6^2)(100^2+12194^2)}\right]+0.062$$
$$=-0.2996=-0.3(\text{dB})$$

$$A(100)=20\lg\left[\frac{12\,194^2\times 100^4}{(100^2+20.6^2)(100^2+107.7^2)^{1/2}(100^2+737.9^2)^{1/2}(100^2+12\,194^2)}\right]$$
$$+2.000=-19.145=-19.1(\text{dB})$$

由于声级计使用在各种不同情况的声场中，因此对声级计具有的频率计权和

频率响应,至少要有一个应在自由声场中用声信号进行测量。当用电信号检测其他频率计权或频率响应时,应附加上传声器的标称频响和声级计外壳的反射以及传声器周围的绕射影响。在自由声场用声信号检测时,由于声级计的频率响应范围是 10～20 000Hz,考虑到消声室的自由场下限频率一般不能做得很低,而传声器的各种声场灵敏度在低频时又趋于一致,因此对低于消声室低频下限的频率可在耦合腔中进行测量。

目前,我国还不能得到理想的 LS1P 和 LS2P 实验室标准传声器的自由声场灵敏度级,传递的量值只是压力场灵敏度级。因此,在自由声场进行声级计频率计权或频率响应的替换法测量时,在 500Hz 以上的传声器频率范围必须对自由声场灵敏度级与压力场灵敏度级的差值作修正。表 4.1.2 和表 4.1.3 分别给出了典型的 4160 型和 4180 型实验室标准传声器的声压灵敏度级与声场灵敏度级的差值。

表 4.1.2　4160 型电容传声器的声压灵敏度与声场灵敏度的差值

频率/kHz	0.5	0.63	0.8	1.0	1.25	1.6	2.0	2.5	3.15
0°入射差值/dB	0.1	0.1	0.2	0.3	0.5	0.7	1.0	1.6	2.4
频率/kHz	4.0	5.0	6.3	8.0	10.0	12.5	16.0	20.0	
0°入射差值/dB	3.6	5.0	6.9	8.5	9.2	8.8	7.5	6.2	

表 4.1.3　4180 型电容传声器的声压灵敏度与声场灵敏度的差值

频率/kHz	1.0	2.0	3.15	4.0	5.0	8.0	10.0	16.0	20.0
0°入射差值/dB	0.1	0.3	0.5	1.0	1.5	3.8	5.3	8.5	9.0

在自由场进行声信号测量的方框图如图 4.1.3 所示,图中标准传声器和被测声级计相互替换。

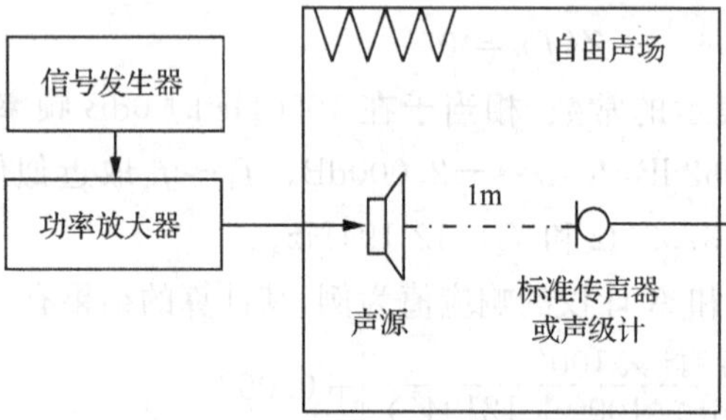

图 4.1.3　自由声场中测量频率计权和频率响应的方框图

自由场进行声信号测量的方法如下:

(1) 声级计的量程控制器应置于参考级量程(如 90dB 挡),时间计权置于“F(快)”挡位置。

(2) 如果声级计具有C计权或Z计权，则声信号测试优先在C计权或Z计权上进行。

(3) 对1级声级计的频率计权检测，从10Hz～20kHz频率范围在标称1/3倍频程间隔上进行；对2级声级计的频率计权检测，从20Hz～8kHz频率范围在标称倍频程间隔进行。

(4) 将标准传声器放入自由场中，在500Hz及其以上的每个测试频率上，调节声源的输出，使实验室标准传声器上产生一个参考声压级，并在所有测试频率上保持这个声压级(对于高频段要附加表4.1.2或表4.1.3修正值)，记录所有声压级对应的信号发生器输出的电信号幅值。

(5) 用声级计置换实验室标准传声器，保持声级计的传声器参考点与实验室标准传声器参考点的位置相同。在每个测试频率上，调整信号发生器的输出，与测量实验室标准传声器时的电压幅值相同，在每个测试频率上记录声级计的指示声压级。

(6) 声级计的自由场频率响应特性或频率计权特性，是在每个测试频率上，由测得的声级计不同计权位置的指示声级减去用实验室标准传声器测试得到的没有频率计权的声压级进行计算。

(7) 在400Hz及其以下频率范围内，声级计的传声器和实验室标准传声器应插入封闭声耦合腔中，按照上述方法测量计算。

(8) 所有被测声级计的频率计权偏离理论值的差值应在表4.1.1给出的相应频率上的允差范围内。

需要注意：①在所有测试频率上，声源工作时的声压级至少大于声源不工作时的声压级20dB；②在低频段，传声器插入封闭声耦合腔中的压力场响应可假定为等效自由场响应或无规入射响应，但应考虑耦合腔中的声场与传声器插口的位置。

为了加深对上述操作方法的理解，表4.1.4给出了用4180型(LS2P)实验室标准传声器在自由场进行声级计的频率计权测量的实例。

表中的传声器声压灵敏度级通过耦合腔互易法测定，可直接向国家声压基准进行量值溯源；传声器声场灵敏度级通过表4.1.3计算求得；传声器修正值是传声器声场灵敏度级与参考灵敏度级(−26dB)的差值。

测量时，功率放大器选定合适的增益后不再调节，而通过调节信号发生器的输出电压，使测量放大器指示在相应于84dB时的示值上。例如，5kHz时，加上传声器修正值之后(假设前置放大器的传输损失可以忽略不计)，测量放大器指示应在73.0dB，并记录信号发生器的输出电压值。当测量声级计时，保持信号发生器的输出电压值不变，并读取声级计的示值。重复各个测量频率点，即可准确得到声级计的频率计权值。

表 4.1.4 用 4180 型标准传声器在部分频率对声级计频率计权测量的实例

频率/kHz	传声器声压灵敏度级/dB	传声器声场灵敏度级/dB	传声器修正值/dB	相应 84dB 时测量放大器示值/dB	信号发生器输出电压/mV	声级计的 A 计权读数/dB	A 计权实际值/dB	A 计权理论值/dB	允差/dB
1	−38.7	−38.6	+12.6	71.4	500.0	84.3	+0.3	0.0	±1.1
5	−38.5	−37.0	+11.0	73.0	426.5	84.5	+0.5	+0.5	±2.1
16	−38.8	−30.2	+4.8	79.2	215.5	78.5	−6.5	−6.6	+3.5；−17
20	−39.0	−30.0	+4.0	80.0	210.6	76.0	−8.0	+4.0	−9.3；−∞

2. 时间计权特性

声级计必须有相应的时间计权特性与频率计权配合使用才能使测试结果在一定程度上反映人对声音的主观感觉。声级计时间平均特性包括“快”(F)、“慢”(S)和“脉冲”(I)三种检波指示特性。

快、慢检波特性主要用于对连续波信号的测试，图 4.1.4 是具有快、慢检波特性的仪器的方框图，“快”特性的检波电路的时间常数为 125ms，“慢”特性的检波电路的时间常数为 1000ms，对于测量稳定的连续噪声，两者没有差别；而对于起伏较大的声音，此时用“慢”时间平均，其指示在平均值附近摆动小。但是，由于平均时间长，将使峰值与谷值的测量产生较大的误差，所以用“快”时间平均测量，能准确地知道声音涨落的峰、谷值。

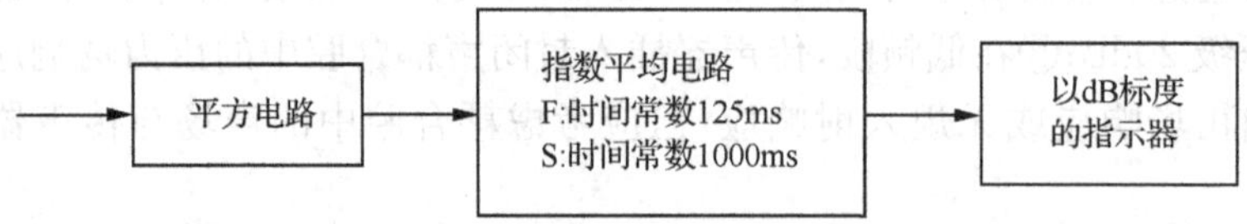

图 4.1.4 具有快、慢检波特性的仪器的方框图

对于脉冲声的测量，因为脉冲的宽窄不同，其响度的感觉与稳态声级的响度相比较也不相同。为了更好地反映脉冲声波的特性，采用平均时间更短的平均时间特性。

一般的声级计对最新发生的声音比对以前发生的声音要重视，即给出的是最新发生的即时声压级数值。为了对非稳态声音、断续声进行测量，并以等效连续声级表示，积分声级计具有较长的线性平均时间，对所选定的平均时间内的声音给予同等重视，给出的是数分钟直至数小时的测量的值。

对上面所述的时间平均特性，采用稳态正弦电信号、猝发音电信号和重复猝发音电信号进行测试。

猝发音是从稳态正弦输入信号中提取的一种脉冲声,波形起始和终止在零点上的一个或多个完整周期的正弦信号,也称正弦波列。猝发声响应是用正弦电猝发音信号测量得到的最大时间计权声级、时间平均声级或者声暴露级,减去用相应稳态正弦输入信号输入时测量的声级。

测量的方法如下:

(1) F和S指数衰减时间常数。

用稳态的4kHz正弦电信号检定声级计的F(快)和S(慢)指数衰减时间常数时,突然中断输入信号并测量指示声级的衰减速率,对时间计权F(快)的下降速率至少为25dB/s,时间计权S(慢)应在3.4~5.3dB/s。

用1000Hz电信号检测F和S时间计权测量声级之间的偏差不应超过±0.3dB。

(2) F和S时间计权猝发音响应。

表4.1.5中的猝发音响应值是计算获得的4kHz猝发音响应理论值。对于声级计F(快)和S(慢)时间计权的不同频率计权猝发音响应最大声级 δ_{ref},用以下公式确定

$$\delta_{ref} = 10\lg(1 - e^{-T_b/\tau}) \quad (dB) \tag{4.1.4}$$

式中,T_b为规定的猝发音持续时间,以秒表示;τ 为规定的指数时间常数,"F"(快)为0.125s,"S"(慢)为1s;e为自然对数的底。

测量F和S时间计权猝发音响应时,将声级计的时间计权开关分别置于F(快)和S(慢)位置,在参考级量程上,分别使用持续时间为500ms、200ms、50ms和10ms的4kHz正弦电信号单个猝发音进行测量。不同持续时间的猝发音响应是猝发音信号在F(快)挡和S(慢)挡的最大指示声级减去相应连续信号的F和S时间计权的稳态指示声级,所得猝发音响应的差值应在表4.1.5规定的允差范围内。

例4.1.1 猝发音信号持续时间200ms,计算时间计权F的猝发音响应 δ_{ref}为

$$\delta_{ref} = 10\lg(1 - e^{-0.2/0.125}) = -0.979 \approx -1.0(dB)$$

计算时间计权S的猝发音响应 δ_{ref}为

$$\delta_{ref} = 10\lg(1 - e^{-0.2/1}) = -7.416 \approx -7.4(dB)$$

因此,用200ms猝发音信号测量"F"和"S"时间计权获得的响应值,以计算的理论值为参考,其实际测量值应在表4.1.5允差范围内。

对积分声级计和积分平均声级计测量的声暴露级而言,以4 kHz猝发音响应的频率计权声暴露级 δ_{ref}用式(4.1.5)近似确定,即

$$\delta_{ref} = 10\lg(T_b/T_0) \tag{4.1.5}$$

式中,T_b为规定的猝发音持续时间,以秒表示;T_0为声暴露的参考持续时间,1s。

表 4.1.5 参考 4kHz 猝发音响应和允差

猝发音持续时间 T_b/ms	相对稳态声级的参考 4kHz 猝发音响应 δ_{ref}/dB		允差/dB	
	$L_{AFmax}-L_A$ $L_{CFmax}-L_C$ $L_{ZFmax}-L_Z$ [公式(4.1.4)]	$L_{AE}-L_A$ $L_{CE}-L_C$ $L_{ZE}-L_Z$ [公式(4.1.5)]	1级	2级
1000	0.0	0.0	±0.8	±1.3
500	−0.1	−3.0	±0.8	±1.3
200	−1.0	−7.0	±0.8	±1.3
100	−2.6	−10.0	±1.3	±1.3
50	−4.8	−13.0	±1.3	+1.3;−1.8
20	−8.3	−17.0	±1.3	+1.3;−2.3
10	−11.1	−20.0	±1.3	+1.3;−2.3
5	−14.1	−23.0	±1.3	+1.3;−1.8
2	−18.0	−27.0	+1.3;−2.8	+1.3;−2.8
1	−21.0	−30.0	+1.3;−2.3	+1.3;−3.3
0.5	−24.0	−33.0	+1.3;−2.8	+1.3;−4.3
0.25	−27.0	−36.0	+1.3;−3.3	+1.8;−5.3
	$L_{ASmax}-L_A$ $L_{CSmax}-L_C$ $L_{ZSmax}-L_Z$ [公式(4.1.4)]			
1000	−2.0		±0.8	±1.3
500	−4.1		±0.8	±1.3
200	−7.4		±0.8	±1.3
100	−10.2		±1.3	±1.3
50	−13.1		±1.3	±1.3;−1.8
20	−17.0		±1.3;−1.8	+1.3;−2.3
10	−20.0		+1.3;−2.3	+1.3;−3.3
5	−23.0		+1.3;−2.8	+1.3;−4.3
2	−27.0		+1.3;−3.3	+1.3;−5.3

注：L_{AFmax}、L_{CFmax}、L_{ZFmax}为在F(快)时间计权下，不同频率计权的猝发音信号最大指示声级；L_{ASmax}、L_{CSmax}、L_{ZSmax}为在S(慢)时间计权下，不同频率计权的猝发音信号最大指示声级；L_A、L_C、L_Z为相同时间计权而不同频率计权的稳态指示声级。L_{AE}、L_{CE}、L_{ZE}为在F(快)挡的不同频率计权的猝发音信号最大指示声暴露级。

例 4.1.2　当猝发音持续时间为 500ms 时，则时间计权 F 的声暴露级的猝发音响应 δ_{ref} 为

$$\delta_{ref} = 10\lg(0.5/1) = -3.010 \approx -3.0(\text{dB})$$

(3) 时间平均的重复猝发音响应。

对测量具有时间平均声级的积分声级计，使用重复猝发音序列响应检查时变噪声的时间平均声级的特性，用测量的序列时间平均声级减去相应连续信号的时间平均声级进行确定。

从 4kHz 连续正弦信号中提取一定持续时间的单个猝发音构成猝发音序列信号。一般使用的单个猝发音持续时间为 500ms、200ms、50ms 和 10ms。为了保证对时间平均声级进行稳定的测量，构成的每个重复猝发音序列中应包含足够数量的猝发音，并且在一个序列中的单个猝发音之间的时间间隔应至少是单个猝发音持续时间的 3 倍以上，在任何总的测试持续时间内，从稳态正弦信号中提取的 N 个猝发音序列的理论上的时间平均声级，与相应的该稳态正弦信号的时间平均声级之间的差值 δ_{ref}(dB)由下式给出

$$\delta_{ref} = 10\lg(NT_b/T_m) \quad (\text{dB}) \tag{4.1.6}$$

式中，T_b 为单个猝发音持续时间，s；T_m 为总的测量持续时间，s；N 为测试持续时间内猝发音序列重复周期数。

相应的稳态正弦信号应以总的测量持续时间进行平均。

例 4.1.3　单个猝发音持续时间为 200ms，取重复时间间隔是单个猝发音持续时间的 4 倍，即两个单个猝发音之间的时间间隔为 800ms，如图 4.1.5 所示。在总的测量时间 10s 中含有 10 个重复周期，计算得到该序列重复猝发音响应的时间平均声级为

$$\delta_{200ref} = 10\lg(10 \times 0.2/10) = 10\lg 0.2 \simeq -7.0(\text{dB})$$

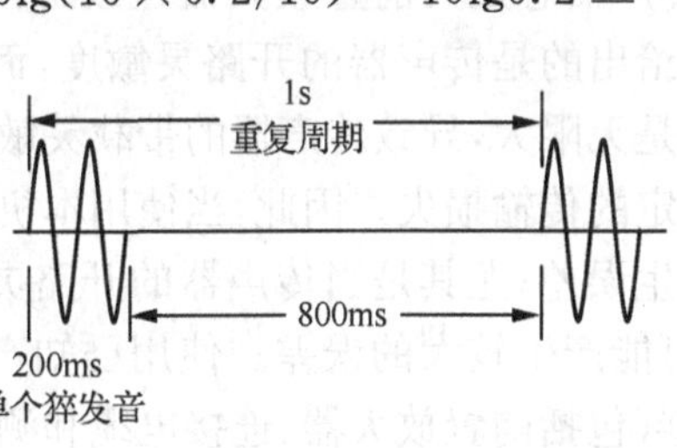

图 4.1.5　时间平均的重复猝发音序列

而当单个猝发音持续时间为 50ms 时，取重复时间间隔是单个猝发音持续时间的 4 倍，即两个单个猝发音之间的时间间隔为 200ms，在总的测量时间 10s 中有 40 个重复周期，计算得到该序列重复猝发音响应的时间平均声级为

$$\delta_{50\mathrm{ref}} = 10\lg(40 \times 0.05/10) = 10\lg 0.2 \simeq -7.0(\mathrm{dB})$$

这样在总的测量时间 10s 中内，不同持续时间的平均声级与相应的该稳态正弦信号的时间平均声级之间的差值都为－7.0dB，因此达到了对于选定的不同平均时间内的声音给予同等的重视。

4.1.3 声级计的整机校准

为了保证测量的数据可靠和有效，声级计在进行测量前和测量后均应进行校准，常用的校准方法有电信号校准方法和声学校准方法。

1. 电信号校准

一般的声级计或测量放大器均设有对应于 50mV/Pa(灵敏度级为 －26.0dB)用于校准的参考电压，在放大器上有一个对应的指示刻度。校准时，根据传声器灵敏度的修正值 K_0，进行放大器指示刻度的校准。

例如，使用的传声器的开路灵敏度为 60mV/Pa，其灵敏度级是－24.4dB，修正值 K_0 是 －1.6dB。在校准时，调整放大器增益，使仪器的指示低于标称刻度“▲”处－1.6dB 的位置(或低于标称显示数－1.6dB 的读数)，这样就可以在测量结果中减去使用该传声器时由于灵敏度过高而带来的影响。

电信号校准方法简单快捷。但是，没有考虑前置放大器的输入电容影响和对信号的衰减，并且认为是在本机校准电信号的频率与幅度没有变化的前提下进行的。

2. 声学校准方法

实际测量工作中，传声器总是与前置放大器连接工作，即处于带载工作状态。但生产厂家或检定机构给出的是传声器的开路灵敏度，而作为传声器负载的前置放大器的输入阻抗又不是无限大，导致传声器的带载灵敏度不等于其开路灵敏度，而且前置放大器具有一定的传输损失。因此，当使用本机电信号校准时，由于校准信号不经过此环节而产生误差；尤其是当传声器的开路灵敏度和测量仪器的放大倍数发生变化时，有时可能产生较大的误差。使用已知声压级的活塞发生器或声级校准器，可以对传声器(包括前置放大器、连接电缆和测量放大器电路)整体进行校准。

例如，使用声级校准器进行校准时，经过计量标定的声级校准器 1000Hz 的声压级为 93.8dB，当与传声器耦合后，对包括前置放大器、延接电缆在内的测量系统进行校准，依据声级校准器的声压级，调整放大器的指示或显示声级为 93.8dB，即可达到整机的校准。

4.2 滤波器与频率分析仪

声级计与各种滤波器配合使用，可以用来进行频率分析。有时将滤波器与测量放大器组合成一台仪器，这种仪器通常称为频率（或频谱）分析仪。

滤波器是一种把信号中各分量按频率加以分离的设备。通常滤波器有高通滤波器、低通滤波器、带通滤波器和带阻滤波器四种形式，其中带通滤波器是声学测量中进行频率分析经常使用的滤波器。

带通滤波器只允许一定频率范围（通带）内的信号通过，高于或低于这一频率范围的信号不能通过。图 4.2.1 中虚线画出了理想带通滤波器的幅度特性，在 $f_1 \sim f_2$ 频率范围（通带）内信号不衰减，f_1 以下及 f_2 以上频率范围（阻带）信号全部被衰减到 0。f_1 和 f_2 分别称为滤波器的下限截止频率和上限截止频率。实际滤波器的幅频特性降低 -3dB 处为其通带范围，即幅度衰减 0.707 所对应的 f_1 和 f_2 分别为下限截止频率和上限截止频率。

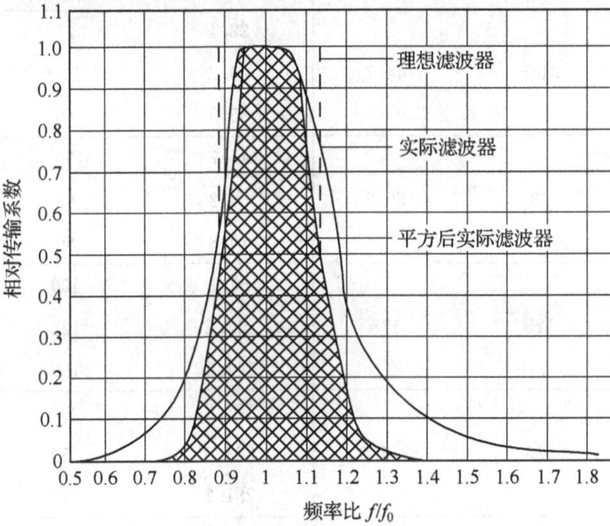

图 4.2.1 带通滤波器幅度频率特性

在噪声与振动测量分析中使用的滤波器有倍频程滤波器和 1/3 倍频程滤波器。倍频程和 1/3 倍频程滤波器是最常用的恒百分比带宽滤波器，它们的上限频率 f_2 和下限频率 f_1 之间有如下关系

$$\frac{f_2}{f_1} = 2^n \tag{4.2.1}$$

对于倍频程滤波器 $n=1$，对于 1/3 倍频程滤波器 $n=1/3$，它们相应的百分比

带宽分别为 70.7%和 23.16%。

为了统一起见，国际标准化组织和我国的国家标准对声学和振动分析用倍频程和 1/3 倍频程滤波器的各种性能作了规定。倍频程和 1/3 倍频程滤波器的中心频率见表 4.2.1。中心频率 f_0与上、下限频率 f_2、f_1之间有如下关系

$$f_0 = \sqrt{f_1 f_2} \tag{4.2.2}$$

如果知道了滤波器的中心频率 f_0，就可以知道滤波器的频率范围，所以滤波器的上限频率 f_2和下限频率 f_1可由下式求出

$$f_2 = \sqrt{2^n} f_0 \tag{4.2.3}$$

$$f_1 = \frac{f_0}{\sqrt{2^n}} \tag{4.2.4}$$

表 4.2.1 倍频程与 1/3 倍频程滤波器的中心频率及其上、下限频率

频率/Hz					
倍频程			1/3 倍频程		
下限频率 f_1	中心频率 f_0	上限频率 f_2	下限频率 f_1	中心频率 f_0	上限频率 f_2
			22.4	25	28.2
22.4	31.5	44.7	28.2	31.5	35.5
			35.5	40	44.7
			44.7	50	56.2
44.6	63	89.2	56.2	63	70.8
			70.8	80	89.1
			89.1	100	112.2
89.0	125	178	112.2	125	141.3
			141.2	160	177.9
			177.8	200	224.0
177.6	250	355.2	223.8	250	282.0
			281.2	315	355.0
			354.7	400	446.9
354.4	500	708.8	446.5	500	562.6
			562.1	630	708.2
			707.7	800	891.6
707.1	1000	1414.2	891.0	1000	1122.4
			1121.6	1250	1413.1

续表

频率/Hz					
倍频程			1/3 倍频程		
下限频率 f_1	中心频率 f_0	上限频率 f_2	下限频率 f_1	中心频率 f_0	上限频率 f_2
			1412	1600	1779.0
1410.8	2000	2821.7	1777.6	2000	2239.6
			2237.8	2500	2819.5
			2817.3	3150	3549.5
2815.0	4000	5630.1	3546.7	4000	4468.6
			4465.1	5000	5625.6
			5621.2	6300	7082.3
5616.8	8000	11 233.4	7076.7	8000	8916.0
			8909.0	10 000	11 220.6
			11 215.0	12 500	14 131.0
11 206.9	16 000	22 413.8	14 119.8	16 000	17 789.8
			17 775.8	20 000	22 396.1

为了对一定频率范围内的噪声与振动信号进行分析，用若干组同样形式电路、不同中心频率的滤波器组成一台仪器，通过转动波段开关或按键开关选择任何一个滤波器，测出该滤波器通带内的频率成分。图 4.2.2 所示的是倍频程滤波器的频率响应特性。

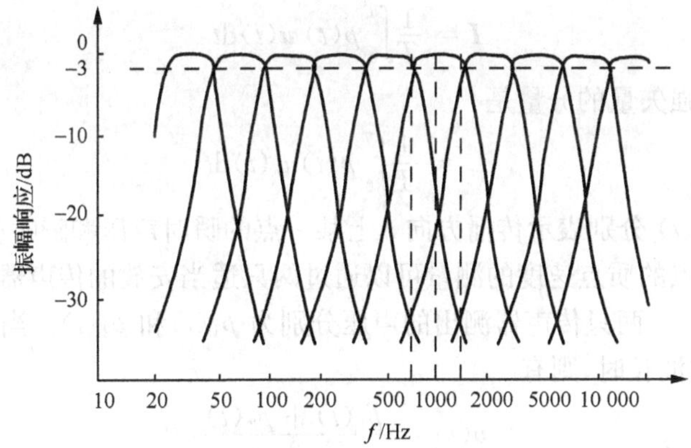

图 4.2.2　倍频程滤波器频率响应曲线

4.3 声强测量系统

由于声压测量的原理简单,方法简便,测量仪器也比较成熟,因而在噪声测量中,一般测量的是声压级(或声压)。通过测得的声压级可以计算得到声强、声强级和声功率、声功率级。但是,在声压测量过程中,受环境(背景噪声、反射等)的影响较大,往往需要进行修正,还需要在特定的声学环境(如消声室、混响室)中进行测量。

声强可以描述声场中声能量的流动特性,比声压量更能反映声场的动态规律,能有效地提供复杂环境中的主要噪声来源信息。随着近代电子技术的发展,各种直接测量声强的仪器相继问世。由于声强测量及其频谱分析对噪声源的研究有着独特的优越性,能够有效地解决许多现场声学测量问题,因此成为噪声研究的一种有力工具。在声强测量方面,国际标准化组织公布的利用声强测量噪声源声功率级的国际标准,规定了离散点测量方法(ISO 9614.1)和扫描法(ISO 9614.2);国际电工委员会则公布了 IEC 1043《电声-声强测量仪器》标准,利用声压响应的传声器对声强进行测量。

4.3.1 声强测量原理

声场中某一点上,在单位时间内,在与指定方向(或声波传播方向)垂直的单位面积上通过的平均声能量,称为声强。在没有流动的介质中,声强矢量 $\boldsymbol{I}$ 等于瞬时声压 $p(t)$ 和同一点上相应的质点速度 $\boldsymbol{u}(t)$ 乘积的时间平均,即

$$\boldsymbol{I}=\frac{1}{T}\int_0^T p(t)\,\boldsymbol{u}(t)\mathrm{d}t \tag{4.3.1}$$

在给定方向声强矢量的分量是

$$I_r=\frac{1}{T}\int_0^T p(t)u_r(t)\mathrm{d}t \tag{4.3.2}$$

式中,$p(t)$、$u_r(t)$ 分别表示传播方向 r 上某一点的瞬时声压和瞬时质点速度。

声场中某点的质点速度的测量可以通过两只适当安放的传声器组成的探头来进行(图 4.3.1)。两只传声器测出的声压分别为 $p_1(t)$ 和 $p_2(t)$。当两传声器距离 Δr 远小于声波波长时,则有

$$p(t)=\frac{p_1(t)+p_2(t)}{2} \tag{4.3.3}$$

声波传播方向上,质点速度与声压梯度之间存在积分关系,即

$$u_r(r)=-\frac{1}{\rho_0}\int\frac{\partial p}{\partial r}\mathrm{d}t \tag{4.3.4}$$

式中,ρ_0 为空气密度。

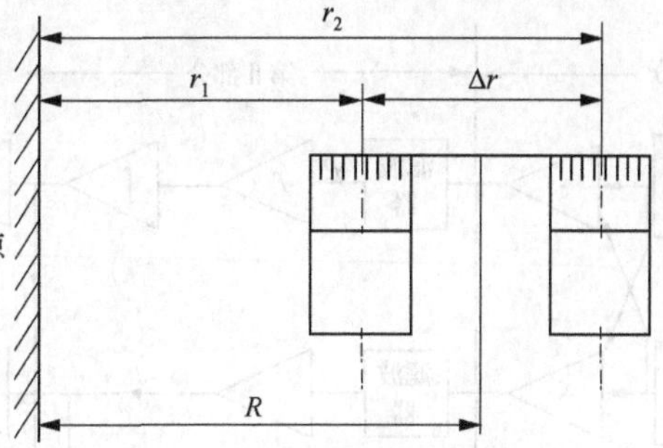

图 4.3.1 双传声器声强探头示意图

因为 Δr 很小，所以可以用有限差值 $\dfrac{p_2-p_1}{\Delta r}$ 来近似声压梯度，于是质点速度为

$$u_r(t)=-\frac{1}{\rho_0}\int\frac{p_2(t)-p_1(t)}{\Delta r}\mathrm{d}t \tag{4.3.5}$$

所以，测量点的声强可表示为

$$I_r=-\frac{p_1(t)+p_2(t)}{2\rho_0}\int\frac{p_2(t)-p_1(t)}{\Delta r}\mathrm{d}t \tag{4.3.6}$$

利用电子线路进行 $p_1(t)$ 和 $p_2(t)$ 加法和减法处理，再将相减的信号通过电子积分器，就可以测量出声强的平均值。

4.3.2 声强测量仪器

声强测量仪器大致有三种：一种是模拟式声强计，它能给出线性或 A 计权声强或声强级，也能进行倍频程或 1/3 倍频程声强分析，适用于现场声强测量；第二种是利用数字滤波技术的声强计，由两个相同的 1/3 倍频程数字滤波器获得实时声强分析；第三种是利用双通道 FFT 分析仪，由互功率谱计算声强，并能进行窄带频率分析。

图 4.3.2 所示的是小型模拟式声强计的原理方框图。这种仪器应用模拟倍乘方法，能实时测量声压级、质点速度和声强级，测量结果用 dB 表示。声强测量探头的两只传声器测得的声压 $p_1(t)$ 和 $p_2(t)$，经放大器放大，通过 $f_c=100\text{Hz}$ 的高通滤波器滤除低频寄生信号，以避免电路过载。两信号在通道 1 中相减，在通道 2 中相加，分别得到 (p_2-p_1) 和 (p_2+p_1)，再各自通过 A 计权滤波器或外接带通滤波器进行分析。其中，通道 1 的 (p_2-p_1) 再进入积分电路，输出信号便是 u，它与 $(p_2+p_1)/2=p$ 的信号相乘，就得到声强 $\boldsymbol{I}$。经过线性/对数转换器，在指示器上得到以 dB 指示的声强级。

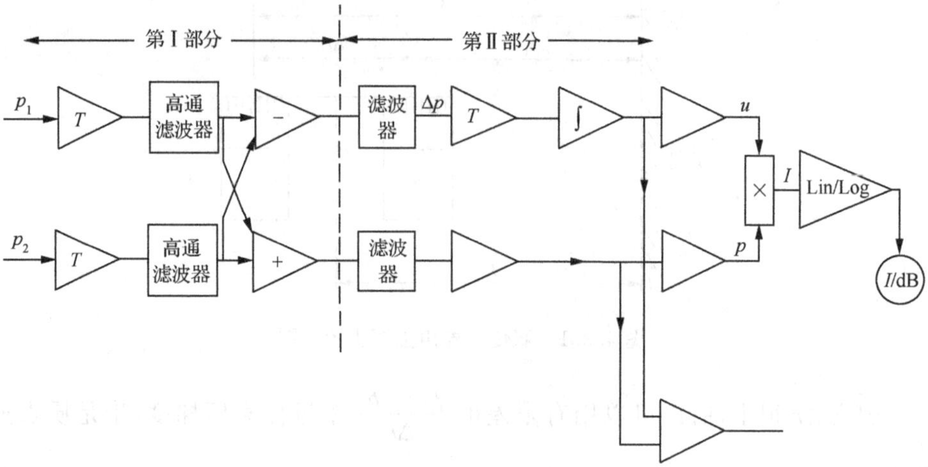

图 4.3.2 小型模拟声强计方框图

为了减小实际测量中由于相位失配引起的误差，声强测量探头的两只传声器的相位失配要小(100～10 000Hz 小于 0.5°)，同时使 p 和 u 通道在相位上精确匹配，再根据所研究的频率范围调节距离 Δr，使两个通道之间的相位失配在 100～10 000Hz 频率范围低于 1°。

声强测量设备中，对两个测量通道的幅度和相位匹配要求很严，如采用模拟滤波器进行声强分析，将会由于相位失配使测量误差大大增加，而使用数字滤波器，就可能完全避免相位失配。虽然数字滤波器具有与一般滤波器类似的相位响应曲线，但是对两个测量通道进行测量时间平分，使两个滤波器通道的相位函数完全相同，就可避免两通道之间的相位失配。

图 4.3.3 是数字滤波器应用于声强测量的方框图。数字滤波器的输出被交叉地送到求和、求差与积分电路后，再送到乘法器，由乘法器输入到平均电路的信号经线性/对数转换，再经过均方处理，在荧光屏上直接显示出 1/3 倍频程声强级的实时值。

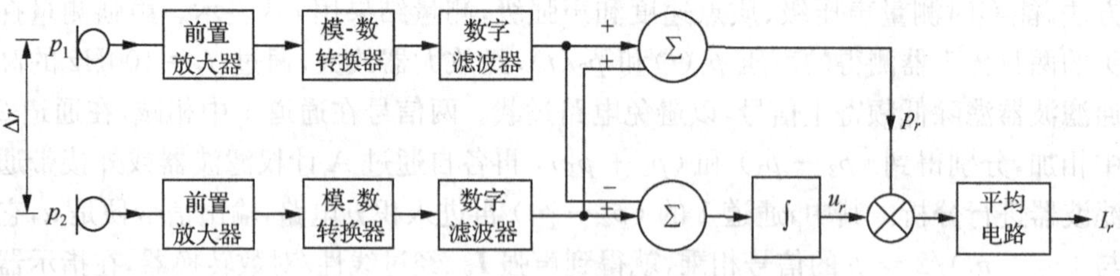

图 4.3.3 数字滤波器应用于声强测量的方框图

上面所述的是基于时域中的声强测量，根据信号分析理论同样可以在频域中进行声强测量。由随机信号分析理论可知，两个平稳随机信号 $p(t)$ 和 $u(t)$ 的互相关函数 $R_{\text{pur}}(0)$ 与互功率谱密度函数 $G_{\text{pur}}(f)$（单边谱）之间存在如下关系

$$R_{\text{pur}}(0)=\int_0^{\infty}G_{\text{pur}}(f)\text{d}f \tag{4.3.7}$$

对于单一频率有

$$R_{\text{pur}}(0)=G_{\text{pur}}(f)\Delta f \tag{4.3.8}$$

式中，Δf 为有限傅里叶变换相关频率分辨率。

对于非单一频率有

$$R_{\text{pur}}=\sum_{i=1}^{n}G_{\text{pur}}(f_i)\Delta f \tag{4.3.9}$$

由于互相关函数即为两信号乘积的数学期望，因此可得声强在频域中的表达式为

$$I_r(f)=G_{\text{pur}}(f)\Delta f \tag{4.3.10}$$

将互功率谱密度函数的估计值

$$G_{\text{pur}}(f)=I\lim_{T\to\infty}\frac{1}{T}\sum\left[F_p^*\ \cdot \text{Fur}\right] \tag{4.3.11}$$

代入式(4.3.10)后可得声强为

$$I_r(f)=I\lim_{T\to\infty}\frac{1}{T}\sum\left[F_p^*\ \cdot \text{Fur}\right]\Delta f \tag{4.3.12}$$

将式(4.3.3)与式(4.3.4)进行傅里叶变换后代入式(4.3.12)，经整理可以得到声强的互谱表达式

$$I_r(f)=\frac{1}{2\pi\rho\Delta rf}\text{Im}\left[G_{21}(f)\cdot\Delta f\right]=\frac{1}{2\pi\rho\Delta rf}\text{Im}\left[G_{\text{II I}}(f)\right] \tag{4.3.13}$$

式中，G_{21} 为传声器 1 与 2 测出的声压 $p_1(t)$ 与 $p_2(t)$ 的互功率谱密度函数；$G_{\text{II I}}$ 为两声压的互功率谱；Im 表示取虚部。

从声强表达式(4.3.13)中可以清楚地看到，只要获得了两个声压信号的互功率谱，就可以测出声强及其频谱，而通过双通道 FFT 分析仪，不难进行互功率谱的测量与计算。

IEC 1043 标准对声强测量仪器及组成该仪器的处理器和声强探头，按照所能达到的测量准确度分为 1 级和 2 级。1 级声强计用于 ISO 9614 标准规定的精密级和工程级的声功率测量，2 级声强计则用于调查级测量。该标准规定的声强处理器指标及性能要求见表 4.3.1。

表 4.3.1 IEC 1043 标准规定的声强处理器指标及性能要求

	1级	2级	2x级
滤波器类型	1级1/3倍频程（模拟或数字）	2级倍频程或1/3倍频程（模拟或数字）	2级倍频程或1/3倍频程式（模拟或数字）
实时信号处理	必须具备。如果频带由FFT分析合成，则要求重叠处理		时间窗、数据获取和处理时间要求的全部信息
指示器准确度/dB	±0.2	±0.3	±0.3
各个传声器准确度/dB	±0.1	±0.2	±0.2
时间平均	10～180s连续或以1s或更小分挡	10～180s连续或分挡	30～600s
在环境条件下提供声强校准	必须具备	任选	任选
频率范围	45Hz～7.1kHz(对1/3倍频程)，54Hz～5.6kHz(对倍频程)		
计权特性	A计权，符合IEC651标准，计权误差为1型声级计误差的一半		
分辨率/dB	0.1		
峰值因数容量	>5(14dB)		
量程选择	自动或手动		
过载指示	应提供		
工作环境/℃	5～40		

我国研制的GS-4型便携式互谱声强测量分析系统由笔记本电脑、精密测量系统、声强探头和Windows平台的声强测量分析软件组成。采用双通道FFT的互谱声强测量分析技术，可以提供准确的窄带谱分析功能，以及A、B、C、D任意计权任意倍频程分析。这种声强测量分析系统可以在普通声学环境中准确测定声源和各种设备的声功率，并且可以完成诸多在消声室内使用声压法无法完成的测量工作，广泛应用于汽车桥箱、发电机、整车等生产线以及冰箱、空调、洗衣机等家用电器的噪声辐射功率测定和质量检测；并且可以通过点/面辐射的声压、声强及三维声强、部分声功率等，了解设备的工作状况以及噪声源定位、声辐射探查等工作。

4.3.3 声强测量探头

由两只声压响应的传声器组成的声强探头（p-p 探头）是声强测量系统的重要组成部分。传声器的组合通常有四种形式：并列式、顺置式、背靠背式和面对面式。

并列式声强探头的两个传声器的中心轴线平行排列，测量时传声器轴线与声波传播方向垂直(图 4.3.1)。这种形式易于安装前置放大器,在测量中易于变换位置以消除测量通道之间的相位误差。其主要缺点是,对测量轴线不易做到完全几何对称,两传声器之间的声学距离与几何尺寸的距离偏差较大,在高于某一频率时对相位响应产生不利影响,传声器之间距离不能小于传声器的外径。

常见声强探头是两只传声器面对面安装形式。把两个性能相同、灵敏度一致的传声器面对面地布置在一根轴线上,测量时传声器中心轴线与声波传播方向一致。传声器之间装有分隔垫块,使声波只能沿传声器的径向边缘入射(图 4.3.4)。使用一种特制的双静电激发器校准结构,可以在整个频率和灵敏度范围内同时校准两个传声器,如丹麦 B&K 公司的 3541 型声强校准器。

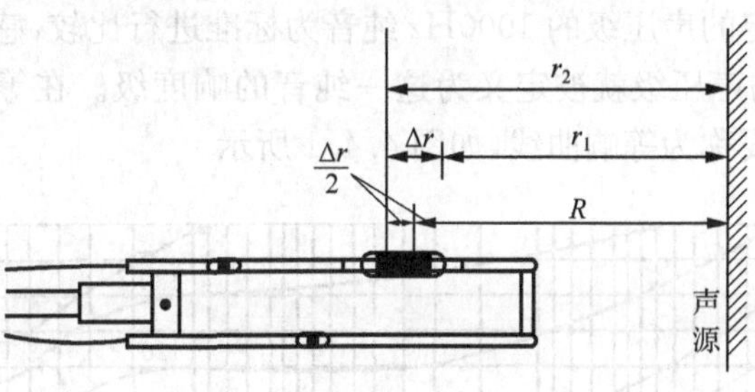

图 4.3.4 面对面安装的声强探头

声强探头两传声器之间的间距(Δr)直接影响声强探头的频率范围,表 4.3.2 给出了不同间距的声强探头的频率响应。探头的上限频率只比 250Hz 参考频率响应降低 1dB 处的频率。从表中可以看出,间隔越小,测量的上限频率越高。另外,对于两个传声器之间同样的相位误差(如 0.5°),对于不同间隔的声强探头,间隔越小,低频时的测量误差越大,测量的下限频率越高。为了满足 45Hz～7.1kHz 整个频率范围的要求,声强探头往往做成几种结构尺寸,可供调整选择。

表 4.3.2 不同 Δr 声强探头的测量频率范围

Δr/mm 传声器外径	6	12	25	50
1/4in	250Hz～10kHz	125Hz～5kHz		
1/2in		125Hz～5kHz	63Hz～2.5kHz	31.5Hz～1.25kHz

4.4 噪声的评价方法和评价量

噪声对人的危害和影响是多方面的,各国的研究者对噪声的危害和影响进行了大量研究,提出了各种评价方法和评价指标,期望得到与主观感觉相一致的客观评价量和精确的方法。这些评价量大致可概括为:与听觉特性有关的评价量,与心理感受有关的评价量,以及与室内活动有关的评价量等几个方面。不同的评价量分别适用于不同的环境、时间、噪声源特性以及评价对象。下面简要介绍一些基本的噪声评价参量。

4.4.1 响度级与响度

大量的研究表明,人耳对不同频率的声音的响度感觉是不一样的。不同频率的声音即使声压级相同(声能量相同),听起来却感觉不一样响。为了使人耳对频率的响应与客观物理量(声压级)联系起来,采用响度级来定量地描述这种关系。

对于1000Hz的纯音,它的响度级就是这个声音的声压级,当人耳听到的其他频率的纯音与一定的声压级的1000Hz纯音为标准进行比较,感觉响度相同时,这时1000Hz纯音的声压级就被定义为这一纯音的响度级。在等响条件下,声压级与频率的关系曲线称为等响曲线,如图4.4.1所示。

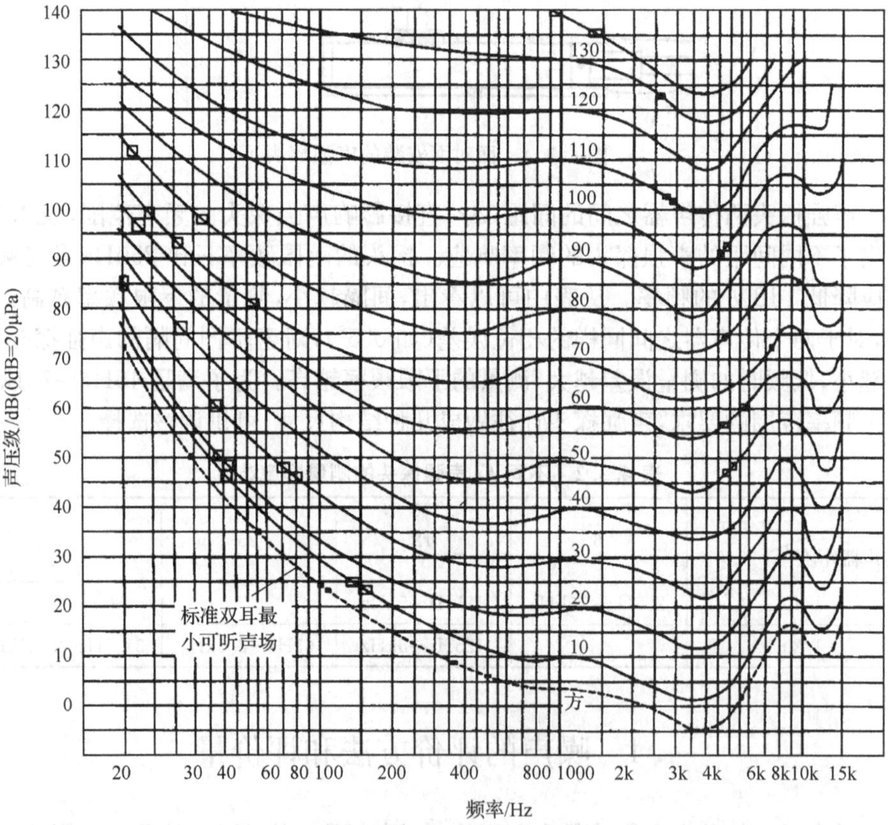

图 4.4.1　标准纯音等响曲线

响度级记为 L_S，单位为方(phon)。例如，51dB 的 100Hz 纯音和 40dB 的 1000Hz 纯音听起来一样响，即两者位于同一条 40 方的等响曲线上，它们的响度级都是 40 方。同一条曲线上的每一个频率的声音在感觉上都一样响。曲线中最下面的一条虚线是作为听阈的最小可听声场曲线，可以认为是响度为零的等响曲线，但响度级不是 0，而是 4.2 方，低于这条曲线的声音是听不到的。

响度级是一种对数标度的单位。不同响度级的声音不能直接进行比较，如响度级由 40 方增加到 80 方的声音，并不意味着 80 方的声音是 40 方的 2 倍响。主观上比较一个声音比另一个声音响一倍用“响度”。

响度记为 S，单位为宋(sone)。通常响度变化一倍时，对应的响度级相差 10 方，这个关系在 40～105 方范围内已为心理物理实验所证实。考虑强度关系，取 40 方(或 40dB 的 1000Hz 纯音或窄带噪声)所产生的响度为标准，令其为 1 宋；用另一个声音和它作比较，听起来如果比它响 1 倍，则这个声音的响度就是 2 宋。稳态声音的响度级 L_S 与响度 S 的关系为

$$L_S = 40 + 33.3\lg S \tag{4.4.1}$$

$$S = 2^{(L_S - 40)/10} \tag{4.4.2}$$

由于大多数实际噪声源产生的频率范围很宽，不是纯音或窄带，为了计算这一复杂噪声的响度，史蒂文斯(Stevens S S)提出了响度指数的计算方法，如下所述。

首先，根据噪声在倍频程或 1/3 倍频程中心频率的声压级，由图 4.4.2 确定频带的响度指数。在各指数中找出最大的一个指数 S_m，然后将各指数求和减去最大的指数，乘以计权数 F，最后与 S_m 相加，即有

$$S_t = S_m + F\left(\sum_{i=1}^{n} S_i - S_m\right) \tag{4.4.3}$$

式中，S_t 为总响度；S_i 为每一个倍频带对应的响度指数；S_m 为最大的响度指数；F 为带宽因子，对 1/3 倍频带，$F=0.15$；对 1/2 倍频带，$F=0.20$；对倍频带，$F=0.30$。带宽因子表示最响的频带对其他频带的掩蔽效应。

通过计算求出来的总响度，就可由式(4.4.1)或者图 4.4.2 中的右边列线图得到响度级。

4.4.2 噪度和感觉噪声级

噪声的吵闹和烦恼的感觉同响度有密切关系，响度大的噪声显得更吵。但是，噪声的吵闹感觉还与频谱特性和时间变化特性有关。高频噪声比同样响的低频噪声觉得更吵；强度随时间变动的噪声比相对稳定的噪声更吵；含有纯音或窄带的噪声比一般宽带噪声更吵。通过对吵闹的一系列主观评价，克瑞特(Kryter K D)提出了感觉噪度来评价吵闹的感觉。感觉噪度的单位是呐(noy)。同一个 40dB，中心频率为 1000Hz 的倍频带(1/3 倍频带)的无规噪声听起来有相等的吵闹感觉的

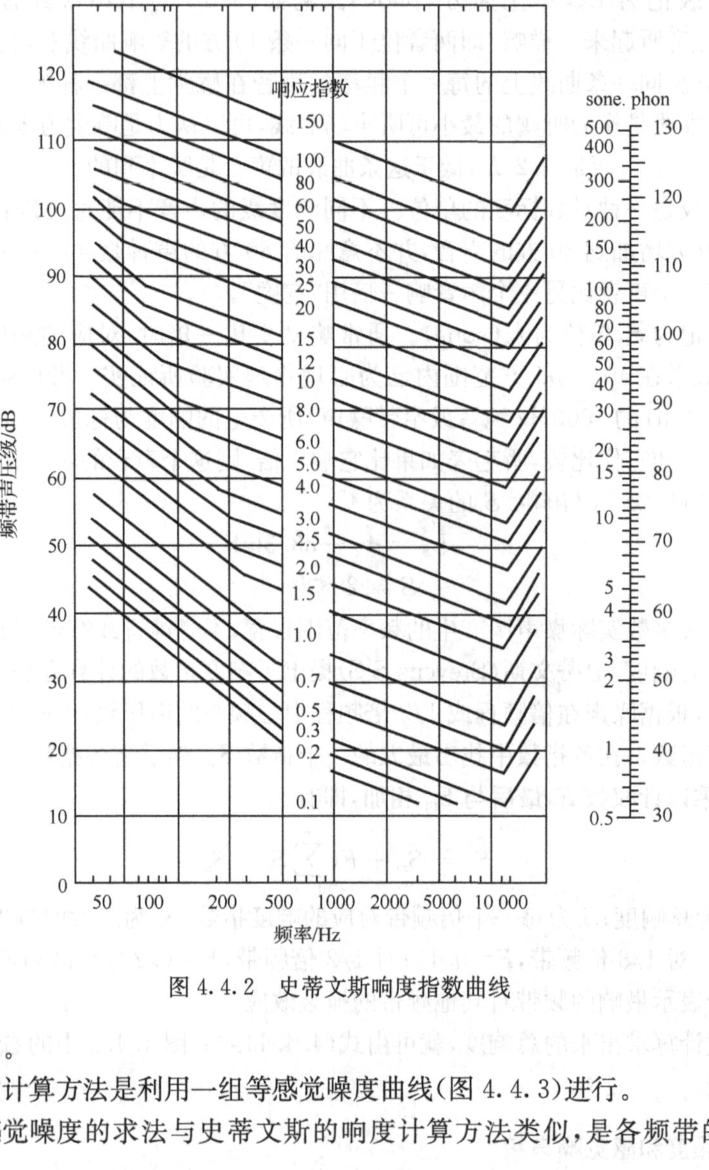

图 4.4.2　史蒂文斯响度指数曲线

声音为 1 呐。

噪度的计算方法是利用一组等感觉噪度曲线(图 4.4.3)进行。

总的感觉噪度的求法与史蒂文斯的响度计算方法类似，是各频带的噪度之和，则

$$N_t = N_m + F\left(\sum_{i=1}^{n} N_i - N_m\right) \qquad (4.4.4)$$

式中，N_t为总感觉噪度；N_i为各倍频带的感觉噪度；N_m为各倍频带感觉噪度最大值；F 为带宽因子，对 1/3 倍频带，F=0.15；对倍频带，F=0.30。

总感觉噪度转换用 dB 表示的评价量，称为感觉噪声级，则

$$L_{PN} = 40 + 33.3\lg N_t \qquad (4.4.5)$$

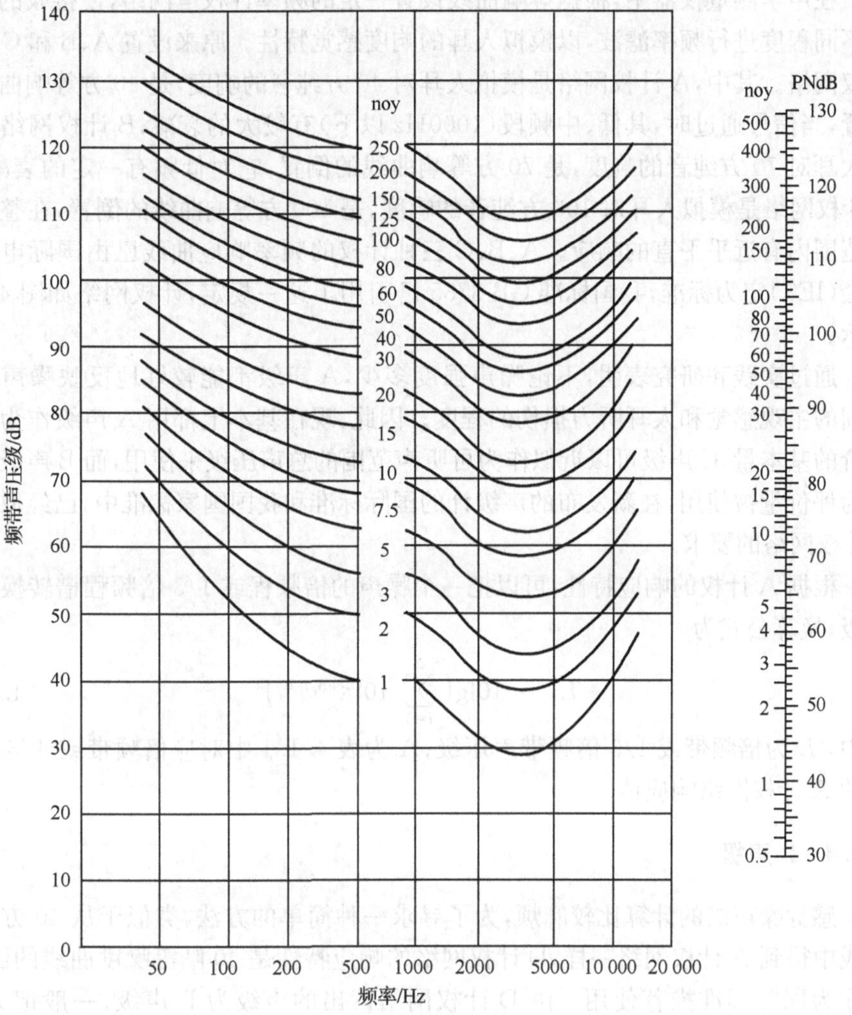

图 4.4.3　等噪度曲线

克瑞特提出的方法对高频的计权比史蒂文斯响度指数要大，因此适用于喷气飞机的噪声评价。

4.4.3　A 声级

声压级仅反映声音强度对人响度感觉的影响，不能反映声音频率对响度感觉的影响。响度级和响度解决了这个问题，但是用它们来反映人们对声音的主观感觉过于复杂，于是又提出了声级，即计权声压级的概念。声级就是用一定频率计权网络测量得到的声压级。

在声学测量仪器中，根据等响曲线设置一定的频率计权电网络，使接收的声音按不同程度进行频率滤波，以模拟人耳的响度感觉特性。原来设置 A、B 和 C 三种计权网络。其中，A 计权网络是模拟人耳对 40 方纯音的响度，是 40 方等响曲线的倒置，当信号通过时，其低、中频段(1000Hz 以下)有较大的衰减；B 计权网络是模拟人耳对 70 方纯音的响度，是 70 方等响曲线的倒置，它对低频有一定的衰减；而 C 计权网络是模拟人耳对 100 方纯音的响度，是 100 方等响曲线的倒置，在整个频率范围内有近乎平直的响应。A、B、C 三种计权的频率响应曲线已由国际电工委员会(IEC)定为标准，我国标准 GB 3785 已引用了这一规定，计权网络如图 4.1.2 所示。

通过实践和研究表明，不论噪声强度多少，A 声级都能较好地反映噪声对人吵闹的主观感觉和人耳听力损伤的程度。因此，现在基本上都用 A 声级作为噪声评价的基本量，C 声级可以近似作为可听声范围的总声压级来使用，而 B 声级很少作为评价量被使用，在新发布的声级计的国际标准和我国国家标准中，已经取消对 B 计权网络的要求。

根据 A 计权的响应特性，可以把一个噪声的倍频程或 1/3 倍频程谱转换为 A 声级，换算公式为

$$L_{\mathrm{A}} = 10\lg\left(\sum_{i=1}^{N} 10^{(L_i+A_i)/10}\right) \tag{4.4.6}$$

式中，L_i 为倍频带或 1/3 倍频带声压级；A_i 为表 4.1.1 中对应倍频带或 1/3 倍频带的 A 计权网络响应值。

4.4.4 D 声级

感觉噪声级的计算比较麻烦，为了寻求一种简单的方法，类似于从 40 方等响曲线中得到 A 计权网络一样，D 计权网络的响应特性是 40 呐等噪度曲线的倒置，并作为国际标准推荐使用。由 D 计权网络读出的声级为 D 声级，一般记为 dB(D)。

感觉噪声级与 D 声级有如下关系

$$L_{\mathrm{PN}} = \mathrm{D}\text{ 声级} + 7$$

感觉噪声级与 A 声级有如下近似关系

$$L_{\mathrm{PN}} \approx \mathrm{A}\text{ 声级} + 13$$

4.4.5 等效连续声级 L_{Aeq}

A 计权声级对于稳定的宽频带噪声是一种较好的评价方法，但对于一个声级起伏或不连续的噪声，A 计权声级就显得不合适了。例如，我们测量交通噪声时，当有汽车通过时噪声可能是 85dB，而没有汽车通过时可能只有 60dB，这时就很难

说交通噪声到底是多少分贝。再如，一个人在噪声环境下工作，间歇接触噪声与一直连续接触噪声对人的影响也不一样，这是因为人所接受噪声能量不相等。于是提出了用噪声能量时间平均的方法来评价噪声对人的影响，即连续等效声级用符号 L_{eq} 表示。测量时仍用A计权，所以也称为连续等效A声级。它的定义是：在声场中某一定位置上，用某一段时间能量平均的方法，将间歇出现变化的A声级用一个持续同样时间、能量等效的稳态A声级来表示该时间内的噪声大小，并称这个A声级为此段时间的等效连续声级，即

$$L_{Aeq} = 10\lg\left[\frac{1}{t_2 - t_1}\int_{t_1}^{t_2} \frac{p^2(t)}{p_0^2}dt\right] = 10\lg \frac{1}{t_2 - t_1}\int_{t_1}^{t_2} 10^{0.1L_A}dt \qquad (4.4.7)$$

式中，$p(t)$ 是瞬时A计权声压；p_0 是参考声压（2×10^{-5}Pa）；L_A是A声级的瞬时值，单位 dB(A)；t_1、t_2 是计算等效声级的起止时间。等效噪声级可被理解为：在这段时间内，噪声的总能量与A声级等于 L_{eq} 的稳态噪声的总能量相等。

在具体计算 L_{Aeq} 的过程中，也可以相等的时间间隔从声级计上读出A计权声级，得到 n 个 L_{Ai}，把它代入下式中计算等效连续声级，则

$$L_{Aeq} = 10\lg\left(\frac{1}{n}\sum_{i=1}^{n} 10^{0.1L_{Ai}}\right) \qquad (4.4.8)$$

假定 n 个A声级中 L_{A1}、L_{A2}、…、L_{Aj} 分别出现 n_1、n_2、…、n_j 次，则有

$$L_{Aeq} = 10\lg\left(\frac{1}{n}\sum_{j=1}^{n} n_i\, 10^{0.1L_{Ai}}\right) \qquad (4.4.9)$$

这样就可以用普通函数计算器进行计算。

4.4.6 昼夜等效声级

在昼间和夜间的规定时间内测得的等效连续A声级分别称为昼间等效声级 L_d 和夜间等效声级 L_n。昼夜等效声级为昼间和夜间等效声级的能量平均值，单位 dB(A)。

考虑到噪声在夜间要比白天更吵人，尤其是对睡眠的干扰更是如此。评价的结果表明，晚上的噪声干扰通常比白天高10dB。因此，在计算昼夜等效声级时，需要将夜间等效声级加上10dB的计权后再计算。例如，昼间规定为16h，夜间为8h，昼夜等效声级为

$$L_{dn} = 10\lg\{[16\times10^{0.1L_d} + 8\times10^{0.1(L_n+10)}]\div 24\} \qquad (4.4.10)$$

式中，L_d为昼间的等效声级；L_n为夜间的等效声级。

关于昼间和夜间的时间，可依地区和季节的不同按当地习惯划定。

4.4.7 统计声级（累积百分声级）L_N

对于呈现不规则大幅度变动的噪声，除了用等效噪声级表示其大小外，还采用

统计声级 L_N 来表示不同的噪声级出现的概率或累积概率。统计声级 L_N 的物理意义是:在测量期间,百分之 N 的时间内测得的声级值超过 L_N,或者说在 M 次测量中,有($M\times N\%$)次测得的值超过 L_N。例如,$L_{10}=70$dB 表示整个测量期间噪声超过 70dB 的概率占 10%,噪声不超过 70dB 的概率占 90%;$L_{50}=60$dB 表示噪声超过或不超过 60dB 的概率各占 50%;$L_{90}=50$dB 则表示噪声超过 50dB 的概率占 90%。其他的意义依此类推。

一般认为,L_{10}相当于噪声的平均峰值,L_{50} 相当于噪声的平均中值,L_{90} 相当于背景噪声(或称为本底噪声)。如果噪声的统计特性符合正态分布,那么

$$L_{eq}=L_{50}+\frac{d^2}{60} \tag{4.4.11}$$

式中,$d=L_{10}-L_{90}$,称为标准差。标准差值的大小表明了分布的程度,差值越大分布越不集中,或者说噪声的起伏大。

4.4.8 交通噪声指数 TNI

通常,起伏的噪声比稳态的噪声对人的干扰更大。交通噪声指数就是考虑到噪声的起伏的影响,加以计权而得到的,记为 TNI。因为测量噪声级时使用 A 计权网络,并将采样的声级进行统计,以统计声级 L_{10} 和 L_{90} 作为计权组合,因此数学表达式为

$$\mathrm{TNI}=L_{90}+4d-30 \tag{4.4.12}$$

式中,$d=L_{10}-L_{90}$。

在式(4.4.12)中,第一项表示本底噪声,本底噪声越大,对人的干扰也越大;第二项由标准差 d 反映了交通噪声的起伏。

4.4.9 噪声污染级

噪声污染级是用来评价噪声影响人们烦恼的一种方法,不过它是用噪声能量平均值和标准偏差来表示的。标准偏差的大小就反映了噪声起伏的大小,标准偏差越大,表示噪声级的离散程度越大,即噪声的起伏越大。噪声污染级的表达式为

$$L_{NP}=L_{Aeq}+2.56\sigma \tag{4.4.13}$$

标准偏差为

$$\sigma=\sqrt{\frac{1}{n-1}\sum_{i=1}^{n}(L_i-\bar{L})^2} \tag{4.4.14}$$

式中,L_i为第 i 个声级值;$\bar{L}$ 为所测 n 个声级的算术平均值;L_{Aeq}为在指定的测量时间内 A 计权的等效声级。

在正态分布条件下,噪声污染级可用统计声级来表示

$$L_{NP}=L_{50}+d+d^2/60 \tag{4.4.15}$$

式中，$d = L_{10} - L_{90}$。

4.4.10 语言干扰级

噪声对人的一个重要影响是对交谈的干扰，也就是说，噪声对人的言语有掩蔽效应。为了听得清，人们不得不提高嗓门。假如噪声太强，即使提高嗓门也难以听清，这是人们在日常工作和生活中常遇到的事情。为了评价噪声对语言的干扰，早在 1947 年，白瑞奈克(Beranek L L)就提出了语言干扰级的评价方法。

所谓语言干扰级，就是一噪声在中心频率为 500Hz、1000Hz、2000Hz 三个倍频带声压级的算术平均值，记为 SIL(dB)，即

$$\mathrm{SIL} = \frac{1}{3}(L_{500} + L_{1000} + L_{2000}) \quad (\mathrm{dB}) \tag{4.4.16}$$

由于语言通话还与距离有关，因此考虑到上述三个频率以外的高频、低频成分对通话也有一定影响，使用新的语言干扰级，称为最佳语言干扰级(PSIL)，两者之间的关系为

$$\mathrm{PSIL} \approx \mathrm{SIL} + 3 \quad (\mathrm{dB}) \tag{4.4.17}$$

若两个人在噪声场中面对面地交谈，在各种不同的说话强度和距离下，保证有效通话的最佳语言干扰级见表 4.4.1。

表 4.4.1 不同说话距离的语言干扰级 dB

距离/m	声音正常	声音提高	很响	极响
0.15	74	80	86	92
0.30	68	74	80	86
0.60	62	68	74	80
1.20	56	62	68	74
1.80	52	58	64	70
3.60	46	52	58	64

4.4.11 噪声评价标准

在许多场合下，需要考虑室内的语言干扰，包括舞台演出的音响效果。为此目的，白瑞奈克又提出了噪声评价标准 NC 的评价方法，它是在语言干扰级 SIL 和响度级的基础上发展而来的，并用一组 NC 曲线来表示。由于 NC 曲线对带有隆隆的单调低频声和嘶嘶的高频声的噪声的评价不那么令人满意，因此对其作了一些修改，提出了一组新的曲线，称为最佳噪声评价曲线(PNC 曲线)，如图 4.4.4 所示。

PNC 曲线不仅适用于对室内活动场所稳态环境噪声的评价，也可用于设计中

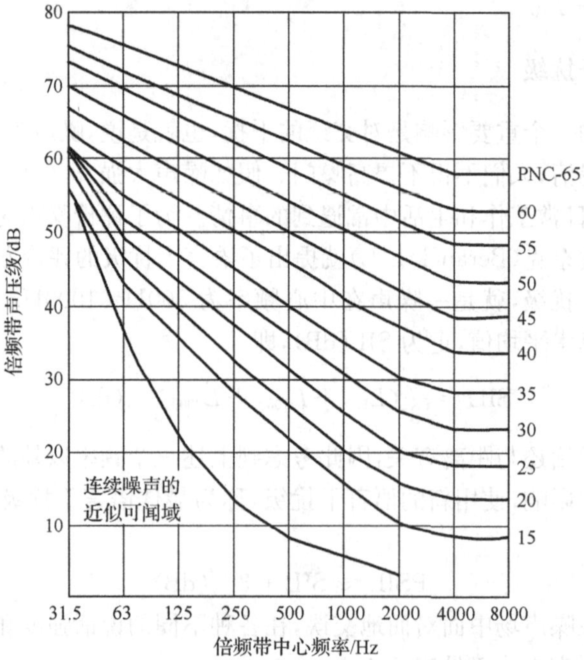

图 4.4.4　噪声评价标准 PNC 曲线

以噪声控制为主要目的的许多场合。它的具体求法是：首先对噪声进行倍频程分析，一般取八个倍频带（63Hz，125Hz，250Hz，500Hz，1000Hz，2000Hz，4000Hz，8000Hz）；然后再在 PNC 曲线图上（图 4.4.4）画出频谱图。噪声评价标准 PNC 值就等于该噪声八个倍频带声压级中接触到最高的一条 PNC 曲线之值。例如，250Hz 中心频率的倍频带声压级所接触到的 PNC 曲线值最高，为 PNC-50，那么我们说该背景噪声评价标准为 PNC-50。也就是说，假如我们规定办公室的噪声评价标准值为 PNC-30，那么就可以依据该条曲线，确定各倍频带中心频率的控制限值。

4.4.12　噪声评价数

噪声评价数用 NR(dB)表示，它是 1961 年国际标准化组织推荐的评价方法，类似于 PNC 曲线，也是用于室内场所稳态背景噪声的评价，也广泛用于噪声控制的评价。其求法与 PNC 基本一样，先将噪声作倍频谱分析，在噪声评价数 NR 曲线图（图 4.4.5）上画频谱图，其中倍频带声压级接触到的最高一条评价曲线的数值，即为该噪声的噪声评价数 NR 值。对所设计的办公室，如果规定背景噪声以 NR30 进行控制，则在进行验收评价时，室内背景噪声的倍频带声压级，在 63Hz 不得超过 59dB，在 125Hz 不得超过 48dB，在 250Hz 不得超过 40dB，在 500Hz 不得超过 34dB,在 1000Hz 不得超过 30dB,在 2000Hz 不得超过 27dB,在 4000Hz 不得超过 25dB。

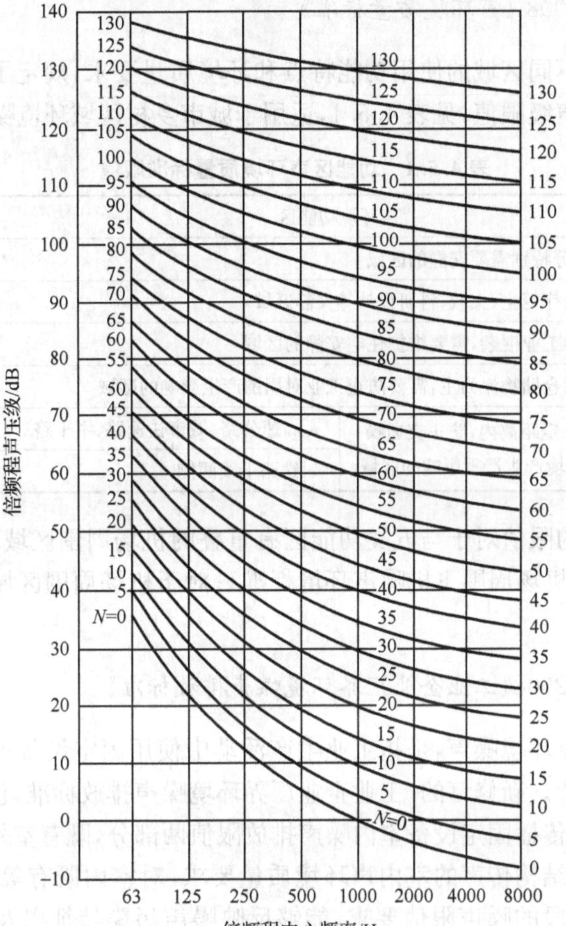

图 4.4.5 噪声评价数 NR 曲线

除了以上介绍的常用评价量外,还有评价飞机飞越一次的噪声干扰程度的有效感觉噪声级,评价机场受飞机噪声干扰程度,以及国际民航组织提出的等效连续感觉噪声级等评价量。总之,噪声的评价是当前国际上相当重视的研究内容。

4.5 噪声标准的限值与适用范围

我国开展环境保护以来制定了一系列噪声标准,为了便于了解噪声标准的基本情况,并能较好地在实际中运用,这里列举一部分相关的标准限值及其应用范围。

4.5.1　环境噪声限值标准

1. GB3096-2008《声环境质量标准》

该标准对于不同区域的使用功能特点和环境质量要求，规定了声环境功能区的环境噪声等效声级限值，见表 4.5.1，适用于城市乡村区域环境噪声评价。

表 4.5.1　功能区声环境质量标准限值　L_{Aeq}/dB(A)

类别	声环境功能区		昼间	夜间
0	康复疗养区等特别需要安静的区域		50	40
1	居民住宅、医疗卫生、文教、科研设计等安静区域		55	45
2	居住、商业和工业混杂，需要维护住宅安静的区域		60	50
3	以工业生产、仓储物流为主，需要防止工业对周围产生影响的区域		65	55
4	道路两侧一定距离内，防止交通噪声对周围环境产生严重影响的区域	a 高速公路、城市快速路、主干路	70	55
		b 铁路干线两侧	70	60

表 4.5.1 中的限值对于与五类功能区有重叠的机场周围区域不适用，而是应该执行 GB 9660《机场周围飞机噪声环境标准》；对于机场周围区域内的地面噪声应执行该标准。

2. GB12348-2008《工业企业厂界环境噪声排放标准》

工业企业厂界环境噪声，是指工业生产活动中使用固定设备等产生的干扰周围生活环境的声音。新修订的《工业企业厂界环境噪声排放标准》包括厂界环境噪声排放限值、结构传播固定设备室内噪声排放限值两部分，既有室外声环境质量要求，也有固定设备结构传声的室内声环境质量要求；对室内既有等效连续 A 声级的要求，也有低频段的噪声限值要求，能够反映噪声污染特征以及居民的主观感受，可作为居民楼内电梯、水泵、变压器等设备产生的噪声排放管理与控制的依据。

1) 厂界环境噪声排放限值

厂界环境噪声排放限值和厂界外声环境功能区的类别(除功能区 4b 外)与 GB3096《声环境质量标准》相同。对于夜间频发噪声的最大声级超过限值的幅度不得高于 10dB(A)；夜间偶发噪声的最大声级超过限值的幅度不得高于 15dB(A)。对于独立分散的各种产生噪声的固定设备的厂界，以其实际占地为边界。

2) 通过结构传播的室内噪声排放限值

当固定设备排放的噪声通过建筑物结构传播至噪声敏感建筑物的室内时，对噪声敏感的建筑物室内噪声限值分以下两种情况：表 4.5.2 中的 A 类房间以睡眠为主要目的，需要保证夜间安静的房间；B 类房间指主要在昼间使用，需要保证思考与精神集中、正常讲话不干扰的教室、会议室、办公室。表 4.5.3 为反映噪声污染特征的室内低频段噪声的倍频带声压级限值。

表 4.5.2 通过建筑物结构传播至室内等效声级限值 L_{Aeq}/dB(A)

建筑物所处声环境功能区类别	A类房间		B类房间	
	昼间	夜间	昼间	夜间
0	40	30	40	30
1	40	30	45	35
2、3、4	45	35	50	40

表 4.5.3 室内低频段噪声的倍频带声压级限值 dB

噪声敏感建筑所处声环境功能区类别	时段	房间类型	室内倍频带声压级限值				
			31.5Hz	63Hz	125Hz	250Hz	500Hz
0	昼间	A、B类房间	76	59	48	39	34
	夜间	A、B类房间	69	51	39	30	24
1	昼间	A类房间	76	59	48	39	34
		B类房间	79	63	52	44	38
	夜间	A类房间	69	51	39	30	24
		B类房间	72	55	43	35	29
2,3,4	昼间	A类房间	79	63	52	44	38
		B类房间	82	67	56	49	43
	夜间	A类房间	72	55	43	35	29
		B类房间	76	59	48	39	34

3. GB22337-2008《社会生活噪声排放标准》

《社会生活环境噪声排放标准》是我国首次发布对文化娱乐场所或商业经营活动中排放的噪声规定了限值，见表 4.5.3。针对其周围不同的环境功能区，提出了噪声排放源边界的噪声限值。对文化娱乐场所或商业设施的一些噪声源，若位于医院、学校、机关、科研单位、住宅等噪声敏感建筑物内，并通过建筑物的结构传播到室内的情况，除了常规的连续等效 A 声级评价外，为了更好地反映人的主观感受，针对噪声频谱发生改变，高频噪声被显著削减，低频噪声异常突出的特点，增加了低频段（31.5～500Hz）频谱评价，避免仅用 A 声级评价不充分，可能会出现室内监测 A 声级很低，但居民却难以忍受的情况。

今后，迪厅、商场促销等大喇叭产生的噪声将受到国家标准的限制。

标准中的“噪声排放源边界排放限值”与 GB12348《工业企业厂界环境噪声排

放标准》的"厂界环境噪声排放限值"要求相同;固定设备排放的噪声通过建筑物结构传播至噪声敏感建筑物室内的两种情况噪声限值的要求也一样。

4. GB12523-2011《建筑施工场界环境噪声排放标准》

新修订的标准规定了建筑施工场界环境噪声排放限值(表 4.5.4)及测量方法,并规定,夜间噪声最大声级超过限值的幅度不得高于 15dB(A);当场界距噪声敏感建筑物较近,其室外不满足测量条件时,可在噪声敏感建筑物室内测量,将表中相应的限值减 10dB(A)作为评价依据。此标准适用于周围有噪声敏感的医院、学校、机关、科研单位和住宅等需要保持安静的建筑物对施工噪声排放的管理、评价及控制。

表 4.5.4　城市建筑施工场界噪声排放限值　L_{Aeq}/dB(A)

白天	夜间
70	55

4.5.2　交通运输噪声限值标准

1. GB9660-1988《机场周围飞机噪声环境噪声标准》

机场周围飞机噪声环境噪声标准适用于机场周围受到飞机通过时所产生噪声影响的区域评价(表 4.5.5),其中一类区域:特殊住宅区、居民区、文教区;二类区域:除一类区域外的生活区。

表 4.5.5　机场周围飞机噪声环境噪声标准限值　L_{WECPN}/dB

适用区域	标准值
一类区域	≤70
二类区域	≤75

2. GB12525-1990《铁路边界噪声限值及其测量方法》

表 4.5.6 所示的铁路边界的噪声限值,适用于城市铁路边界距铁路外侧轨道中心线 30m 处的噪声评价。

表 4.5.6　铁路边界噪声标准限值　L_{Aeq}/dB

昼间	70
夜间	70

4.5.3 噪声控制限制标准

1. GB/T17249.1-1998《声学 低噪声工作场所设计指南 噪声控制规划》

该标准是针对需要低噪声的各种工作场所进行设计时，达到噪声控制目的而推荐的背景噪声级，以稳态A声级表示，见表4.5.7。

表 4.5.7 推荐的各种工作场所背景噪声级 dB(A)

房间类型	L_A/dB	备注
会议室	30～35	
教室	30～40	背景噪声是指室内技术设备(如通风设备)引起的噪声或者是有室外传进来的噪声，此时对工业性工作场所而言生产用机器设备没有启动
个人办公室	30～40	
多人办公室	35～45	
工业实验室	35～50	
工业控制室	35～55	
工业性工作场所	65～70	

2. GBJ87-1985《工业企业噪声控制设计规范》

表4.5.8所示的是工业企业厂区内各类地点噪声标准限值，适用于工业企业中的新建、改建、扩建与技术改造工程的噪声(脉冲噪声除外)控制设计。

表 4.5.8 工业企业厂区内各类地点噪声标准 dB(A)

序号	地点类别		限值	备注
1	生产车间及作业场所(工人每天连续接触噪声8h)		90	1. 本表所列噪声限值，均按现行国家标准测量所定 2. 对于工人每天接触噪声不足8h的场合，可根据实际接触噪声时间，按接触时间减半噪声限值增加3dB的原则，确定其噪声限制值 3. 本表所列的室内背景噪声级，指在室内无声源发声的条件下，从室外经由墙、门、窗(门窗处于常规状态)传入室内的室内平均噪声级
2	高噪声车间设置的值班室、观察室、休息室(室内背景噪声级)	无电话通信要求时	75	
		有电话通信要求时	70	
3	精密装配线、精密加工车间的工作地点、计算机房(正常工作状态)		70	
4	车间所属办公室、实验室、设计室(室内背景噪声级)		70	
5	主控制室、集中控制室、通信室、电话总机室、消防值班室(室内背景噪声级)		60	
6	厂部所属办公室、会议室、设计室、中心实验室(包括试验、化验、计量室)(室内背景噪声级)		60	
7	医务室、教室、哺乳室、托儿所、工人值班室(室内背景噪声级)		55	

注：新建、改建、扩建工程的噪声控制设计必须与主体工程设计同时进行。

4.6 噪声级的测量

4.6.1 稳态噪声测量

稳态噪声的声压级用声级计测量。如果用F(快)挡来读数，当频率为1000Hz的纯音输入时，在200～250ms以后就可以指示出真实的声压级；如果用S(慢)挡来读数，则需要在更长时间才能给出平均声压级。

对于稳态噪声，当快挡读数的起伏小于6dB时，如果某个倍频带声压级比邻近的倍频带声压级大5dB，说明噪声中有纯音或窄带噪声，必须进一步分析其频率成分。对于起伏小于3dB的噪声，可以测量10s时间内的声压级；如果起伏大于3dB但小于10dB时，则每5s读一次声压级并求出其平均值，可以通过测量声压级的统计分布进行更详细的分析。

背景噪声将对实际测量噪声级产生影响，总声级由于背景噪声不同而不同，尤其是当所测噪声与背景噪声相差不大时，应从测得的总噪声级中减去背景噪声的影响。设含背景噪声的总声压级为L_T，背景噪声声压级为L_B，经过背景噪声修正得到的被测声压级L_N为

$$L_N = L_T - K_B \tag{4.6.1}$$

$$K_B = -10\lg(1 - 10^{-\Delta L/10})$$

其中，$\Delta L = L_T - L_B$，即包括背景噪声在内的总声压级与背景噪声的差值。根据式(4.6.1)计算的背景噪声修正值见表4.6.1。

表4.6.1　环境噪声的修正值　　dB

ΔL	1	2	3	4	5	6	7	8	9	10
K_B	7.0	4.3	3.0	2.2	1.65	1.26	1	0.75	0.59	0.46
取近似值	7	4	3	2	2	1	1	0.8	0.6	0.5

注：表中给出的修正值也适用于每个倍频带或1/3倍频带声压级的背景噪声修正。

例如，测量某发动机噪声，当发动机未开动时，测量的背景噪声为76dB，开动发动机测得总噪声级(包括发动机噪声和背景噪声)为83dB，两者之差为7dB，从表4.6.1查出修正值为1dB，于是从总声压级中减去修正值，发动机的实际噪声值为82dB。

如果总声压级与背景噪声两者的差值大于10dB，则背景噪声对噪声源测量的影响可以忽略；如果两者的声压级差值小于3dB，说明被测声源的声压级低于背景噪声声压级；出现这种情形，测量应安排在较为安静的环境中重新进行。对于差值ΔL介于3～10dB，可从表4.6.1获得修正值，所需要的声源声压级就能合理地判

断出来。

测得 n 个声压级后,可以求得平均值为

$$\bar{L}_p = 20\lg\left(\frac{1}{n}\sum_{i=1}^{n} 10^{L_i/20}\right) \tag{4.6.2}$$

其中,L_i为第 i 次测得的声压级。

对于 n 个分贝数值非常接近的声压级求其平均时,可根据下列的近似公式求平均值和标准方差,有

$$\bar{L}_p = \frac{1}{n}\sum_{i=1}^{n} L_i \tag{4.6.3}$$

$$\delta = \frac{1}{\sqrt{n-1}}\left[\sum_{i=1}^{n} L_i - n(\bar{L}_p)\right]^{1/2} \tag{4.6.4}$$

上述平均计算,若 n 个 L_i 的数值相差小于 2dB,则计算误差小于 0.1dB;若 n 个 L_i 的数值相差 10dB,则计算误差可达 1.4dB。

在噪声测量中广泛使用 A 声级,既可以用 A 计权网络直接测量,也可以由所测得的倍频带声压级或 1/3 倍频带声压级,根据 A 计权网络特性计算转换为 A 声级,见 4.4.3 节。

4.6.2 非稳态噪声测量

1. 不规则噪声测量

对于不规则噪声,根据需要,可测量声压级的时间-频率分布特性,具体测量值有:

(1) 最大值、最小值和平均值;

(2) 声压级的统计分布(如累积百分声级 L_x);

(3) 等效连续声级;

(4) 噪声的频谱分布。

2. 脉冲噪声测量

脉冲噪声是指大部分能量集中在持续时间短于 1s 而间隔时间长于 1s 的猝发噪声。关于 1s 的选择当然是任意的,在极限情况下,如果脉冲时间无限短而间隔时间无限长,这就是单个脉冲。

脉冲噪声对人的影响通常是能量而不是峰值、持续时间和脉冲数量。因此,对于连续的猝发声序列应该测量声压级和功率,对于有限数目的猝发声则测量暴露声级。

对于脉冲噪声的测量通常使用脉冲声级计,也可同时用数字示波器测量脉冲

峰值声压和持续时间。

4.7 噪声源声功率测量

用声压级描述噪声源辐射特性时，由于声压级的测量结果与测量位置和声学环境有关，它不能全面刻画噪声源辐射声波的强度及特性。因此，在声学测量中，声功率的测量占有非常重要的地位。声功率是指单位时间内辐射声波的平均能量，单位为瓦(W)，1W=1J/s。若用声功率级表示，则为

$$L_W = 10\lg\frac{W_A}{W_0} = 10\lg W_A + 120 \quad (\text{dB}) \tag{4.7.1}$$

其中，L_W是声功率级(dB)；W_A为声源辐射的声功率(W)；W_0为基准声功率，取值为10^{-12}W。声源声功率级的频率特性和指向特性可用声功率级、频率函数或频谱表示。

我国自20世纪80年代开始，先后制定了10多项与测量噪声源声功率相关的国家标准，这些国家标准与ISO标准都是等效的或有渊源关系。关于噪声源声功率的测量方法，分为4类，见表4.7.1。每种测量方法适用于不同测试环境和测试精度。依照这些标准，在规定的条件下对噪声源进行发射值的测定、标示和验证，使同一系列机器的测量值具有可比性。

表 4.7.1 我国颁布的噪声源声功率测试标准简况

方法分类	标准编号	精度分类	特点	声源体积	对应的ISO标准
声压法	6881.1-2002	精密	混响室精密法	小于混响室体积的1%	3741:1999
	6881.2-2002	工程	硬壁测试室中比较法	小于测试室体积的1%	3743-1:1994
	6881.3-2002	工程	专用混响室中工程法	小于混响室体积的1%	3743-2:1994
	6882-2008	精密	消声室和半消声室精密法	小于消声室体积的0.5%	3745:2003
	3767-1996	工程	反射面上方近似自由场的工程法	由有效测试环境限定	3744:1994
	3768-1996	简易	反射面上方采用包络测量表面	由有效测试环境限定	3746:1995
	16538-2008	简易	标准声源现场比较	无限制	3747:2000
声强法	16404.1-1996	精密	离散点上的测量	无限制，测量表面由声源尺寸确定	9614-1:1993
	16404.2-1999	精密	扫描测量	无限制，测量表面由有声源尺寸确定	9614-2:1996
	16404.3-2006	精密	扫描测量精密法	无限制，测量表面由有声源尺寸确定	9614-3:2002
振速法	16539-1996	精密	封闭机器测量	无限制	7849:1987

噪声源声功率的测量方法有声压法、声强法、振速法;测量环境主要分为自由场法(消声室或半消声室)、混响场法(专用混响室或硬壁测试室)、户外声场法;从测量精度分,有精密法、工程法和简易法。

4.7.1　声压法测量噪声源声功率

声压法是指通过测量声压值换算得到声功率的测量方法,是声源功率测量的常用方法。从声学环境来讲,总体上分为自由场法和混响场两类,下面分别介绍。

1. 自由场和近似自由场法

自由场的测量环境可以是消声室或半消声室,以及近似满足自由场条件的室内或户外,因此其测量准确度有所不同,一般分为三级:精密法、工程法和简易法(又分别称为1级、2级和3级精度)。三种方法适合各类噪声频谱,如宽带、窄带、离散频率、稳态、非稳态、脉冲等。

在消声室中测量噪声源声功率时,测试传声器阵列的位置采用球面布置,一般在半径为 r 的球面上占有相等面积的20个固定测点获得球面表面的声压级;每一个传声器的位置具有规定的位置坐标,如图4.7.1所示。表4.7.2中给出了20个测点对应的以声源中心为原点的直角坐标(x,y,z)的位置。对于半消声室,一般也采用半径 r 半球面上的20个传声器位置测量,但与消声室的传声器的坐标位置不同;还可以使用单个传声器以同轴圆在多个不同高度的路径连续移动,使不同圆环的面积相等,声压级作时间和空间的平均,如图4.7.2所示。

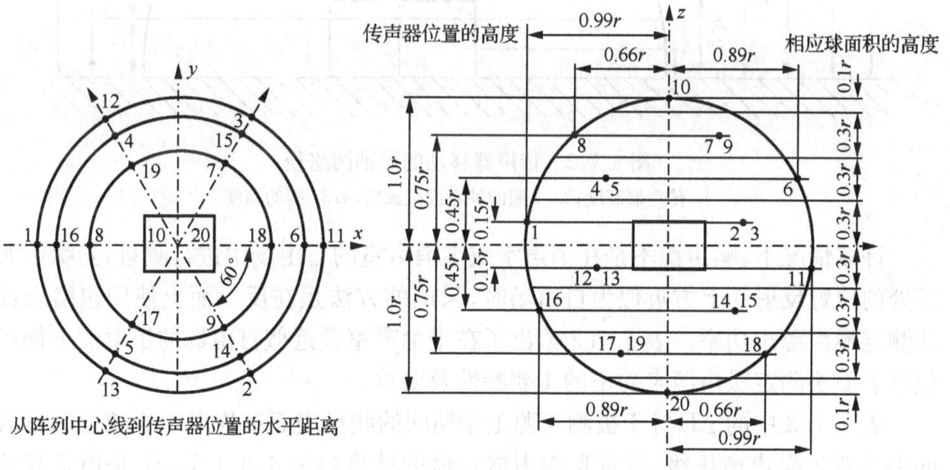

图4.7.1　自由声场中测量声功率的测点位置

表 4.7.2 自由声场声功率测量时的传声器坐标位置

测点	$\frac{x}{r}$	$\frac{y}{r}$	$\frac{z}{r}$	测点	$\frac{x}{r}$	$\frac{y}{r}$	$\frac{z}{r}$
1	−0.99	0	0.15	11	0.99	0	−0.15
2	0.50	−0.86	0.15	12	−0.50	0.86	−0.15
3	0.50	0.86	0.15	13	−0.50	−0.86	−0.15
4	−0.45	0.77	0.45	14	0.45	−0.77	−0.45
5	−0.45	−0.77	0.45	15	0.45	0.77	−0.45
6	0.89	0	0.45	16	−0.89	0	−0.45
7	0.33	0.57	0.75	17	−0.33	−0.57	−0.75
8	−0.66	0	0.75	18	0.66	0	−0.75
9	0.33	−0.57	0.75	19	−0.33	0.57	−0.75
10	0	0	1.0	20	0	0	−1.00

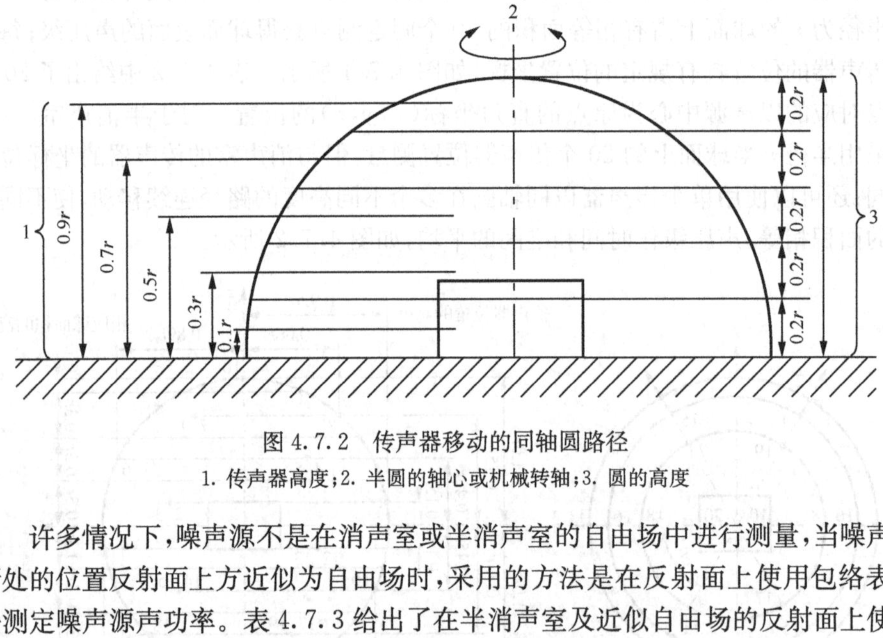

图 4.7.2 传声器移动的同轴圆路径

1. 传声器高度；2. 半圆的轴心或机械转轴；3. 圆的高度

许多情况下，噪声源不是在消声室或半消声室的自由场中进行测量，当噪声源所处的位置反射面上方近似为自由场时，采用的方法是在反射面上使用包络表面法测定噪声源声功率。表 4.7.3 给出了在半消声室及近似自由场的反射面上使用包络表面法测定噪声源声功率的主要特性及要求。

表 4.7.3 中的 ΔL 等于被测声源工作期间的测量表面平均声压级减去测量表面平均背景噪声声压级，其背景噪声修正值的计算参见 4.6.1 节；K_r是声学环境修正值，由于近似自由场的工程法和简易法的测量环境存在一定的混响，因此需要对声学环境进行修正。一般确定修正值 K_r有以下两种方法。

表 4.7.3 在反射面上使用包络表面法测定噪声源声功率的特性及要求

项目	精密法/1级	工程法/2级	简易法/3级
测量环境	半消声室	室内或室外	室内或室外
声源体积	小于测量房间体积的 0.5%	无限制，由有效测试环境限定	无限制，由有效测试环境限定
评判标准	$K_r \leqslant 0.5$dB	$K_r \leqslant 2$dB	$K_r \leqslant 7$dB
背景噪声限定	$\Delta L \geqslant 10$dB，最好大于 15dB	$\Delta L \geqslant 6$dB，最好大于 15dB	$\Delta L \geqslant 3$dB，最好大于 15dB
测量点数目	$\geqslant 10$	$\geqslant 9$	$\geqslant 4$

1）通过测量混响时间确定

室内存在混响而引起的修正值 K_r 为

$$K_r = 10\lg\left(1+\frac{4S}{A}\right)$$

式中，S 为测量表面积；$A=0.161V/T_{60}$ 为吸声量，通过测量混响时间 T_{60} 获得，然后即可以确定 K_r 值。从上式看出，如果 A/S 的比值越大，则修正值 K_r 就越小，所以对于工程法而言，如果要求 $K_r \leqslant 2$dB，则必须满足 $A/S \geqslant 6$。

2）标准声源比较法

将标准声源放置于与被测声源相同的位置，并采用相同的测量方法，修正值 K_r 等于所测得的标准声源声功率级 L_W 减去标准声源校准的声功率级 L_{Wr}，即

$$K_r = L_W - L_{Wr}$$

利用声压法，对于不同指向性声源的声功率和指向性测量的主要方法有以下 3 种。

1）无指向性声源辐射的声功率测量

对于各向均匀辐射的声源放在自由场空间中，则在声源的远场处某个位置上测量其声压级或频带声压级，就可以计算出声功率，即

$$L_W = L_p + 10\lg\frac{S}{S_0} + C \tag{4.7.2}$$

式中，C 为气压和温度修正值，单位为 dB，如果测量时与标准气象条件差别不大，可以忽略不计；S 为测量面积；$S_0=1\text{m}^2$ 为参考面积，对于半径为 r 的球面的声功率为

$$L_W = L_p + 20\lg r + 11 \tag{4.7.3}$$

其中，r 是声源与传声器的距离(m)；L_p 为距离声源 r 处的声压级(dB)。

对于在消声室内进行的精密测量，要求消声室内各表面的吸声系数大于 0.99。传声器距离声源的位置应选择 2～5 倍于被测声源的尺寸，通常不应小于 1m。传声器离边界面的距离则不应小于被测信号波长的 1/4。

2）指向性声源的声功率测量

对于指向性声源，当声源放在自由声场中时，测量出包围声源球面上固定距离

r 的具有相等面积的 20 个测点位置的声压级，如图 4.7.1 所示。对于式(4.7.3)中的 L_p，需用多个测点平均声压级 $\bar{L}_p$ 来代替，即

$$\bar{L}_p = 10\lg \frac{1}{n}\left(\sum_{i=1}^{n} 10^{0.1L_{pi}} \right) \tag{4.7.4}$$

其中，L_{pi} 是第 i 测点测量所得的频带声压级；n 为总测点数。

如果在半自由声场中进行测量，一般将声源置于半消声室的坚硬地面上，测量时，传声器在反射面上半球面规定的坐标测点上求出平均声压级。

3) 指向性指数和指向性因数

一般来说，噪声源是有方向性的，若将某方向给定距离的声强以 I 表示，在相同距离的各方向平均声强以 $\bar{I}$ 表示，则指向性因数 Q 为

$$Q = \frac{I}{\bar{I}} \tag{4.7.5}$$

指向性指数 D_I 定义如下

$$D_I = 10\lg Q = L_{p\theta} - \bar{L}_p \tag{4.7.6}$$

其中，$L_{p\theta}$ 是半径为 r 球面上角度 θ 处的声压级；$\bar{L}_p$ 为半径为 r 球面上测得的平均声压级。

沿特定方向(由 θ 与 φ 角决定)的指向性指数 $D_I(\theta,\varphi)$ 与在距离 r 处测得的声压级 $L_p(r,\theta,\varphi)$ 有下述关系

$$D_I(\theta,\varphi) = L_p(r,\theta,\varphi) - \bar{L}_p \tag{4.7.7}$$

通过式(4.7.6)和式(4.7.7)，可以在自由场测量噪声源的指向性指数。

声源在反射面上的自由场中工作的指向性图案通常比较复杂，但是当声源直接装置在坚硬反射面上时，则可考虑反射面是声源的一部分，以求出声源的指向性指数和指向性因数。因此，反射面上方是自由场的声源，指向性指数为

$$D_I = L_{pi} - \bar{L}_p + 3 \tag{4.7.8}$$

其中，L_{pi} 是在需要计算 D_I 方向上测得的离声源距离为 r 的声压级；$\bar{L}_p$ 是半径 r 的测试半球上的平均声压级。

2. 混响室法

在混响室内，测得噪声源在室内平均声压级后可以求出噪声源功率级。除了非常靠近声源和离开壁面半波长以内的区域，在混响室内其他区域的扩散声场中的声压级几乎是相同的。若将测点布置在扩散声场区域，则声压和声源总功率的关系为

$$W = \frac{S\alpha}{4} \frac{p^2}{\rho_0 c_0} \tag{4.7.9}$$

当取 $\rho_0 c_0 = 400$ 时，其声功率级为

$$L_W = \bar{L}_p + 10\lg(S\alpha) - 6 \quad (4.7.10)$$

其中，$S\alpha$ 为室内总吸声量；$\bar{L}_p$ 为室内平均声压级。式(4.7.10)没有考虑空气吸收对高频声的影响，如作高频空气吸收修正，则式(4.7.10)可改写为

$$L_W = \bar{L}_p + 10\lg(S\alpha + 4mV) - 6 \quad (4.7.11)$$

混响室测量声功率的精密方法主要适用于稳态噪声源，测量获得倍频带或1/3倍频带声功率级、A计权声功率级，但是不能得到指向性特性。测量频率与混响室的体积关系见2.2.2节中的表2.2.2。

测量时使用无规响应型传声器。传声器的位置离墙角和墙边至少为 $3\lambda/4$，距离墙面应大于 $\lambda/4$（λ 为最低频率声波的波长）；传声器距声源的最小距离大于1m，使得平均声压级至少要在一个波长的空间内进行。测量位置与噪声源的频谱有关，一般为3～8点；如果噪声源有离散频率，则需要增加传声器的测点。

通过测量混响时间来计算混响室的总吸声量，这时的噪声源声功率用下式计算

$$L_W = \bar{L}_p + 10\lg\frac{V}{T_{60}} + 10\lg\left(1 + \frac{S\lambda}{8V}\right) - 14 \quad (4.7.12)$$

其中，V 为混响室体积(m^3)；T 为混响时间(s)；λ 为相应于测试频带中心频率的声波波长(m)；S 为混响室内表面的总面积(m^2)。

由于混响室法测量噪声源的声功率所要求的条件比自由场法简单，所以在实际中使用较多。需要注意的是，测量混响时间(特别是在低频率)需根据衰变曲线从开始下降10dB的斜度计算，否则算出的 L_W 值可能低很多。

4.7.2 声强法

应用声强技术测量噪声源的声功率，与上面的声压法相比具有两个优点：①不需要使用消声室或混响室等声学环境；②在多个声源辐射叠加声场中能区分不同声源的辐射功率。因此，声强技术能方便地用于测量现场条件下实际噪声源的辐射功率。

应用声强技术测量声源辐射声功率的方法有两种：定点式测量和扫描法测量。

1. 定点式测量

通过包围声源的封闭曲面上多个测量面元的声强法向分量值测量，可以得到每个面元的局部声功率 W_i，由 N 个测量面元局部声功率获得声源辐射声功率级

$$L_W = 10\lg\left(\sum_{i=1}^{N}\frac{W_i}{W_0}\right) \quad (\text{dB}) \quad (4.7.13)$$

式中，$W_i = I S_i$为面元i的局部声功率，其中S_i为面元i的面积，I是在测点i处测得的法向声强分量幅值；$W_0 = 10^{-12}$ W 为基准声功率。

测量准确度取决于测点数目的多少和声强测量误差的大小。在声强测量误差一定的情况下，测点数目越多，声源辐射功率的测量准确度应该越高。此外，声功率测量准确度还与测量曲面上测点位置的选择有关。图 4.7.3 给出了在实验室条件下正方形平面(5 个等面积正方形平面和刚性地面组成的封闭测量曲面，声源放置在刚性地面中心)上的几种不同测点数目和位置分布与声功率测量误差的关系。图中的正方形平面为 1m×1m，测量的误差级为ΔL_W；图中"○"表示测点位置。图中结果表明：如果测点位置选择恰当，即使测点数目少，也能获得较高的声功率测量准确度；如果测点位置选择不当，增加测点数目不一定能提高功率测量准确度。一般情况下，曲面上测点面密度每平方米不应少于 1 个。

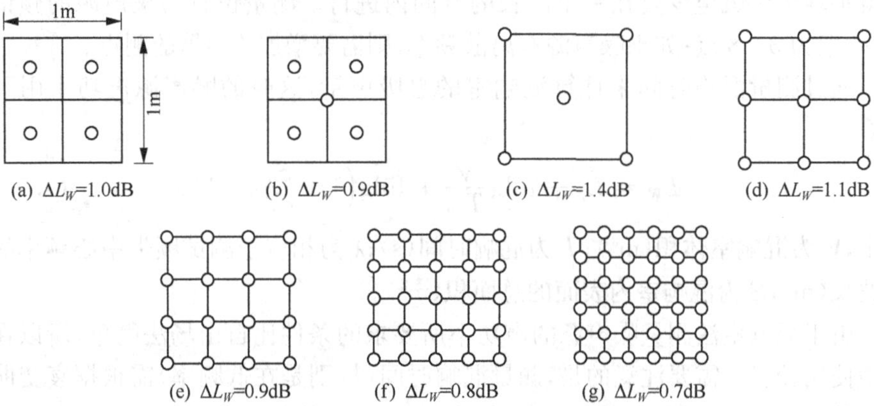

图 4.7.3　测点位置和测点数目与声功率测量的误差关系

一个噪声源的声功率级测定的不确定与声源的声场特性、外来声场的特性、被测声源的吸声以及声强场采样和采用的测量方法的类型有关。

2. *扫描法测量*

扫描法测量声功率是用声强探头对覆盖噪声源的包络表面的每个面元以一条连续路径进行扫描，通过测量面上各面元的局部声功率为W_i，于是测定的声源产生的总声功率由下式给出

$$W = \sum_{i=1}^{N} W_i = \sum_{i=1}^{N} \bar{I}_{ni} S_i \tag{4.7.14}$$

式中，$\bar{I}_{ni}$为第i个面元上测得的平均法向声强幅值；S_i为面元i的面积。由声强探头在第i个小曲面上移动时采集的数据可以估算$\bar{I}_{ni}$，它是时间和空间的平均结果。

声强探头在各面元上的移动路径为正交平行线，即在数学上声功率流测量值等价于两次曲面积分平均值。声强探头运动速度的快慢和运动路径的形状对声功率流测量准确度是有影响的，对于宽频带声功率测量，应根据分析仪中谱线带宽选择声强仪移动速度；一般声强仪移动速度应在0.1～0.5m/s范围内，最大极限速度为3m/s。

在扫描式测量方法中，声强法向分量的曲面积分是由其曲线积分近似代替的，因而产生了声功率流的估算误差。与定点式测量方法相比，扫描式测量方法具有测量速度快、操作简便等优点，已被广泛地应用在工程测量中。已有很多文献报告对这两种测量方法进行了比较，所得结论是两种测量方法获得的结果“等同”，其差异在测量精度范围内。

4.7.3 标准声源比较法

使用标准声源比较法测量噪声源声功率级是声压法测定噪声源声功率级的简易方法。

测量时已知标准声源的声功率级 L_{Wr}，使标准声源和待测声源在同样条件、同样测量点产生的声压级分别为 L_{pr} 和 L_{px}，则噪声源的声功率级 L_{Wx} 为

$$L_{Wx} = L_{Wr} + L_{px} - L_{pr} \tag{4.7.15}$$

对于多个传声器测量位置，噪声源的声功率级为

$$L_{Wx} = L_{Wr} + 10\lg\left(\frac{1}{n}\sum_{i=1}^{n} 10^{\Delta L_{pi}/10}\right)$$

式中，$\Delta L_{pi}=L_{px}-L_{pr}$。

使用标准声源的方法有三种形式：①置换法，把机器移开，用标准声源代替它作测量；②并摆法，若机器不便移动，可以把标准声源放在对称的位置进行测量；③类比法，把标准声源放在厂房另一点，周围反射面位置和机器旁相似。

由比较法测量得到的是噪声源的频带声功率或A计权声功率级。为了使被测声源的指向性对测量得到的声压级的影响小，其测量环境必须有足够的混响。此外，测量准确度与环境条件有关。需要指出的是：标准声源的声功率输出，尤其是低频声功率输出，会随着声源到邻近反射面的距离而有所改变。

标准声源有空气动力式、电声式和机械式三种。空气动力式标准声源是一种特殊设计的风扇，由风扇的旋转速度和风扇叶片大小形状决定声功率输出和频谱特性。电声式标准声源是由数只扬声器组成，并由无规噪声信号激发。机械式标准声源是将标准冲击机放入金属罩内打击薄板辐射噪声。从声功率来看，基本上有两类，一类为90±5dB，另一类则为大于100dB。标准声源的另一个特性是它的功率谱特性，通常在200～6000Hz功率谱是比较平直的。此外，标准声源应该是没有方向性的。

4.7.4 振速法测量噪声源声功率

在实际声功率测量中，经常会遇到这样的情况：①背景噪声比被测机器直接辐射的噪声要高；②需要将结构噪声与空气动力噪声区分开；③需要确定整个声源的结构噪声是来自机器的结构噪声还是来自机组的另一部分；④需要确定机器负载的噪声，又要排除被拖动负载及其他噪声影响。

遇到上述情形时，尤其是机械结构振动主要通过封闭于机器外表面的壳体辐射的那类设备，可以通过测量表面各部分的振动速度来确定整个机器结构振动辐射的声功率。

测量时将振动传感器安装在振动表面上，作为宽频率范围的振动测量，优先采用压电加速度计。在规定的运行条件下，各测点在规定的频率范围内按频带测定振动速度级，对于第 i 个测点，有

$$L_{Vi}=L'_{VI}-K_{Ii}+K_{mi} \tag{4.7.16}$$

其中，L'_{VI} 是未修正的实测振动速度级；K_{Ii} 是附加结构修正因数；K_{mi} 是传感器质量修正因数。一般情况下，上述修正因数可以忽略。

测点分为均匀分布和不均匀分布两种情况。当从初始结果中已知振动测试面的某些部分比其他部分的振动更强烈时，则应该在较强的那部分更密集地布置测点，这就是不均匀分布测点。对于均匀分布测点，以分贝值表示的平均速度级为

$$\bar{L}_V=10\lg\left(\frac{1}{N}\sum_{i=1}^{N}10^{0.1L_{Vi}}\right) \tag{4.7.17}$$

对于不均匀分布测点，以分贝值表示的平均速度级为

$$\bar{L}_V=10\lg\left(\frac{1}{S_S}\sum_{i=1}^{N}S_{Si}\,10^{0.1L_{Vi}}\right) \tag{4.7.18}$$

式中，S_S为振动测量面积。上述速度级 $\bar{L}_V$ 的参考基准速度为 50nm/s。

由速度级获得的声功率级为

$$L_{WS}=\bar{L}_V+\left[10\lg\frac{S_S}{S_0}+10\lg\sigma+10\lg\frac{\rho_0c_0}{(\rho c)_0}\right] \tag{4.7.19}$$

式中，ρ_0c_0 为空气特性阻抗；$(\rho c)_0=400\text{N}\cdot\text{s/m}^3$；$S_0$为参考面积，取 1m^2；$10\lg\sigma$ 为辐射指数。

对于大多数机器，其振动速度的分布取决于相应频率振动模态、机器结构特性和激励力等因素，而其辐射指数不仅与上述诸因数有关，而且还与辐射面尺寸、相关频率声波在空气中的波长有关。所以，各种类型机器的辐射指数通常是经过大量试验取得的，具体方法可参看 GB/T 16539 中的有关规定。

如果被测振源的尺度远小于主要振动波长，可作为零阶振动球形声辐射模式考虑，则辐射指数的理论计算公式为

$$10\lg\sigma = -10\lg\left[1 + 0.1\frac{c_0^2}{(fd)^2}\right] \tag{4.7.20}$$

其中，f、c_0分别为频率和空气中的声速；d 为声源特征尺寸，$d \approx \sqrt{S/\pi}$ 或 $d \approx \sqrt[3]{2V}$ ；S 为声源近似的辐射面积；V 为声源体积。

4.8 噪声源识别与定位

噪声源识别的本质在于正确地判断和确定作为主要噪声源的具体发声零部件或主要辐射部位，从声源上进行噪声控制，不但可以大大减轻噪声治理的工作量，而且对促进低噪声产品研制、提高产品质量和寿命有直接效果和现实意义，同时噪声源识别技术是声学测量技术的综合运用。噪声源识别的主要作用和目的有：

(1) 确定噪声源的特性，包括声源类别、频率特性、变化规律和传播通道等。

(2) 确定噪声产生的部位、主要的发声部件等以及各噪声源在总声级中的比重。对多声源产生的噪声，控制噪声的主要方法之一是找到发声部件中占噪声总声级中比重最大的声源噪声，采取措施进行降噪，可达到事半功倍的效果。

噪声源识别方法很多，从复杂程度、精度高低以及费用大小等方面均有不少的差别，实际使用时可根据研究对象的具体要求，结合人力物力的可能条件综合考虑后予以确定。具体说来，噪声源识别方法大体上可分为两类：第一类是常规的声学测量与分析方法，包括分部运行、选择覆盖、近场测量、表面速度测量等方法；第二类是声信号处理方法，它是基于近代信号分析理论而发展起来的，如声强法、表面强度法、谱分析、倒频谱分析、互相关与互谱分析、相干分析等都属于这一类方法。在不同研究阶段，可以根据声源的复杂程度与研究工作的要求，选用不同的识别方法或将几种方法配合使用。

4.8.1 声学测量分析法

人的听觉系统对不同声音具有比最复杂的噪声测量系统更精确的区分能力，经过长期实践锻炼的人，有可能主观判断噪声声源的频率和位置。但是，主观判断往往因为带有主观因素，使得对同样的机器噪声，不同的人鉴别的结果往往不一致，而且主观评价法无法对噪声源作定量的评价。声学测量和信号分析等方法为声源的识别提供了帮助。

1. *声压法*

1) 近场测量法

测量时用声级计在紧靠机器的表面扫描，从声级计的指示值大小来确定噪声源的部位。

根据声学原理，近场测量法的正确性的条件是：传声器测得的声压级主要应是靠近的某个噪声源引起的，而其他噪声源对测量值没有影响或影响很小。但是，实际测量现场中的某一点声场总会受到附近其他声源的影响，所以近场测量法不能提供精确的测量值。因此，这种方法通常用于机器噪声源的粗略定位。

2）分部运行法

这种方法是将机器中的运转零部件按测量要求，在可能情况下将需要识别的部件逐级连接或逐级分离，进行运行或单独运转，分别测得部分零件的声级及其在机器整体运行时总声级，进行比较，从而确定主要噪声源的方法。这种方法对复杂的机器，尤其是对多级齿轮传动机器噪声源的识别相当有用。

3）选择包覆法

对于不能改变运行状态的情况，当需要测量某一部位的噪声时，通常采用包覆法将其他部位覆盖起来，这样就相当于分别测取了各个独立的噪声源。这种方法用隔声材料或隔声罩把机器各部分分别包覆起来，以测定未覆盖部分的噪声，将各部位测得的噪声大小进行比较即可找出主要噪声源。包覆以后将得到 10～15dB 降噪量，这样在对暴露部件测量时，被包覆的部分作为本底噪声可忽略不计。

由于隔声罩的低频隔声能力很差，这种方法仅适用于识别中频和高频噪声。对于可以延伸的机械装置，如测量发动机的机械噪声和排气噪声时，可以把排气管引伸到另一个测试环境，分别测得发动机的机械噪声和排气噪声。

2. 声强法

在三维流体声场中，声强矢量等于有效声强矢量与声强偏差的矢量和。声强偏差表征声场中局部区域内声能流，其矢量流线为环状。窄频域中声强偏差通常是非零有旋矢量，因此窄频带中声强矢量不一定是沿径向背离声源的。各频率点声强矢量流线通常是曲线形状，特别是在近场或反射波较强的区域，声强流线的曲率半径较小，有些频率点声强矢量甚至指向声源，说明由声场中少量测点的单一频率声强矢量不能推断出声源所在方位。随着频率带宽的增加，声强偏差的影响减少，当声强偏差值可以忽略时，声强矢量等于有效声强矢量。声强矢量流线代表声场中实际功率流线，即由声源出发到无限远区域或功率吸收点终止。在这种情况下，根据不在一个平面上的几点声强矢量可以判断声源所在方位。

声场中某点处的声强矢量由该点处 3 个正交方向上声强测量值估算，若在 3 个正交轴向上声强测量值为 I_x、I_y和 I_z，则声强矢量的幅值为

$$I = \sqrt{I_x + I_y + I_z} \tag{4.8.1}$$

而声强矢量与 x、y、z 轴向的夹角分别为

$$\varphi_x = \arccos\left(\frac{l_x}{l}\right),\quad \varphi_y = \arccos\left(\frac{l_y}{l}\right),\quad \varphi_z = \arccos\left(\frac{l_z}{l}\right) \tag{4.8.2}$$

应用少数几点处声强矢量定位声源时,定位精度与测点位置选择有关,与流体声场特性有关。对于阻性声场,声源定位精度通常较高。如果声场中声强矢量空间分布已测定,则声源和功率吸收点的位置就能容易地确定。当声场是几个声源辐射场的叠加时,声强技术可以用于寻找主要辐射声源,按辐射声功率大小顺序排列声源。对于复杂机器的声辐射,可以应用扫描式测量方法测量机器的各部分(表面)声辐射功率,找出主要声辐射区域或部件。

用于声源定位的分析频率带宽一般不应窄于1/3倍频程带宽。

需要注意的是:在点声源或其组合声源辐射近场中,瞬态声强无功分量(复数声强的虚部)远大于其有功分量。但反过来就不一定成立,即当某物体表面附近有很强的瞬态声强无功分量时,并不意味着该物体是声源。此外,近场中瞬态声强无功分量的大小不能反映声源辐射的强弱。因此,瞬态声强无功分量只能是声源定位的一种辅助手段,用于初步分析。

3. 阵列法

由多个相同的传声器按一定方式排列组成的阵列,由于接受信号的干涉形成强指向性,可用来测定声源的位置和强度。线阵列传声器可以测定分布在一条线上的声源,如果要同时分析几个方向的声源的分布情况,则必须使用几个传声器阵列或者使用方阵。

对阵列传声器输出信号采样,经模数转换送入计算机,通过计算机自动更换聚焦点位置,在 xy 线上扫描,得出 xy 线上声源强度的分布,同时用快速傅里叶变换计算出各点的频谱。

将数字技术应用阵列,可以实现空间自动扫描,因此可以对高速运动的声源(如火车、飞机)进行分析,并对接收的声信号进行频谱分析,从而得出不同频段内声源的空间分布。

4.8.2 信号分析法

1. 时域分析法

时域分析是根据记录各声源或声源各部分噪声时间特性的差别来识别声源,此方法对具有离散谱的信号更为合适。对于如冲床或柴油机等机械发出的脉冲噪声,由传声器接受的噪声经测量放大器的交流信号输出或声级计的交流信号输出接至示波器的第一通道显示,第二通道显示由振动传感器经放大器馈送的机械触发信号脉冲。经两个通道信号的对比,可以找出噪声峰值与机械动作之间的联系,识别主要噪声源。

在噪声和振动时间历程中,由于背景噪声太高,难以区分离散重复事件。一般采用把背景噪声按机器工作时间周期分段,用许多工作周期信号求平均的方法。无周期性的背景噪声信号多次平均后增长较慢,而周期的信号增长较快,从而可检出周期信号。通常取10~100个工作周期信号平均,以明显区别出重复事件。

2. 频域分析法

对于噪声源的噪声分布在不同频率区域,可以采用窄带频谱分析法。用加速度计测量噪声源的振动,用传声器测量某点的声压,通过它们的频谱进行分析。某噪声源的振动信号频谱的主要部分和声信号频谱的主要部分位于相同频率区域,或在某些相同频率都有峰值,即可认为这一噪声源是主要噪声源。

如果几部机器或一部机器各部分发声的频谱不同并且已知时,测量总噪声谱可以分析出各部分对总噪声的贡献。

3. 相关分析法

对于同时存在许多噪声源,用相关分析法测量声源处和观察点之间的声信号与某波形或滤波包络的互相关函数就可识别噪声源,并判断该噪声源对观察点的总噪声有多大贡献。较强的互相关性所对应的机器为主要噪声源。

4. 相干分析法

将噪声源信号 $x(t)$ 作为整个系统的输入,噪声信号 $y(t)$ 作为系统输出,在频域上辨识总噪声的频谱出现的噪声峰值频率与各个噪声源特征频率之间的相干函数,相干函数的值越大,表明该声源对总噪声的影响越大,通过比较可以确定主要噪声源。

在噪声源识别中,考虑到使用的系统输入与输出模型中经常有外界噪声影响、多输入单输出、相关多输入单输出等多种形式,在理论上各种系统模型的相干函数计算问题已经解决。但是在实际噪声的测量分析中,情况相当复杂,存在着同一机器上各个噪声源之间的相互影响,其他机器噪声对被测机器的影响等因素。因此,如何正确地选择系统的输入与输出、保证系统建模的准确性是用相干分析法识别噪声源的关键。

4.9 环境噪声测量方法

4.9.1 测量基本要求

1. 气象条件

应为无雨雪、无雷电天气,风力小于5m/s以下情况进行。

2. 测量时段

测量分为昼间和夜间两个时段：一般昼间为6：00～22：00，夜间为22：00～6：00；或根据当地实际情况划分。

3. 测量仪器

测量仪器为积分平均声级计或环境噪声自动监测仪，其性能符合GB/T 3875《声级计》的规定，并进行定期校验，并在测量前后用满足GB/T15173的1级声校准进行校准，灵敏度相差不得大于0.5dB，否则测量无效。测量时传声器加风罩。

测量仪器时间计权特性设为"F"挡，采样时间间隔不大于1s。

4. 传声器设置

1）一般户外

声级计或传声器单元可手持或固定在测量三脚架上。传声器距地面高度1.2m以上，并远离其他反射体。

2）噪声敏感建筑物户外

如果在噪声敏感建筑物户外测量，传声器距墙壁或窗户1m处，距地面高度1.2m以上。

3）噪声敏感建筑物室内

传声器距墙壁或其他反射面至少1m，距窗户1.5m处，距地面高度1.2m以上。

4.9.2 声环境质量的测量

1. 定点监测

选择能反映各类功能区声环境质量特征的若干个监测点，进行长期定点监测。

对于0、1、2、3类声环境功能区，监测点应为户外长期稳定、距地面高度为声场空间垂直分布的最大值处，并避开反射面和附近的固定噪声源；对于4类声环境功能区监测点，应设于4类区内的第一排噪声敏感建筑物的户外，是交通噪声空间垂直分布的最大值处。

声环境功能区监测每次至少进行一昼夜24h的连续监测，得出每小时及昼间、夜间的等效声级L_{eq}、L_d、L_n和最大声级L_{max}。用于噪声分析目的，可适当增加累积百分声级L_{10}、L_{50}、L_{90}等监测项目。

对各监测点位的测量结果独立评价，以昼间等效声级L_d和夜间等效声级L_n作为评价各监测点位声环境质量是否达标的基本依据。

2. 普查监测

将要普查监测的某一声环境功能区划分成多个相等的正方格，覆盖被普查的区域的有效网格总数应多于100个，测点设在每一个网格的中心，为户外条件。

监测分别在昼间工作时间和夜间22:00～24:00(时间不足可顺延)进行。在测量时间内，每次每个测点测量10min的等效声级L_{eq}，同时记录噪声主要来源。

将全部测点测得的10min的等效声级L_{eq}作算术平均运算，并计算标准偏差，得到的平均值即代表该声环境功能区的总体环境噪声水平。根据每个网格中心的噪声值及对应的网格面积，统计不同噪声影响水平下的面积百分比以及昼间、夜间的达标面积比例，以此可以估算受影响的人口。

对于交通干线两侧4类声环境功能区的环境噪声，应分别测量规定时间内的等效声级L_{Aeq}和交通流量；对铁路、城市轨道交通线路(地面段)的道路交通噪声，应同时测量最大声级L_{max}和累积百分声级L_{10}、L_{50}、L_{90}。将交通干线各典型路段测得的噪声值，按路段长度进行加权算术平均，以此得出某条交通干线两侧4类声环境功能区的环境噪声平均值。

4.9.3 边界排放噪声测量

1. 工业企业厂界噪声测量方法

1) 测点位置及布点

测点(即传声器位置)应选在厂界外1m、高度1.2m以上。当厂界有围墙且周围有受影响的噪声敏感建筑物时，测点应选在厂界外1m、高于围墙0.5m以上的位置。

对于固定设备结构传声至噪声敏感建筑物室内的噪声，在室内测量时，测点应离开反射面、距地面1.2m、距外窗1m以上，在窗户关闭状态下测量等效声级L_{eq}和500Hz以下的倍频带声压级；同时应关闭被测房间内的其他可能干扰测量的声源(如电视机、空调机、排气扇以及镇流器较响的日光灯等)。

另外，如果是为了全面了解一个企业的厂界噪声分布，应用等间隔或等声级方法在整个厂界布点。

2) 测量时段与测量值

(1) 分别在昼间、夜间两个时段测量。夜间有频发、偶发噪声影响时同时测量最大声级。

(2) 对于稳态噪声，测量1min的等效声级L_{eq}。

(3) 对于非稳态非周期性噪声，测量被测声源有代表性时段的等效声级，必要时测量被测声源整个正常工作时段的等效声级。

2. 建筑施工场界噪声测量方法

在城市建筑施工作业期间，由建筑施工场地（工程限定边界范围以内的区域）产生的噪声测量，采用 GB/T12523-2011 中的测量方法。

1）测点确定

（1）根据城市建设部门提供的建筑方案或建筑施工过程中实际使用的施工场地边界，测量并标出边界线与噪声敏感区域之间的距离。

（2）根据被测建筑施工场地的建筑作业方位和活动形式，确定噪声敏感建筑或区域的方位，并在建筑施工场地边界上选择离敏感物距离较近、噪声影响较大的点作为测点。由于敏感建筑物方位不同，对于一个建筑施工场地，可同时有几个测点。

（3）当场界无法测量到声源的实际排放时，如声源位于高空、场界有声屏障、噪声敏感建筑物高于场界围墙等情况，测点可设在噪声敏感建筑物户外 1m 处。

（4）在噪声敏感建筑物室内测量时，测点设在室内中央、距室内任一反射面 0.5m 以上、距地面 1.2m 高度以上，在受噪声影响方向的窗户开启状态下测量。

2）测量时段与测量值

在施工期间测量连续 20min 的等效声级 L_{eq}，夜间同时测量最大声级。

测量期间，各施工机械应处于正常运行状态，并应包括不断进入或离开场地的车辆（如载货汽车、施工机械车辆、搅拌机（车）等）以及在施工场地上运转的车辆，这些都属于施工场地范围以内的建筑施工活动。

3）测量报告

测量报告中应包括以下内容：① 建筑施工场地及边界线示意图；② 敏感建筑物的方位、距离及相应边界线处测点；③ 各测点的等效 A 声级 L_{eq}、最大声级 L_{Amax} 的评价。

3. 铁路边界噪声测量方法

铁路边界是指距铁路外侧轨道中心线 30m 处。应用 GB12525-1990《铁路边界噪声测量方法》，进行铁路边界噪声的评价测量工作。

1）测点位置

测点原则上选在铁路边界高于地面 1.2m、距反射物不小于 1m 处。

2）测量时段及测量值

（1）测量时间：昼间、夜间各选在接近其机车车辆运行平均密度的某一个小时，用其分别代表昼间、夜间。必要时，昼间或夜间分别进行全时段测量。

（2）用积分声级计（或具有相同功能的其他测量仪器）读取 1h 的等效声级 L_{eq}(dB)。

3）测量报告

测量报告应包括以下内容：

(1) 测量仪器；

(2) 测量环境(测点距轨面相对高度，几股线路，测点与轨道之间的地面状况，如土地、草地等)；

(3) 车流密度(每小时通过机车车辆数)；

(4) 背景噪声声级；

(5) 1h 的等效声级；

(6) 测量结果应及时填入《铁路边界噪声测量记录表》。

4. 社会生活噪声排放测量方法

根据 GB 22337-2008《社会生活环境噪声排放标准》规定的边界噪声排放限值，对营业性文化娱乐场所和商业经营活动中产生的环境噪声污染进行测量。

1）测点布设及位置

根据社会生活噪声排放源、周围噪声敏感建筑物的布局以及毗邻的区域类别，在社会生活噪声排放源边界布设多个测点，其中包括距噪声敏感建筑物较近以及受被测声源影响大的位置。

(1) 一般情况下，测点选在社会生活噪声排放源边界外 1m、高度 1.2m 以上、距任一反射面距离不小于 1m 的位置。

(2) 当边界有围墙且周围有受影响的噪声敏感建筑物时，测点应选在边界外 1m、高于围墙 0.5m 以上的位置。

(3) 室内噪声测量时，室内测量点的位置设在距任一反射面至少 0.5m 以上、距地面 1.2m 高度处，在受噪声影响方向的窗户开启状态下测量。

(4) 社会生活噪声排放源的固定设备结构传声至噪声敏感建筑物室内，在噪声敏感建筑物室内测量时，测点应距任一反射面至少 0.5m 以上、距地面 1.2m、距外窗 1m 以上，在窗户关闭状态下测量；应关闭被测房间内的其他可能干扰测量的声源。

2）测量时段与测量值

(1) 分别在昼间、夜间两个时段测量。夜间有频发、偶发噪声影响时同时测量最大声级。

(2) 被测声源是稳态噪声，采用 1min 的等效声级。

(3) 被测声源是非稳态噪声，测量被测声源有代表性时段的等效声级，必要时测量被测声源整个正常工作时段的等效声级。

3）背景噪声测量

(1) 测量环境：不受被测声源影响且其他声环境与测量被测声源时保持一致。

(2) 测量时段：与被测声源测量的时间长度相同。

4）测量记录

噪声测量时需做测量记录。记录内容应主要包括：被测量单位名称、地址、边界所处声环境功能区类别、测量时气象条件、测量仪器、校准仪器、测点位置、测量时间、测量时段、仪器校准值（测前、测后）、主要声源、测量工况、示意图（边界、声源、噪声敏感建筑物、测点等位置）、噪声测量值、背景值、测量人员等相关信息。

4.10 工业企业噪声测量

工业企业噪声主要包括两个方面，一是机器设备的噪声测量，另一个是工作场所的噪声测量。前者是通过对机器设备噪声的现场测量，以近似估计或比较机器噪声的大小，同时为设备噪声控制提供重要的参考；后者是从劳动卫生保护出发，对工作场所的噪声进行控制。

4.10.1 机器设备噪声测量

工业企业中的电动机、风机、水泵、机床以及建筑施工等机械设备是工业生产和施工企业的主要噪声源。对机器设备噪声的现场测量内容有：机器设备噪声的A声级、C声级测量，倍频带或1/3倍频带声压级测量。

1. 测量方法

测点的位置和数量可根据机器的外形尺寸来确定：一般对于外形尺寸长度小于30cm的小型机器，测点距其表面30cm；外形尺寸长度为30～100cm的中型机器，测点距其表面50cm；长度大于100cm的大型机器，测点距其表面100cm；特大型机器或有危险性的设备，可根据具体情况选择较远位置为测点。

各类型机器噪声的测量，均需按规定距离在机器周围均匀选取测点，测点数目视机器的尺寸大小和发声部位的多少而定，可取4个、6个或8个；测点高度以机器的一半高度为准，或选择在机器水平轴的水平面上。

测量各种类型的通风机、鼓风机、压缩机等空气动力机械的进、排风噪声和内燃机、燃汽轮机的进、排风噪声时，进气噪声测点应在进风口轴向，与管口平面距离不能小于1倍管口直径，也可选在距管口平面0.5m或1m等位置；排气噪声测点应取在与排风口轴线45°方向上，或在管口平面上距管口的中心0.5m、1m或2m处。

测量时，传声器应对准机器表面，并在相应的测点上测量背景噪声。

2. 测量注意事项

（1）必须设法避免或减少环境背景噪声的影响。为此，应使测点尽可能地接近噪声源，除待测机器外，应关闭其他无关的机器设备，对于室外或高大车间的机器噪声，在没有其他声源影响的条件下，测点可以选在距机器稍远的位置。

(2) 要减少测量环境的反射面，增加吸声面积。

(3) 选择测点时，原则上使被测机器的直达声大于背景噪声 10dB(A)，否则应对测量值进行修正。

(4) 测量若在室外进行，有微风时，传声器应加防风罩。当风速超过 5m/s 时，应停止测量。

3. 测量记录与数据处理

测量记录内容包括：机器名称、型号、功率、转速、工况、安装条件以及生产厂家、出厂序号和时间等。机器与测点的相对位置应画图表示，必要时还应将机器周围(或车间)的声学环境予以标示。

将测量数据以表格形式列出，或者以曲线图的形式描画。

4.10.2　生产环境(车间)噪声测量

我国政府发布并实施的《工业企业噪声卫生标准》是依据噪声对人的语言听力损伤为主要根据，同时调查和参考了其他系统的生理变化。标准规定：工作地点的噪声允许标准为等效连续 A 声级 90dB。同时规定，接触噪声时间减半容许放宽 3dB，但是无论接触时间多短，噪声强度最大不得超过 115dB。

因此，生产环境噪声测量是按照《工业企业噪声卫生标准》对生产车间和作业场所进行环境评价的依据，也是对超标声源采取措施或调整工人作业时间的重要依据，以防止工业企业噪声的危害，保护工人身体健康，实现劳动保护。车间噪声测量方法可参见《工业企业噪声检测规范》。

1. 测量内容与测量项目

对于稳态噪声，使用声级计“快”挡，测量 A 声级；对于非稳态噪声，使用声级计“慢”挡，测量等效连续 A 声级，或测量不同 A 声级下的暴露时间，计算等效连续 A 声级 L_{eq}。

2. 测量方法

测量时，将传声器放置在操作人员的耳朵位置(人离开)；同时，要注意避免或减少气流、电磁场、温度和湿度等因素对测量结果的影响。

若生产环境内的噪声声级波动小于 3dB(A)，则只需选择 1～3 个测点；若车间内的噪声声级波动大于 3dB(A)，则需按声级大小，将车间分成若干区域，每个区域内的噪声声级之差必须小于 3dB(A)，而相邻区域的噪声声级应大于或等于

3dB(A)。每个区域取 1～3 个测点，这些区域必须包括所有工人经常工作、活动的地点和范围。

稳态噪声和非稳态噪声的测点选取方法相同。

等效连续 A 声级的测量可用噪声计量仪或积分声级计来直接测量，也可以先测量不同 A 声级下的暴露时间，然后计算出等效连续 A 声级。

3. 测量记录与数据处理

对于使用普通声级计而言，测量数据按声级的大小及持续时间进行整理，以计算等效连续声级。将声级以其算术平均中心声级表示，从小到大排列，每隔 5dB 为一段，则以中心声级表示的各段为：80dB、85dB、90dB、95dB、100dB、105dB、110dB、115dB、…，即 80dB 表示 78～82dB，85dB 表示 83～87dB，依此类推，然后将测量的数据按声级大小及暴露时间进行记录。一天各段声级的总暴露时间按分段进行统计后，按下式进行计算

$$L_{eq} = 80 + 10\lg\left(\sum_{n} 10^{\frac{n-1}{2}} T_n / 480\right) \tag{4.10.1}$$

式中，L_{eq} 为 8h 等效连续 A 声级(dB(A))；T_n 为第 n 段声级 L_n 在一个工作日内的总暴露时间；n 为声级的分段序号。

思　考　题

1. 描述噪声强弱的客观物理量有哪些？表示噪声高低的客观物理量有哪些？

2. 声级计中的计权网络起到什么作用？为什么声级计必须要有 A 计权网络？

3. 噪声评价的物理参数有哪些？正确理解响度与响度级、计权声级、等效连续声级、噪声暴露量与噪声暴露级、累计百分声级、语言干扰级的含义和区别。

4. 对声级计进行校准时，使用声级计的参考信号校准与声校准器校准的差别是什么？

5. 简述应用 1/3 倍频程滤波器的频带声压级求 A 计权声级的方法？

6. 根据声功率定义的物理意义，了解声功率测量的意义与方法。

7. 在测量声功率过程中，为什么要测量声源辐射的声压级？

8. 为什么说声强测量可以对噪声源进行诊断和定位？

9. 怎样进行背景噪声的影响修正？当背景噪声存在时，如果要求对被测信号声压级的影响小于 0.1dB，则背景噪声的声压级至少要比被测信号声压级低多少？

第5章 振动测量

振动的物体直接向空间辐射而产生声音。振动在固体中传播的过程中，又会激起建筑物基础、墙体、天花板、门窗和管道等振动，从而产生的固体噪声成为噪声的主要来源，已经被更多人所认识和了解。此外，振动容易造成机械系统的破坏和材料的疲劳损坏，从而诱发事故；振动会引起人体内部器官的振动和共振，从而导致某些疾病。对人体的危害除了机械效应之外，还有生理和心理效应的影响。本章对与声学有关的振动测量的基本内容，进行简要介绍。

5.1 概　　述

物体的振动是相对于物体某一参考状态下的振荡。描述振动有三个物理量：位移 s、速度 v 和加速度 a。简谐振动的三个振动量之间的关系列于表 5.1.1 中。

表 5.1.1　位移、速度、加速度的关系表

已知量	变换		
	s(位移)	v(速度)	a(加速度)
s $s = s_0 \sin\omega t$	—	$v = \dfrac{ds}{dt}$ $v = \omega s_0 \cos\omega t$	$a = \dfrac{d^2 s}{dt^2}$ $a = -\omega^2 s_0 \sin\omega t$
v $v = v_0 \sin\omega t$	$s = \int v dt$ $s = -\dfrac{1}{\omega} v_0 \cos\omega t$	—	$a = \dfrac{dv}{dt}$ $a = \omega v_0 \cos\omega t$
a $a = A_0 \sin\omega t$	$s = \iint a dt^2$ $s = \dfrac{1}{\omega^2} A_0 \sin\omega t$	$v = \int a dt$ $v = \dfrac{1}{\omega} A_0 \cos\omega t$	—

在振动的三个物理量中，振动位移多用于研究机械结构的强度和变形，经常被用来指示旋转机件的不平衡。对于旋转机械，由于较大的位移常发生在轴的旋转频率处，利用位移测量可以确定对平衡来说最重要的频率成分，因此一般采用位移量作为旋转机械失衡及其损坏效应的依据。加速度与作用力及负载成比例，常在研究机械的疲劳、冲击等方面被采用，加速度测量可获得丰富的高频振动成分，所以当测得的频率处于高频段时，尤其是当很多振动测量的频率上限高达

10 000Hz，甚至更高时，应优先采用加速度参量进行分析。高频振动能传递大量对监测与诊断有用的信息，这些信息反映了滚动元件(滚珠、滚轴、滚针)、轴承、齿轮、叶片等的工作状况。此外，现在也普遍用于评价振动对人体的影响。由于振动的速度与振动的动能有关，所以振动的速度与噪声的大小有直接关系。关于振动测量参数的选择，决定于振动研究的对象和目的。

5.2 振动传感器

5.2.1 振动传感器的分类与特点

在振动测量中，除了某些特定情况采用光学法测量外，一般用电的方法，将振动参量转变为电学(或其他物理量)信号的装置称为振动传感器。

根据被测振动参量(位移、速度或者加速度)的不同，可以将振动传感器分为位移传感器、速度传感器和加速度传感器。从表 5.1.1 中可知，由于位移和速度可分别由速度和加速度积分所得，因而速度传感器还可以用于测量位移，加速度传感器也可用来测量速度和位移。

从电学原理上，根据将力学量转变为电学量的传感器敏感组件的换能原理不同，振动传感器又可分为电感型、电动型、电涡流型、压电型等。

目前使用较多的相对式位移传感器为电涡流传感器，它的特点是结构简单、灵敏度高、线性好、频率范围宽(0～100kHz)、抗干扰性强，因此广泛应用于非接触式振动位移测量，尤其是大量应用于大型旋转机械上监测轴系的径向振动和轴向振动。

速度传感器应用较广的是电动式速度传感器，它又分为相对式和绝对式。这种传感器的灵敏度比较高，特别是在几百赫兹以下的频率范围内，它的输出电压较大。此外，它的线圈阻抗较低，与它相配的测量仪器的输入阻抗、连接电线的长度及质量要求都较低，因此通过电子线路的微分或积分可获得振动的加速度值或位移值。

一般用于测量振动加速度的是压电式传感器，又称加速度传感器或加速度计。这种压电型加速度计能把振动或冲击的加速度转换成与其成正比的电压(或电荷)，具有体积小、重量轻、频响宽、耐高温、稳定性好以及无需参考位置等优点，是振动测量的主要换能器，并且与积分电路配合，可以在很宽的频率和动态范围内很方便地获得振动的速度和位移量。

5.2.2 压电加速度计的工作原理

压电式加速度计的结构简图如图 5.2.1 所示。换能组件为两个压电晶体片，压电片上放一重的质量块，质量块事先用硬弹簧压住，整个系统放置在具有厚底的金属壳中。加速度计受到振动时，质量块在压电片上产生的交变压力正比于质量块的加速度，也就是 $F=ma$。由于压电效应，在压电晶片两侧分别产生极性相反的电荷 Q_a，电荷电量为

$$Q_a = \frac{em_s}{E}a \tag{5.2.1}$$

式中，e 为压电材料的压电模量；m_s 为质量块质量；E 为压电晶片的弹性模量；a 为振动物体的加速度。

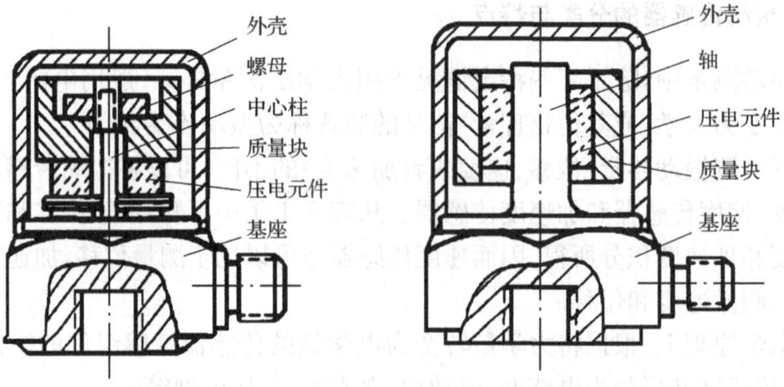

图 5.2.1　压电加速度计结构图

电荷 Q_a 与加速度 a 之比称为加速度计的电荷灵敏度 S_q，则有

$$S_q = \frac{Q_a}{a} = \frac{em_s}{E} \quad (\mathrm{pC/(m \cdot s^{-2})}) \tag{5.2.2}$$

另外，厚度为 d，面积为 S 的两面平行的压电晶片可以看成是一个平板电容器，其电容量为

$$C_a = \frac{\varepsilon S}{d} \tag{5.2.3}$$

式中，ε 为压电材料的介电常量。

对于测试频率远低于质量块与整个加速度计系统谐振频率的振动，质量块的加速度事实上与整个换能器的加速度相同。压电晶片上产生的电压正比于整个换能器的加速度。因此，电容器两端的电压输出 V_0 为

$$V_0 = \frac{Q_a}{C_a} = \frac{S_q}{C_a}a \tag{5.2.4}$$

加速度计的电压灵敏度为

$$S_v = \frac{S_q}{C_a} \quad (\mathrm{mV/(m \cdot s^{-2})}) \tag{5.2.5}$$

其中，S_q为加速度计的电荷灵敏度。

5.2.3 振动传感器的选择与安装

位移、速度、加速度三种传感器中，由于加速度传感器具有体积小、重量轻、频率范围和动态范围非常宽的特点，因此在一般振动响应的测量中总是优先选用压电式加速度计。使用和安装加速度计应注意以下方面。

1. 灵敏度

从理论上讲，灵敏度越高越好，但是灵敏度越高，压电元件叠层越厚，导致传感器自身的谐振频率下降，影响测量的频率范围；而且灵敏度高的加速度计由于自身质量较大，不利于轻小结构试件的测量。目前，随着电子技术的发展，测量系统都能够接受低振级的信号，因而灵敏度不再是起决定作用的因素。

2. 安装谐振频率

加速度计安装在相对质量很大的刚性结构上时的固有频率为

$$f_m = \sqrt{\frac{k}{m_s}} \tag{5.2.6}$$

式中，k 为压电元件的等效刚度；m_s为传感器质量块的质量。

该参数决定了加速度计的测量频率范围。通常取测量频率范围为安装谐振频率的 1/3，为了提高测量精度，可选测量频率上限小于谐振频率的 1/5～1/10。

3. 加速度计的质量

在测试轻小试件时，加速度计对被测试件而言是一个附加质量，加速度计的质量大小将会改变测点的振级和频率，从而使得测量结果可能无效。附加质量对被测结构固有频率的影响可由下式近似估算

$$f_s = f_m \sqrt{1 + \frac{m_a}{m_s}} \tag{5.2.7}$$

式中，f_m为带加速度计的结构固有频率；m_a为加速度计的质量；m_s为被测结构在固有频率 f_m下的等效质量。

一般来说，加速度计的附加质量应小于等效质量的 1/10。

4. 动态范围

加速度计测量加速度的动态范围，由连接电缆的噪声和配用的电子仪表的本底噪声决定测量下限，对通用型宽带测量仪器，其下限可低于 $0.01\mathrm{m/s^2}$。在用滤波器进行频率分析时还可以测得更低的振级；加速度计的动态范围上限由加速度

计本身的结构强度决定。对于测量振动的加速度计，规定灵敏度线性变化在5%以内的最大加速度为最大可测上限，典型的可至50 000～100 000m/s^2；对于测量冲击的加速度计，规定灵敏度线性变化在10%以内的最大加速度为最大可测上限。当测量很大加速度时(包括冲击)，应选择足够动态范围的加速度计。

5. *横向灵敏度*

加速度计的横向灵敏度是垂直于主轴平面内的灵敏度，通常用主轴灵敏度的百分数来表示，它的数值越小越好，一般为3%～5%。

除上述参数外，在选择加速度计时，还需考虑使用环境，其中需着重注意环境温度。一般通用加速度计的使用温度上限可达200℃左右。如果温度再高，由于压电元件的压电效应开始减弱，甚至完全消失，会导致灵敏度的永久性下降，特制的高温加速度计的使用温度可达400℃。其他方面需考虑的是基座应变、磁场、噪声等环境因素的影响。

6. *安装方法*

为了得到精确的振动测试结果，必须考虑加速度计的安装方法，才能保证不会降低加速度计的安装谐振频率。一般要求加速度计和被测物体之间的安装表面平直光滑，机械连接越紧密牢固，加速度计使用的上限频率越高。加速度计可以用螺栓、磁性夹头、胶黏等方法来安装，如图5.2.2所示。螺栓连接能充分保证加速度计的使用频率范围。当指示仪器没有浮动地线时，采用绝缘安装方法比较好，这样可以减小地回路的噪声。另外，测试时应将电缆线固定，以防止由于电缆屏蔽层和绝缘材料间的摩擦产生电荷而在指示仪表输入端引起噪声。

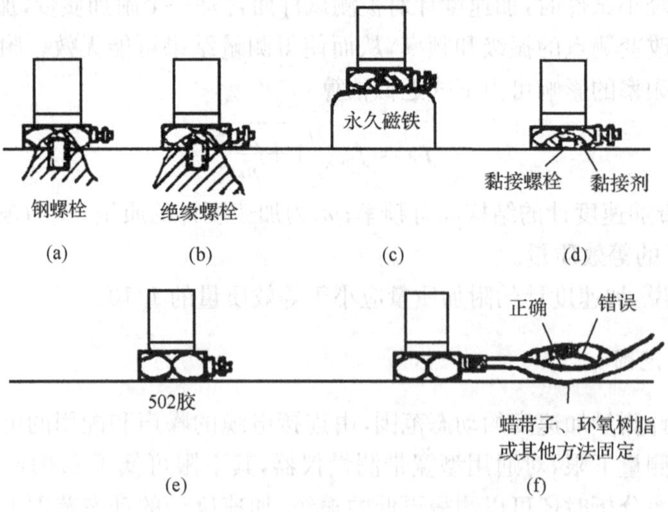

图5.2.2　加速度计的安装方法

在实际测量中,加速度计的谐振频率往往处于指示仪表频率范围内,如果被测振动的频谱中包含有这一固有频率成分,即使强度很微弱,都有可能由于受迫作用而产生谐振;此外,被测振动(如风动工具)的频谱中也可能含有高振级的高频成分,这样在低频低振级测量时,由于高频成分可能"淹没"低频成分而无法检测;在窄带测量时,因前置放大器过载而产生很大的测试误差;而瞬时的高强度振动或冲击甚至会毁坏加速度计。因此,在加速度计与被测对象之间安放一个机械滤波器,能将高频限降低至 0.5～5kHz。机械滤波器是两极间黏弹性阻尼材料丁基橡胶,它还可以有效地防止测试过程中地回路的干扰。

5.3 振动前置放大器

振动测量的前置放大器基本作用是把压电加速度计的高阻抗转换为低输出阻抗,以便输出信号直接馈送至测量仪器或分析仪器中。与压电加速度计配用的前置放大器有两种,即电荷放大器和电压前置放大器。

5.3.1 电荷放大器

电荷放大器给出一个与输入电荷成正比例的输出电压,但并不对电荷进行放大。电荷放大器的最明显的优点在于:无论使用长电缆还是短电缆,都不会改变整个系统的灵敏度,因此在振动测量中优先采用电荷放大器。

电荷放大器采用一个运算放大器,在运算放大器的反馈回路上接一只电容器,以形成一个积分网络,对输入电流进行积分。这个输入电流是由加速度计内部的高阻抗压电元件上产生的电荷形成的,从而形成与电荷、最终也与加速度计的加速度成比例的输出电压。

由于加速度计的阻值、放大器输入电阻值和反馈电阻值都很大,因此图 5.3.1 所示电路可以简化为图 5.3.2 所示电路。这样,放大器的输出电压为

$$V_0 = \frac{-AQ_a}{C_t + (1 + A)C_f} \tag{5.3.1}$$

式中,$C_t = C_a + C_c + C_p$。

当运算放大器增益 A 足够大时,由于 $AC_f \gg C_t$,因此得到电荷放大器的输出电压为

$$V_0 = -\frac{Q_a}{C_f} \tag{5.3.2}$$

从式(5.3.2)可见,输出电压与输入电荷成比例,也就是输出电压与加速度计的加速度成比例。前置放大器的增益由反馈电容值决定,而输入电容值对输出电压值并不起作用,因此改变电缆线长度并不影响系统的灵敏度。由于电荷放大器这一

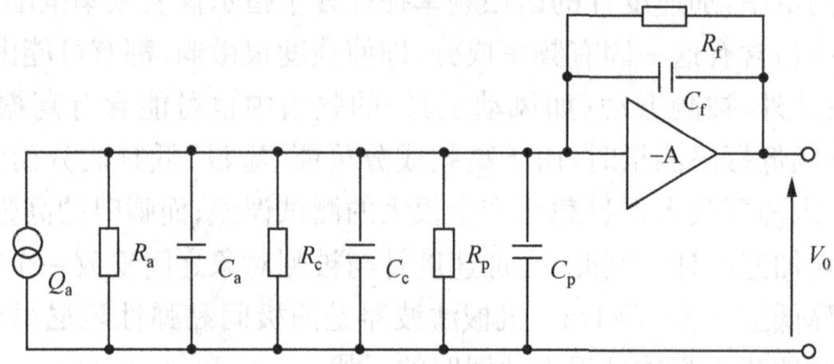

图 5.3.1 表示压电加速度计和电荷放大器相连接的等效电路

Q_a为电加速度计产生的电荷(与所加的加速度成比例);C_a为加速度计的电容量;R_a为加速度计的电阻值;C_c为电缆和连接插头的电容量;R_c为电缆和连接插头的电阻值;C_p为前置放大器输入电容量;R_p为前置放大器输入电阻值;C_f为反馈电容量;R_f为反馈电阻值;A 为运算放大器增益;V_0为放大器输出电压

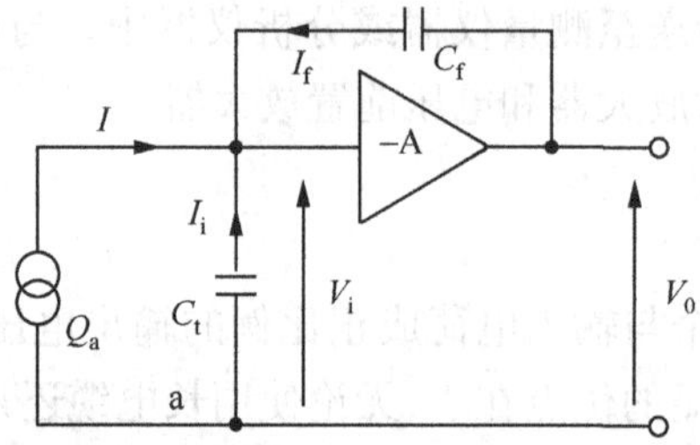

图 5.3.2 加速度计和电荷放大器相连的简化等效电路图

$C_t=C_a+C_c+C_p$;I 为从加速度计出来的总电流;I_i为从 C_t出来的电流;I_f为运算放大器反馈回路上的电流

显著特点,它不仅应用在测振仪内作为前置放大器,而且还作为单独产品与加速度计配合使用。这种电荷放大器还可以具有加速度计灵敏度适配、放大、积分以获得速度信号和位移信号、输入输出过载报警以及进行低频和高频滤波去除无用信号等功能。

5.3.2 电压放大器

电压前置放大器检测由振动引起加速度计电容上的电压变化,并产生与此成比例的输出电压。将一个加速度计连到电压前置放大器的等效电路,如图 5.3.3 所示。除了运算放大器连接成增益为 1 的电压缓冲器,其余与图 5.3.2 完全一样。

当加速度计不接电缆,也不与前置放大器相连时,它有一个输出电压 V_0,见式(5.2.4)。根据图 5.3.3 和式(5.2.5)加速度计的电压灵敏度 S_v(mV/(m·s^{-2}))与电荷灵敏度 S_q(pC/(m·s^{-2}))之间的关系,可以计算出

$$S_v=\frac{S_q}{C_a+C_c+C_p}=S_{vo}\frac{C_a}{C_a+C_c+C_p} \tag{5.3.3}$$

式中，S_{vo}为压电片的开路灵敏度。

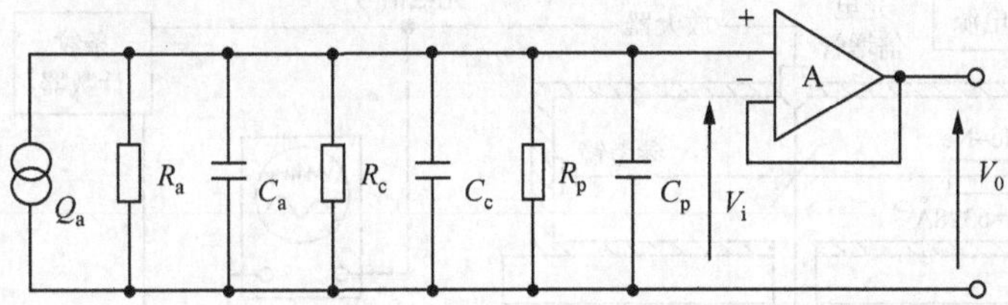

图 5.3.3 用压电加速度计作为一个电压源的电压前置放大器的等效电路

因为电荷灵敏度 S_q和 C_a是加速度计的常数，所以电压灵敏度 S_v取决于电缆的电容量，也就意味着如果连接电缆太长或者更换电缆，电压灵敏度会随之改变，从而需要重新进行校准。另外，如果使用较长电缆线，则会使信噪比降低。因此，它一般不作为单独仪器提供，必须与加速度计配合校准后使用；但对于电缆线长度固定不变的场合，可以使用电压前置放大器。

5.4 加速度计校准

振动测量前的加速度计校准是一个重要环节，加速度计的校准方法一般有三种。

5.4.1 激光干涉技术的绝对校准

测量装置以迈克耳孙干涉仪为中心。激光束射向待校的标准加速度计上表面，并由此沿一光路反射回来，干涉仪的分束器(半反射平面镜放置在该光路上)将从加速度计反射回来的部分光束射向光敏晶体管，射至光敏二极管的部分激光光束也来自分束器和干涉仪的固定平面镜，因而在光敏二极管上产生了干涉条纹，放大了的光敏二极管的输出被馈送到频率计数器的输入端，并由它测量每一周期的条纹数，此条纹数是正比于加速度计的峰-峰位移量。

校准时，将被校准的压电加速度计安装在标准振动台上，由正弦波发生器产生信号，经功率放大器放大之后驱动振动台，用数字电压表测量加速度计的电信号输出电压 e，激光测振装置测出加速度计的振幅值 ξ_a，根据频率计数器读出的频率数，可以得到了灵敏度 S_a 为

$$S_a = \frac{\sqrt{2}e}{(2\pi f)^2 \xi_a} (\text{mV} \cdot \text{s}^2/\text{m}) \tag{5.4.1}$$

通常使用的激励频率为 160Hz，加速度为 10m/s^2。图 5.4.1 给出了激光干涉仪装置。用这种方法校准的不确定度为 0.6%。

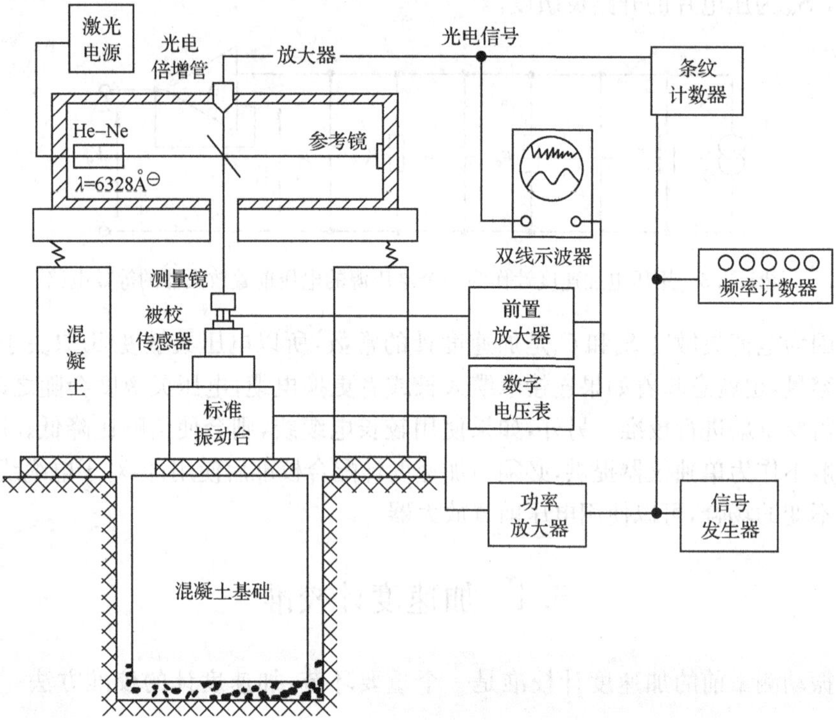

图 5.4.1　激光干涉仪绝对校准装置

5.4.2　比较法校准

通常采用加速度计的背靠背比较校准方法。校准时，将待测灵敏度的加速度计以背靠背方式固定在已知灵敏度的参考加速度计上，再把它们一起安装于标准振动台上，如图 5.4.2 所示。

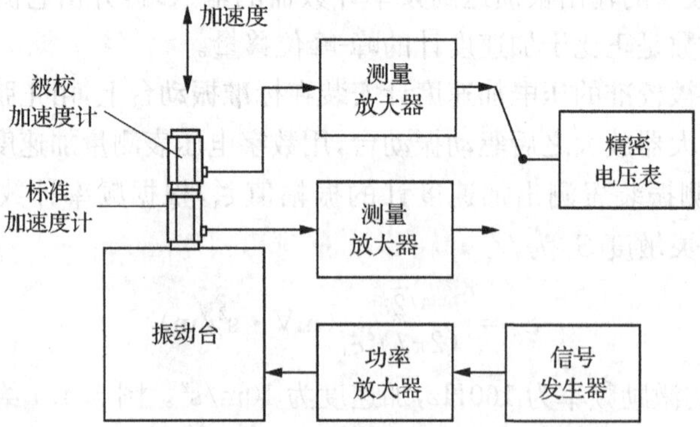

图 5.4.2　比较法校准装置

由于两个加速度计以恒定的频率被激励，两个加速度计的输入加速度是一样的，它们的输出经过前置放大器(可以以电荷或电压模式工作，取决于所测的量是电荷灵敏度还是电压灵敏度)，分别用已知精确度的数字电压表测量输出电压，待校的加速度计灵敏度 S_a 为

$$S_a = \frac{E}{E_0} S_{a0} \tag{5.4.2}$$

式中，E 为待校加速度计的输出电压；E_0 为参考加速度计的输出电压；S_{a0} 为参考加速度计的灵敏度。

校准时，选择频率为 160Hz，加速度为 100m/s^2。由于加速度计在正常工作频率范围和动态范围内具有非常好的线性，因此在某一频率及一定的加速度下校准已经足够。对于电压灵敏度的测量，必须注意将加速度计和电缆作为整体，得到的电压灵敏度才有意义。如果更换了电缆，需要重新校准电压灵敏度。

5.4.3　应用振动激励器校准

在振动测量中，最方便和通用的校准方法是应用一台已校准过的振动激励器，在现场和实验室对加速度计进行振动测量前的校准。例如，丹麦 B&K 公司的 4294 型校准激励器和一些国产的设备，它们是一种小型的、袖珍式、电池供电、已校准过的振动激励器。在 159.2Hz(1000rad/s)下，产生均方根值为 10m/s^2 的固定加速度，相当于均方根速度 10mm/s 和均方根位移 10mm，精确度优于±3%，不仅可校准加速度计灵敏度，还可校准从加速度计到分析仪的整个测量系统灵敏度。

我国生产的振动传感器校准仪，集正弦信号发生器、功率放大器、标准传感器和振动台于一体，具有体积小、精度高、操作简单、使用方便等特点，可在现场和实验室使用，其功能及特点如下：

(1) 可校准多种类型的振动传感器，如压电式加速度传感器、磁电式速度传感器及电涡流式速度传感器。

(2) 可对由上述传感器所组成的各种振动测试仪表、振动监测系统、数据采集器及振动状态分析系统进行校准。

(3) 校准仪内部可产生 10Hz、20Hz、40Hz、80Hz、160Hz、320Hz、640Hz 及 1280Hz 等频率的正弦信号。

(4) 输出的加速度、速度和位移三种振动信号的幅值可通过电位器改变，并由数字显示。

(5) 可以校准垂直、水平两个方向的加速度计。

5.4.4　频率响应测量

应用正弦信号驱动振动校准激振台对加速度计及整个振动测量系统的频率响

应在 20Hz~50kHz 进行测量，测量框图如图 5.4.3 所示。激振台的运动部件上有一个带螺纹的安装孔，用来安装加速度计。

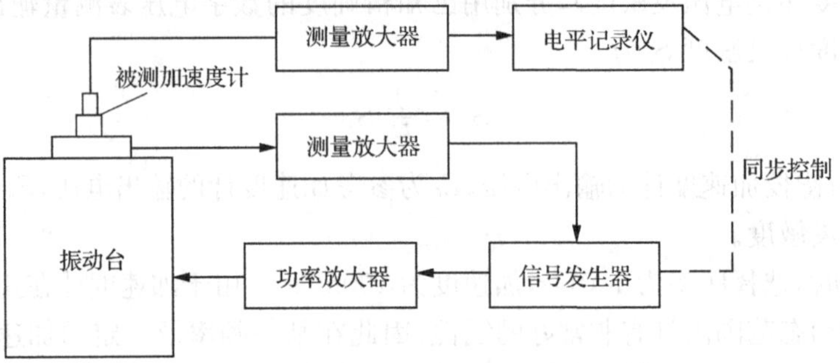

图 5.4.3　测量加速度计频率响应框图

为了使振动激振台在整个测量频率范围内保持输出幅度恒定，安装于激振平台内的小型加速度计对振动实时采样，产生一个与实际加速度相关的信号，经反馈回路馈送到信号发生器的压缩器部分，用于自动调节发生器的输出电平。待测加速度计的输出信号经前置放大器输送到测量放大器，再将其输送至电平记录仪，由信号发生器的同步软轴（或同步控制电压）驱动电平记录仪，在记录仪上描绘出频率响应曲线。

也可以用手动的方法，对不同的测量频率，从测量放大器上直接读取电压值或分贝数的精确数值。

5.5　振动测量仪

通用振动计是用于测量振动加速度、速度、位移的仪器，可以测量机械振动和冲击振动的有效值、峰值等，频率范围从零点几赫兹到数千赫兹。通用振动计由加速度传感器、电荷放大器、积分器、高低通滤波器、检波电路及指示器、校准信号振荡器、电源等组成。工作原理方框图如图 5.5.1 所示。

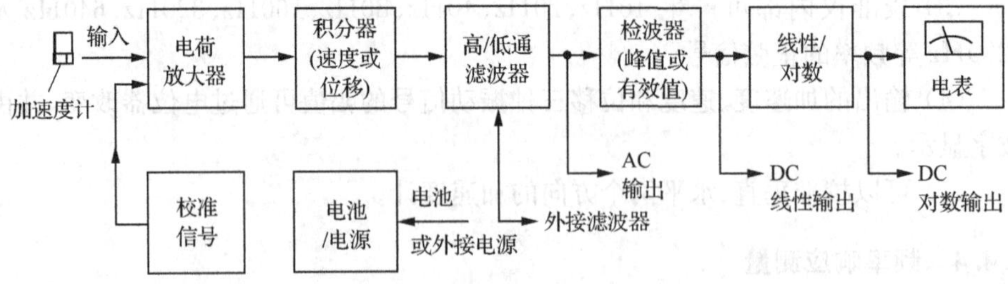

图 5.5.1　振动计工作原理图

加速度传感器检取的振动信号经电荷放大器，将电荷信号转变为电压信号，送到积分器经两次积分后，分别产生相应的速度和位移信号。来自积分器的信号送到高低通滤波器，滤波器的上下限截止频率由开关选定。经过滤波器的信号送到检波器，将交流信号变换为直流信号。检波器可以是峰值或有效值检波，在一般情况下，测量加速度时选峰值检波；测速度时选有效值(RMS)检波；测位移时选择峰-峰值检波。检波后的信号被送到表头或数字显示器，直接读出被测振动的加速度、速度或位移值。

通用振动计内的校准信号使得仪器具有自校的功能，还可根据传感器的灵敏度来调节整机灵敏度，而有的振动计具有加速度计灵敏度适调功能，经过灵敏度适调设置后可以很方便、精确地进行直接测量读数。振动计与外接滤波器组合就可以进行振动的频率分析。

振动计的选择，首先要依据测量对象的振动类型(周期振动、随机振动和冲击振动)、振动的幅度以及对于所研究的振动，确定合适的测量项目(加速度、速度、位移、波形记录和频谱分析)，而选择合适的振动测量或分析系统。有的振动测量研究只需了解振动的位移值(如机械轴系的轴向和径向振动)，有的研究需了解振动的速度值(如机械底座、轴承座的振动)，而且常把振动烈度，即 10Hz～1kHz 频率范围内振动速度的有效值，作为评价机器振动的主要评价量。另外，还需考虑测量的频率范围、幅值的动态范围和仪器的最小分辨率。对于冲击测量，还应考虑振动测量仪的相位特性，因为冲击振动频谱分量所确定的频率范围内，不仅要求测量设备的频率响应必须是线性的，而且要求设备的相位响应不能发生转变。

随着大规模集成电路和计算机技术的发展，振动分析仪有了迅速的发展。利用 FFT 技术进行窄带的谱分析，或者用数字滤波器技术进行倍频程、1/3 倍频程和更窄带宽的频谱分析，并且已实现了多通道测量、实时分析、数据记录和储存，使振动分析仪的功能更强大、应用更广泛。

5.6　环境振动标准限值及其测量

5.6.1　环境振动标准

我国制定的城市区域环境振动标准 GB 10070-1988 采用铅垂向 z 振级来作为环境振动的评价量，它相应于 ISO 2631/1-1985《人体全身振动暴露的舒适性降低界限》标准中的“全身振动”z 计权振动加速度级。

因为环境振动的影响和干扰主要由地面铅垂向振动所引起；另外，环境振动的频率成分一般在 8Hz 以上，因此铅垂向 z 振级要比水平 x-y 方向的振级约高 9dB。采用铅垂向 z 振级，既可以反映振动环境，又使得测量方法简单易行。

实际遇到的环境振动往往不是一个连续的稳定振动，而是起伏的或不连续的振动，对于这种振动，可以根据等能量原理用等效连续振级 VL_{weq} 来表示，即

$$VL_{\mathrm{weq}}=10\lg\left[\frac{1}{T}\int_{0}^{T}\frac{a_{\mathrm{w}}(t)^{2}}{a_{0}^{2}}\mathrm{d}t\right]=10\lg\left[\frac{1}{T}\int_{0}^{T}10^{0.1VL_{\mathrm{W}}}\mathrm{d}t\right]\qquad(5.6.1)$$

式中，$a_{\mathrm{w}}(t)$ 为计权加速度值；VL_{w} 为计权加速度级或称计权振级；$a_0=10^{-6}\,\mathrm{m/s^2}$，为基准加速度。

由于环境振动，如交通振动，往往呈现不规则且大幅度变动的情况，因此常需要用统计的方法，用不同的振级出现的概率或累积概率来表示。通常是测量或计算累计百分 z 振级 VL_{ZN}，定义为：在规定的测量时间 T 内，有 N %时间的 z 振级超过某一 VL_Z 值，这个 VL_Z 值就称为累计百分振级 VL_{ZN}，单位为 dB。常用的有 VL_{Z10}、VL_{Z50} 和 VL_{Z90}，分别表示有 10%时间的 z 振级超过 VL_{Z10}，有 50%时间的 z 振级超过 VL_{Z50}，有 90%时间的 z 振级超过 VL_{Z90}。

我国城市区域环境振动标准(GB 10070-88)根据居民的反应，结合我国环境振动现状及今后标准执行的可行性，给出了城市区域室内振动标准值。标准中规定的城市各类区域铅垂向 z 振级标准值列于表 5.6.1 中。

表 5.6.1 城市区域环境振动标准值 dB

使用地带范围	昼间	夜间
特殊住宅区	65	65
居民、文教区	70	67
混合区、商业中心区	75	72
工业集中区	75	72
交通干线道路两侧	75	72
铁路干线两侧	70	80

表中所列标准值适用于连续发生的稳态振级、冲击振动和无规振动。对于每日发生几次的冲击振动，其最大值昼间不允许超过标准值 10dB，夜间不超过 3dB。

“特殊住宅区”是指特别需要安宁的住宅区。“居民、文教区”是指纯居民区和文教、机关区。考虑到以上区域对环境质量要求较高及今后达标的可行性，规定居民、文教区中居住室内铅垂向 z 振级标准值昼间为 70dB，夜间为 67dB，特殊住宅区昼间和夜间都为 65dB。当 z 振级低于 70dB 时，振动基本上已不成为干扰居民日常生活的因素。

“混合区”是指一般商业区与居民混合区，工业、商业、少量交通与居民混合区。根据在混合区中进行调查的结果，并参考国外有关标准，混合区中居住室内昼间铅垂向 z 振级标准值定为 75dB；为保证夜间居民的睡眠及休息，夜间标准定为比昼间低 3dB，即为 72dB。

"商业中心区"是指商业集中的繁华地区。商业中心区振源较少,主要是服务性行业中的工业设备及交通,振动影响不大,因而标准值与混合区相同。

"工业集中区"是指在一个城市或区域内规划明确确定的工业区。工业集中区虽然振源较多,但由于厂区范围大,振源距居民较远,其影响一般是有限的,所以它的标准值定为与混合区相同。

"交通干线道路两侧"是指车流量每小时100辆以上的道路两侧。根据对我国几个城市现场测量资料表明,交通振动对居民的影响和干扰不很严重,重型车(如大卡车等)经过时,在道路两侧测得铅垂向 z 振级为70～80dB;小轿车、小面包车行驶时为60～70dB;其他车辆为65～75dB。考虑多种因素后,交通干线道路两侧居民室内铅垂向 z 振级标准值定为与混合区相同。

"铁路干线两侧"是指距每日车流量不少于20列的铁道外轨80m外两侧的住宅区。由于铁路运行情况白天和夜间差不多,故昼间与夜间振级标准都定为80dB。

5.6.2 环境振动测量方法与评价量

在国标GB/T 10071-1988中,对环境振动的测量与评价方法规定如下所述。

(1) 测量的量:铅垂向 z 振级(VL_Z)。

(2) 测量仪器:环境振级计或环境振动分析仪,性能符合ISO8041标准,时间常数1s。

(3) 测点位置:置于各类区建筑物室外0.5m以内振动敏感处,必要时可置于建筑物室内地面中央。

(4) 拾振器安装:拾振器平稳地安放在平坦、坚实的地面上,避免置于如地毯、草地、砂地或雪地等松软的地面上。拾振器的灵敏度主轴方向应与测量方向一致。

(5) 读数方法和评价量。①稳态振动:每个测点测量1次,取5s内的平均示数作为评价量。②冲击振动:取每次冲击过程中的最大示数为评价量。对于重复出现的冲击振动,以10次读数的算术平均值为评价量。③无规振动:以 VL_{Z10} 值作为评价量。④铁路振动:读取每次列车通过过程中的最大示数,每个测点连续测量20次列车,以20次读数值的算术平均值为评价量。

5.7 机器振动的测量

各种类型的机器,由于多种不平衡力的作用,或大或小总会产生振动。当振动作用于易于辐射噪声的物体上(如机壳或金属板上)时,则激发这些结构产生振动,并发出强烈的噪声。对于这种振动的测量,不仅应在机器设备辐射噪声的机身表面选择测点,也应在振源的位置(如电动机或风机的底座上)选择测点,以便寻找为降低噪声采取相应的隔振、减振措施。

对于这种激发噪声的振动，测量其声频范围内的振动有效值，以及31.5Hz～8kHz 9个倍频带的振动值，如有必要可进行更详细的振动频率分析。测量的振动值可以用加速度、速度和位移中的任一个量表示；机械振动常用位移量值表示，而与辐射噪声直接相关的振动，尤其是大面积振动用振动速度表示。大部分机器振动都以10～1000Hz频率范围内的速度有效值（振动烈度）进行评价，表5.7.1中列出了机器设备振动烈度评定表。

表5.7.1 机器振动烈度评定表

振动烈度/(mm/s)	分贝/dB	机器和设备分类				
		Ⅰ	Ⅱ	Ⅲ	Ⅳ	Ⅴ
0.28～0.45	93	A	A	A	A	A
0.45～0.71	97					
0.71～1.12	101					
1.12～1.80	105	B				
1.80～2.80	109		B			
2.80～4.50	113	C		B		
4.50～7.10	117		C		B	
7.10～11.2	121	D		C		B
11.2～18.0	125		D		C	
18.0～28.0	129			D		C
28.0～45.0	133				D	
45.0～71.0	137					D
71.0～112.0	141					

表5.7.1中以公比1∶1.6或以4dB为级差，逐次算出每一振动烈度的数量级，分贝的基准值取10^{-6}mm/s。A、B、C、D为振动质量级，A表示良好工作状态，B表示正常工作状态，C表示容忍工作状态，D表示不容许工作状态。而设备分类中的Ⅰ类表示小型机器，Ⅱ类表示中型机器，Ⅲ类表示大型机器，Ⅳ类表示透平机器，Ⅴ类表示特大型机器。

对于机器故障检测，都是使用振动计测量振动速度的有效值读数（振动烈度）与以前的读数作比较，或与既定标准作比较来进行的。普遍认为，当出现的振动级比正常振动级高2～3倍（6～10dB）时，表明机器存在着不平衡、较大的不同心和严重的轴弯曲，应当进行维修。

对于一些故障的监测，使用窄带滤波分析更为有效。目前，使用FFT的振动分析仪除了进行振动测量之外，还可以对机器进行故障诊断，用于对汽轮机、发电机、电动机、压缩机、鼓风机、泵以及其他旋转机械的运行状态进行监测，包括轴向振动监测器、轴向位移监测器、机壳振动监测器和温度监测器，可用于长期在线监测。

思 考 题

1. 加速度计校准的意义是什么？

2. 比较与加速度计连接的电压前置放大器和电荷前置放大器的各自特点。为什么说在振动测量中加速度计与电压型前置放大器的连接电缆更换后，必须重新进行灵敏度校准？

3. 加速计的绝对校准方法具有什么特点？

4. 在测量振动时，为什么要注意选择的加速度传感器的质量，一定要远小于被测振动体的质量？

第6章　建筑声学测量

建筑声学测量主要包括三个方面：①吸声材料及其构件的声学参量的测量；②建筑构件的隔声测量；③建筑物内(厅堂、演播室等)的音质测量。

在厅堂音质设计、噪声控制以及声学环境(包括测试环境)的控制中，都广泛地应用各种吸声材料和吸声结构，吸声系数及其表面的声阻抗率比对于吸声材料和吸声结构在不同状况下的应用都是重要的参数。测量吸声系数主要是阻抗管法和混响室法。在阻抗管测量中又分为驻波比法和传递函数法，所测得的是吸声材料的垂直入射吸声系数；混响室法测得的是吸声材料的无规入射吸声系数，但测量使用的仪器多，而且程序复杂，不如阻抗管测量简便。隔声是控制和降低建筑物室内噪声的主要方法之一，使用隔声测量不但可以对建筑构件进行隔声量的测量，而且还可以对建筑隔声效果作出恰当的评价。厅堂音质涉及建筑声学的设计和扩声系统的设计两个方面，而且两者密不可分，对于厅堂音质所要测量的参量和方法，除了混响时间外，对扩声系统的测量作扼要的介绍。

6.1　阻抗管驻波比法测量法向吸声系数和声阻抗率

吸声系数是吸声材料(或吸声结构)所吸收的声能和入射声能之比。由于阻抗管驻波比法测量吸声材料的垂直入射吸声系数和声阻抗率比的方法简捷，所需的测量样品量少，因而是目前最常用的方法。

6.1.1　测量装置的描述

阻抗管驻波比法测量装置如图6.1.1所示。其主要部分是一根内壁光滑，截面均匀的坚硬管子，一般为圆形截面，也有矩形的。管子的末端装有被测材料样品，由扬声器向管中辐射声波。在一定频率范围，以平面波形式传播。由于平面波在材料表面被反射回来，于是，在管中建立起驻波声场，从材料表面算起，管中出现了声压极大与声压极小的交替分布。用沿管轴移动的传声器探管对驻波管中的声场进行测量，从测试仪表上读出声压极大与声压极小的声压级差(或极大值与极小值的比值，即驻波比)，便可确定垂直入射的吸声系数 α。

6.1.2　平面波产生的条件

根据1.7节的声波导管理论可以证明：

对于圆管，声源作非对称式振动的截止频率

$$f_{10}=k_{10}\frac{c_0}{2\pi}=1.84\frac{c_0}{2\pi a}\tag{6.1.1}$$

当声波频率满足 $f<\frac{1.84}{\pi}\cdot\frac{c_0}{D}$ 或 $D<0.568\lambda$ 时，管中只存在沿管轴方向传播的平面波。式中，D 为管子的直径，c_0 为空气的声速，$\lambda=\frac{c_0}{f}$ 为波长。

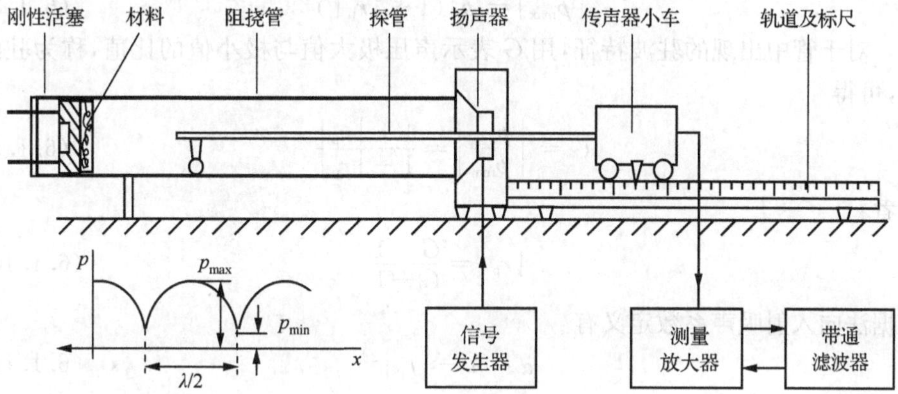

图 6.1.1　阻抗管及其测量装置图

对于矩形管，以边长最大的那个边来求截止频率 f_c，而声源发出的频率低于 f_c，就能在管中产生唯一的沿管轴 z 方向传播的平面波。因此

$$f<\frac{c_0}{2l}\quad 或\quad l<0.5\lambda\tag{6.1.2}$$

式中，l 为矩形管的最大边长。

6.1.3　吸声系数测量原理

根据图 6.1.1 所示的坐标方向，由扬声器发出的声波，在管中由于管末端的声学负载的反射，形成了驻波，设入射波与反射波分别为

$$p_i=p_{ai}e^{j(\omega t-kx)}\tag{6.1.3}$$

$$p_r=p_{ar}e^{j(\omega t+kx)}\tag{6.1.4}$$

反射波与入射波之比称为声压反射系数

$$r=\frac{p_{ar}}{p_{ai}}=|r_p|e^{j\sigma\pi}\tag{6.1.5}$$

把式(6.1.3)和式(6.1.4)相加得到管中的总声压

$$p=p_i+p_r=p_{ai}(e^{-jkx}+|r|e^{j(kx+\sigma\pi)})e^{j\omega t}=|p_a|e^{j(\omega t+\varphi)}\tag{6.1.6}$$

式中

$$|p_a| = p_{ai}\left|\sqrt{1+|r_p|^2+2|r_p|\cos 2k\left(x+\sigma\frac{\lambda}{4}\right)}\right|$$

当 $2k\left(x+\sigma\frac{\lambda}{4}\right)=-(2n+1)\pi(n=0,1,2,3,\cdots)$ 时，出现声压极小值，即

$$|p_{\min}| = p_{ai}(1-|r_p|) \tag{6.1.7}$$

当 $2k\left(x+\sigma\frac{\lambda}{4}\right)=-2n\pi(n=0,1,2,3,\cdots)$ 时，出现声压极大值

$$|p_{\max}| = p_{ai}(1+|r_p|) \tag{6.1.8}$$

对于管中出现的驻波特征，用 G 表示声压极大值与极小值的比值，称为驻波比，可得

$$G=\left|\frac{p_{\max}}{p_{\min}}\right|=\frac{1+|r_p|}{1-|r_p|} \tag{6.1.9}$$

或者

$$|r_p|=\frac{G-1}{G+1} \tag{6.1.10}$$

根据法向入射吸声系数定义有

$$\alpha = 1-|r_p|^2 \tag{6.1.11}$$

于是，可以得到

$$\alpha=\frac{4G}{(1+G)^2} \tag{6.1.12}$$

从式(6.1.12)中可见吸声系数与驻波比之间的关系，而测得声压极大值和极小值就确定了吸声系数。

如果实际测量的是声压极大值和极小值之间的声压级差 ΔL，则

$$\Delta L = 20\lg G$$

这时

$$\alpha=\frac{4\times 10^{\Delta L/20}}{(1+10^{\Delta L/20})^2} \tag{6.1.13}$$

测量时，由于管中安装吸声材料，吸声材料表面的极大值不一定是真正的极大值，因此，如果在测量的频率不是很低的情况下，一般使用距离材料表面最近的两个极小值之间的极大值。表 6.1.1 中列出了驻波比 G 和以分贝表示的驻波比 ΔL 与垂直入射吸声系数 α 之间的数值关系。从测量得到 G 或 ΔL，通过查表就可得到 α。

表 6.1.1　G,ΔL 和 α 之间的关系

α	G	ΔL_p/dB	α	G	ΔL_p/dB
0.01	398	52.0	0.31	10.81	20.7
0.02	198.0	45.9	0.32	10.40	20.3
0.03	131.3	42.3	0.33	10.02	20.0
0.04	96.7	39.7	0.34	9.66	19.7
0.05	78.0	37.8	0.35	9.32	19.4
0.06	64.7	36.2	0.36	9.00	19.1
0.07	55.1	34.8	0.37	8.70	18.8
0.08	48.0	33.6	0.38	8.41	18.5
0.09	42.4	32.6	0.39	8.13	18.2
0.10	38.0	31.6	0.40	7.87	17.9
0.11	34.3	30.7	0.41	7.62	17.7
0.12	31.3	29.9	0.42	7.39	17.4
0.13	28.7	29.2	0.43	7.16	17.1
0.14	26.5	28.5	0.44	6.95	16.8
0.15	24.6	27.8	0.45	6.74	16.6
0.16	23.0	27.2	0.46	6.59	16.4
0.17	21.5	26.6	0.47	6.35	16.2
0.18	20.2	26.1	0.48	6.17	15.8
0.19	19.0	25.6	0.49	6.00	15.6
0.20	17.4	25.1	0.50	5.83	15.3
0.21	16.99	24.6	0.51	5.67	15.1
0.22	16.12	24.2	0.52	5.51	14.8
0.23	15.33	23.7	0.53	5.36	14.6
0.24	14.60	23.3	0.54	5.22	14.4
0.25	13.93	22.9	0.55	5.08	14.1
0.26	13.31	22.5	0.56	4.94	13.9
0.27	12.74	22.1	0.57	4.81	13.6
0.28	12.20	21.7	0.58	4.68	13.4
0.29	11.71	21.4	0.59	4.56	13.2
0.30	11.24	21.0	0.60	4.44	13.0

续表

α	G	ΔL_p/dB	α	G	ΔL_p/dB
0.61	4.33	12.7	0.81	2.55	8.1
0.62	4.21	12.5	0.82	2.47	7.9
0.63	4.11	12.3	0.83	2.40	7.6
0.64	4.00	12.0	0.84	2.33	7.4
0.65	3.90	11.8	0.85	2.26	7.1
0.66	3.78	11.6	0.86	2.20	6.8
0.67	3.70	11.4	0.87	2.13	6.6
0.68	3.61	11.1	0.88	2.06	6.3
0.69	3.51	10.9	0.89	1.99	6.0
0.70	3.42	10.7	0.90	1.93	5.7
0.71	3.33	10.5	0.91	1.86	5.4
0.72	3.25	10.2	0.92	1.789	5.1
0.73	3.16	10.0	0.93	1.720	4.7
0.74	3.08	9.8	0.94	1.649	4.4
0.75	3.00	9.5	0.95	1.576	4.0
0.76	2.92	9.3	0.96	1.500	3.5
0.77	2.84	9.1	0.97	1.419	3.0
0.78	2.77	8.8	0.98	1.329	2.5
0.79	2.69	8.6	0.99	1.222	1.7
0.80	2.62	8.4	1.00	1.000	0.0

对于测量仪器的指示表头专门刻有吸声系数读数，测量入射吸声系数 α 的方法是：将探管端部移至试件表面处，再慢慢离开，观察测量放大器上的电压表指示，找到一个声压极大值，然后改变测量放大器增益（调节放大器输入端电位器），使表头指针偏转到满刻度，然后再移动传声器小车，细心地找出相邻的第一个极小值，此时指针指示的百分数就是所测的吸声系数值。

6.1.4　法向声阻抗率比的测量

阻抗管中的吸声材料的声学特性，通常由其表面法向声阻抗率来表征。在这里通过对声压反射系数或者吸声系数的测量，来确定吸声材料的表面法向声阻抗率。

法向声阻抗率是材料表面的入射声压与相应的质点速度的比值

$$z_s = \left(\frac{p}{v}\right)_{x=0} \tag{6.1.14}$$

式中，p 是材料表面上入射波与发射波的总声压，v 是材料表面的法向质点速度。

因为平面声波质点速度与声压的关系为

$$v = -\frac{1}{j\omega\rho_0} \cdot \frac{\partial p}{\partial x} \tag{6.1.15}$$

根据式(6.1.6)，管中任一点处的质点速度

$$v = \frac{p_{ai}}{\rho_0 c_0}(e^{-jkx} - |r| e^{j(kx+\sigma\pi)}) e^{j\omega t} \tag{6.1.16}$$

将式(6.1.6)和式(6.1.16)代入到式(6.1.14)，并令 $x=0$，得到材料表面处的声阻抗率

$$z_s = \left(\frac{1+|r_p| e^{j\sigma\pi}}{1-|r_p| e^{j\sigma\pi}}\right)\rho_0 c_0 \tag{6.1.17}$$

或用声阻抗表示

$$z_a = \left(\frac{1+|r_p| e^{j\sigma\pi}}{1-|r_p| e^{j\sigma\pi}}\right)\frac{\rho_0 c_0}{S} \tag{6.1.18}$$

设 $\zeta = \frac{z_s}{\rho_0 c_0}$，称为负载的声阻抗率比，则有

$$\zeta = \frac{z_s}{\rho_0 c_0} = \left(\frac{1+|r_p| e^{j\sigma\pi}}{1-|r_p| e^{j\sigma\pi}}\right) \tag{6.1.19}$$

而我们知道声压反射系数一般可以表示成复数，即

$$r = r'_p + j r''_p$$

其中

$$r'_p = |r_p| \cos\theta$$
$$r''_p = |r_p| \sin\theta$$

所以，声阻抗率比一般是复数，可以表示为

$$\zeta = |\zeta| e^{j\varphi} = x_s + j y_s \tag{6.1.20}$$

由式(6.1.19)可推导得到

$$|\zeta|^2 = \frac{1+|r_p|^2 + 2|r_p|\cos\theta}{1+|r_p|^2 - 2|r_p|\cos\theta} \tag{6.1.21}$$

$$\tan\varphi = \frac{2|r_p|\sin\theta}{1-|r_p|^2} \tag{6.1.22}$$

声阻率比 x_s 和声抗率比 y_s 分别为

$$x_s = \frac{1-|r_p|^2}{1+|r_p|^2 - 2|r_p|\cos\theta} \tag{6.1.23}$$

$$y_s = \frac{2|r_p|\sin\theta}{1+|r_p|^2 - 2|r_p|\cos\theta} \tag{6.1.24}$$

在反射系数式(6.1.5)中,令 $\theta = \sigma\pi$,通过极小值的条件

$$2k\left(x+\frac{\theta\lambda}{4\pi}\right)=-(2n+1)\pi$$

可求得其相角为

$$\theta=-\left[(2n+1)+\frac{4x_n}{\lambda}\right]\pi \tag{6.1.25}$$

x_n 表示第 n 个极小值的位置。$n = 0$,对应第一个极小值位置的有

$$\theta=-\left(1+\frac{4x_0}{\lambda}\right)\pi \tag{6.1.26}$$

因此,只要在测定法向吸声系数 α 的同时,再测出第一个声压极小值位置到试件表面的距离和声波波长,根据式(6.1.11)、式(6.1.21)和式(6.1.22)则有

$$|\zeta|^2=\frac{(2-\alpha)+2\sqrt{1-\alpha}\cos\theta}{(2-\alpha)-2\sqrt{1-\alpha}\cos\theta} \tag{6.1.27}$$

$$\tan\varphi=\frac{2\sqrt{1-\alpha}}{\alpha}\sin\theta \tag{6.1.28}$$

关于声波波长,根据测试时声波的频率,利用式 $\lambda = c_0/f$ 算出,其中 $c_0 = 331.5 + 0.607t$ (m/s),t 表示空气的温度(℃)。

6.1.5 测量工作频率范围

由式(6.1.1)看到阻抗管的横截面尺寸决定了上限工作频率 f_{h},由波导管的理论讨论已知,当声源的频率与上限截止频率相接近时,管中不仅有平面波,而且还叠加着几乎不衰减的高次波,为了获得比较纯净的平面波,实际的上限工作频率要比计算的低得多,低得越多在管中获得纯净的平面声场的区域越大。

阻抗管的下限工作频率 f_{l} 则是由其长度决定,根据前面的讨论,在 1/4 波长内有声压的极大和极小值,即可以获得驻波比,求出吸声系数。因此,管长确定之后,下限截止频率也就随之确定。对于一般测量吸声材料的管长度至少应大于最低测量频率的 1/4 波长。

例如,对于直径为 0.1m,管长为 1m 的阻抗管,在环境温度 20℃时,其上限截止频率为 2015.8Hz;而对应为 100Hz 频率的 1/4 波长是 0.86m,所以,当测试频率范围从 125~1250Hz 时,满足测量基本要求,装置也不会庞大臃肿。为了测试更低频率的吸声系数,则可以延长管的长度。

6.1.6 探管声中心和管内声波衰减的校正

1. 探管声中心的校正

由于探管对声波的衍射作用,探管所测得的极小声压位置,实际上不在探管几

何末端的地方，而是在其前方 Δ 处。根据理论计算的 Δ 值约为探管内半径的 0.8 倍，所以测量声阻抗率的第一极小值 ξ_1 时，必须扣除 Δ。

通过实验测量探管在两个声压极小值时的位置，可以确定探管声中心的校正量。

2. 管内声波的衰减对测试的影响及修正

如果测试的吸声材料吸声系数较小，这时候管壁的吸收（只考虑空气的黏性和热传导效应所引起的吸收，不考虑管壁的振动吸收）会给测量带来很大的误差，所以要把测量结果加以修正。图 6.1.2 为阻抗管中声压幅值随距离的变化及衰减的示意图。

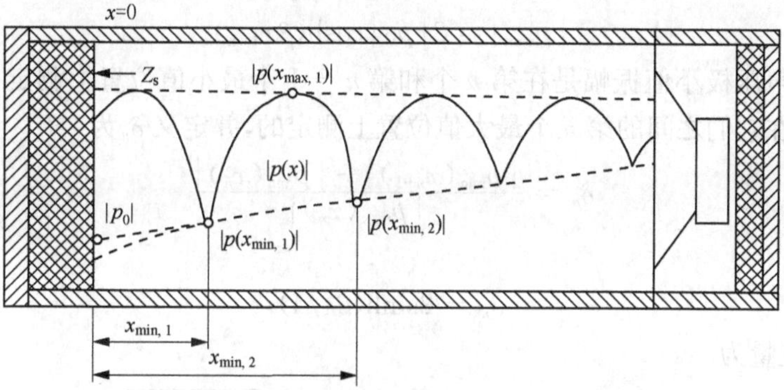

图 6.1.2　阻抗管中声压幅值随距离的变化及衰减示意图

设管壁吸收系数为 β（一般管内空气的体积吸收可忽略不计），考虑到管中平面声波受吸收的影响，根据式(6.1.6)，略去时间因子，则管内任一点的声压表示式可写成

$$p = p_{ai}\left(e^{-jkx}e^{\beta x} + re^{jkx}e^{-\beta x}\right) \tag{6.1.29}$$

依据式(6.1.7)和式(6.1.8)，极小值振幅 $|p_{min}|$ 和极大值振幅 $|p_{max}|$ 分别为

$$\begin{aligned} |p_{min}| &= p_{ai}\left(e^{\beta x_{min}} - |r_p| e^{-\beta x_{min}}\right) \\ |p_{max}| &= p_{ai}\left(e^{\beta x_{max}} + |r_p| e^{-\beta x_{max}}\right) \end{aligned} \tag{6.1.30}$$

第 n 个极大值振幅与第 n 个极小值振幅之比为驻波比

$$G_n = \left|\frac{p_{max}}{p_{min}}\right| = \frac{\left(e^{\beta x_{max}} + |r_p| e^{-\beta x_{max}}\right)}{\left(e^{\beta x_{min}} - |r_p| e^{-\beta x_{min}}\right)} \tag{6.1.31}$$

于是，计及衰减后的声压反射系数幅值为

$$|r_p| = \frac{G_n e^{\beta x_{min}} - e^{\beta x_{max}}}{G_n e^{-\beta x_{min}} + e^{-\beta x_{max}}} \tag{6.1.32}$$

由于极大值与极小值相距 $\lambda/4$，即

$$x_{\max} = x_{\min} + \frac{\lambda}{4}$$

所以,反射系数幅值的最后形式是

$$|r_{\mathrm{p}}| = \left(\frac{G_n - \mathrm{e}^{\beta\lambda/4}}{G_n + \mathrm{e}^{-\beta\lambda/4}}\right) \cdot \mathrm{e}^{2\beta x_{\min}} \tag{6.1.33}$$

记

$$\beta x_{\min} = 4\left(\frac{\beta\lambda}{4}\right)\left(\frac{x_{\min}}{\lambda}\right)$$

后,可见 $\beta\lambda/4$ 就是所需的校正量,此量值可以由 $|r_{\mathrm{p}}|=1$ 的刚性末端在空管中测定。这样有

$$|p_{\min}| = 2|p_{\mathrm{ai}}|\sinh(\beta x_{\min}) \tag{6.1.34}$$

$$|p_{\max}| = 2|p_{\mathrm{ai}}|\cosh(\beta x_{\max}) \tag{6.1.35}$$

如果声压极小值振幅是在第 n 个和第 $n+1$ 个最小值位置上测定,声压极大值振幅是在它们之间的第 n 个最大值位置上测定的,并定义 δ_n 为

$$\delta_n = \frac{|p_{\min}(x_{n+1})| - |p_{\min}(x_n)|}{|p_{\max}(x_n)|} \tag{6.1.36}$$

那么就有

$$\delta_n = 2\sinh(\beta\lambda/4)$$

因此,修正量为

$$\frac{\beta\lambda}{4} = \operatorname{arcsinh}\left(\frac{\delta_n}{2}\right) = \ln\left(\frac{\delta_n}{2} + \sqrt{\left(\frac{\delta_n}{2}\right)^2 + 1}\right) \tag{6.1.37}$$

而其指数形式为

$$\mathrm{e}^{\pm\frac{\beta\lambda}{4}} = \left(\frac{\delta_n}{2} + \sqrt{\left(\frac{\delta_n}{2}\right)^2 + 1}\right)^{\pm 1}$$

阻抗管每次调整后,其衰减常数 β 应根据这些公式重新测定。

6.2　阻抗管双传声器传递函数法测量吸声系数

采用单传声器的驻波比法测量垂直入射吸声系数和声阻抗率,存在的缺点是当测试频率较低时,需要很长的管子,而且仅能使用纯音进行测量。而使用阻抗管的双传声器法可以弥补这两方面的缺陷。测量方框图如图 6.2.1 所示,图中的传声器 1 和传声器 2 相隔一定距离。两个传声器分别接收到管中的声压,其输出电信号馈送到 FFT 频率分析仪的接收端,经处理后分离入射波信号和反射波信号,通过传递函数获得吸声材料或结构的吸声系数。

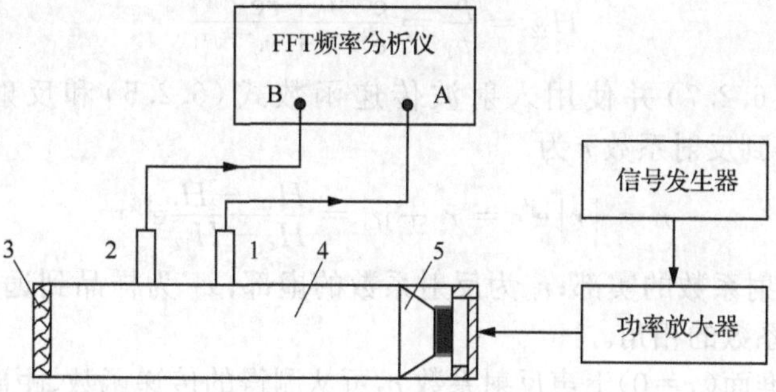

图 6.2.1 测试方框图

1. 传声器 1；2. 传声器 2；3. 测试样品；4. 驻波管；5. 声源

6.2.1 测量原理和方法

当声源发出声波后,法向入射声反射系数 r 是由在测试材料前面两个传声器位置之间的传递函数 H_{12} 确定的。

入射声压 p_i 和反射声压 p_r 分别可写为

$$p_i = p_{ai}e^{jk_0x} \tag{6.2.1}$$

$$p_r = p_{ar}e^{-jk_0x} \tag{6.2.2}$$

式中,p_{ai},p_{ar}分别为材料表面($x=0$)的入射波声压和反射波声压的幅值; $k_0 = 2\pi f/c_0$ 为波数,一般是复数,所以

$$k_0 = k_0' - jk_0''$$

其中,实部为相位常数,虚部为衰减常数。

两个传声器位置上的声压 p_1 和 p_2 分别为

$$p_1 = p_{ai}e^{jk_0x_1} + p_{ar}e^{-jk_0x_1} \tag{6.2.3}$$

$$p_2 = p_{ai}e^{jk_0x_2} + p_{ar}e^{-jk_0x_2} \tag{6.2.4}$$

定义传声器 2 的入射声压与传声器 1 的入射声压之比为入射波传递函数 H_i,则有

$$H_i = \frac{p_{2i}}{p_{1i}} = e^{-jk_0(x_1-x_2)} = e^{-jk_0s} \tag{6.2.5}$$

类似有,传声器 2 的反射声压与传声器 1 的反射声压之比为反射波传递函数 H_r

$$H_r = \frac{p_{2r}}{p_{1r}} = e^{jk_0(x_1-x_2)} = e^{jk_0s} \tag{6.2.6}$$

式中,$s = x_1 - x_2$,是两个传声器之间的距离。

于是,声场的传声器 1 到传声器 2 的传递函数 H_{12} 可由式(6.2.3)和式(6.2.4)确定,并注意到 $p_{ar}=rp_{ai}$,而得到

$$H_{12}=\frac{p_2}{p_1}=\frac{\mathrm{e}^{\mathrm{j}k_0x_2}+r\mathrm{e}^{-\mathrm{j}k_0x_2}}{\mathrm{e}^{\mathrm{j}k_0x_1}+r\mathrm{e}^{-\mathrm{j}k_0x_1}} \tag{6.2.7}$$

改写式(6.2.7)并使用入射波传递函数式(6.2.5)和反射波传递函数式(6.2.6),得到反射系数 r 为

$$r=|r|\mathrm{e}^{\mathrm{j}\phi_\mathrm{r}}=r_\mathrm{r}+\mathrm{j}r_\mathrm{i}=\frac{H_{12}-H_\mathrm{i}}{H_\mathrm{r}-H_{12}}\mathrm{e}^{2\mathrm{j}k_0x_1} \tag{6.2.8}$$

式中,r_r 为反射系数的实部;r_i 为反射系数的虚部;x_1 为样品到远的传声器的距离;ϕ_r 为反射系数的相角。

至此,基准面($x=0$)上声反射系数 r,可从测得的传递函数、距离 x_1 和包含阻抗管衰减常数 k_0'' 的波数 k_0 而确定。从而就可以确定吸声系数和声阻抗率

$$\alpha=1-|r|^2=1-r_\mathrm{r}^2-r_\mathrm{i}^2 \tag{6.2.9}$$

$$z_\mathrm{s}=R_\mathrm{s}+\mathrm{j}X_\mathrm{s}=[(1+r)/(1-r)]\rho_0c_0 \tag{6.2.10}$$

式中,R_s 为声阻抗率的实部;X_s 为声阻抗率的虚部;ρ_0c_0 为空气的特性阻抗。

传递函数是复数量,关于传递函数的定义如下

$$H_{12}=\frac{S_{12}}{S_{11}}=|H_{12}|\mathrm{e}^{\mathrm{j}\phi}=H_\mathrm{R}+\mathrm{j}H_\mathrm{I} \tag{6.2.11}$$

$$H_{12}=\frac{S_{22}}{S_{21}}=|H_{12}|\mathrm{e}^{\mathrm{j}\phi}=H_\mathrm{R}+\mathrm{j}H_\mathrm{I} \tag{6.2.12}$$

$$H_{12}=\left[\frac{S_{12}}{S_{11}}\cdot\frac{S_{22}}{S_{21}}\right]^{\frac{1}{2}}=H_\mathrm{R}+\mathrm{j}H_\mathrm{I} \tag{6.2.13}$$

式中,H_R 为 H_{12} 的实部;H_I 为 H_{12} 的虚部;S_{11} 为传声器位置 1 处的瞬时声压经过傅里叶变换后的复声压 p_1 所确定的乘积 $p_1\cdot p_1^*$,称为自谱;* 表示复数共轭;S_{12} 为两个传声器位置 1 处和 2 处的瞬时声压经过傅里叶变换后的复声压 p_1 和 p_2 所确定的乘积 $p_1\cdot p_2^*$,称为互谱;* 表示复数共轭。

S_{22},S_{21} 同上面的定义相同,分别是传声器位置 2 处的自谱、传声器位置 2 处和 1 处的互谱。

传递函数的三种定义方法对应不同的使用状态:式(6.2.11)在正常情况下使用,式(6.2.12)适用于输入端有噪声的情况,而式(6.2.13)适用于输入端和输出端都有噪声的情况。

6.2.2 传声器失配的校正

双传声器测量方法建立在具有 FFT 分析仪器的基础上,由于测量使用了两个传声器及其前置放大器,所以,需要对通道之间存在的失配情况进行校正。通常用交换传声器重复测量和预先测定校准因数两种方法对传声器失配进行校正。

1. 交换传声器重复测量

在测试样品数量有限的情况,采用交换通道和传声器安装位置的办法进行失

配校正。首先，将样品装到阻抗管中，按图 6.2.2 的标准布置方式(方式Ⅰ)装好传声器，将测得的传递函数 H_{12}^{I} 存储起来；然后，交换两个传声器 1 和 2 的安装位置，如图 6.2.3 所示。

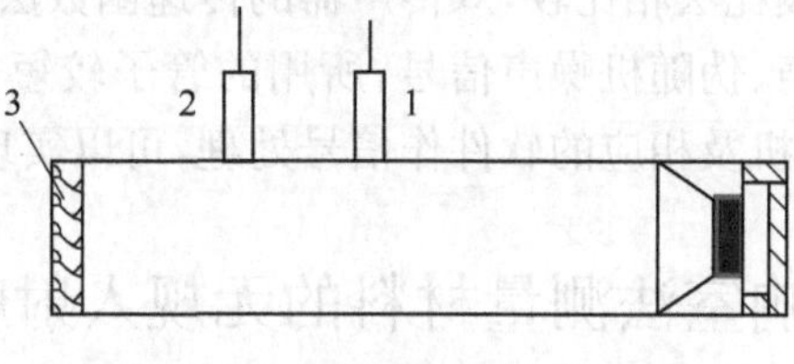

图 6.2.2　标准布置方式(方式Ⅰ)

1. 传声器 1；2. 传声器 2；3. 测量样品

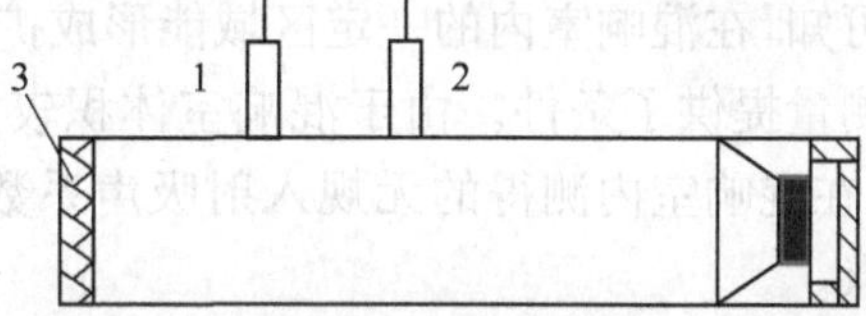

图 6.2.3　交换传声器后的布置(方式Ⅱ)

1. 传声器 2；2. 传声器 1；3. 测量样品

在交换传声器时，应保证在方式Ⅱ中安装的两个传声器的位置与方式Ⅰ中的传声器位置完全相同，于是得到传递函数 H_{12}^{II} 为

$$H_{12} = (H_{12}^{\mathrm{I}} \cdot H_{12}^{\mathrm{II}})^{\frac{1}{2}} = |H_{12}|\mathrm{e}^{\mathrm{j}\phi} \tag{6.2.14}$$

如果分析器只能测量一个方向(如从传声器 1 到传声器 2)的传递函数，那么使用式(6.2.15)计算传递函数

$$H_{12} = (H_{12}^{\mathrm{I}} \cdot H_{21}^{\mathrm{II}})^{\frac{1}{2}} = |H_{12}|\mathrm{e}^{\mathrm{j}\phi} \tag{6.2.15}$$

2. 预先测定校准因数

对于系列样品的测量，在测量之前，对专门的样品进行校准后而预先获得校准因数，所有后续测量就无需再校准。校准的方法与要求基本同上所述。将传声器按布置方式Ⅰ(图 6.2.2)装好，测定传递函数 H_{12}^{I}。交换两个传声器(图 6.2.3)后，测量传递函数 H_{21}^{II}，用式(6.2.16)计算校正因数 H_c

$$H_c = (H_{12}^{\mathrm{I}} \cdot H_{12}^{\mathrm{II}})^{\frac{1}{2}} = |H_c|\mathrm{e}^{\mathrm{j}\phi_c} \tag{6.2.16}$$

对于测量传递函数的分析器只能测一个方向(如从传声器 1 到传声器 2)的传递函数，那么，计算校正因数 H_c 采用式(6.2.17)计算

$$H_c = (H_{12}^{\mathrm{I}} \cdot H_{21}^{\mathrm{II}})^{\frac{1}{2}} = |H_c|\mathrm{e}^{\mathrm{j}\phi_c} \tag{6.2.17}$$

将传声器重新按布置方式Ⅰ(标准方式)装好，插入待测样品，测定传递函数。

而获得的对传声器响应失配作校正后的传递函数为

$$H_{12} = |H_{12}|e^{j\phi} = \frac{H_{12}}{H_c}$$

与单传声器的驻波比法相比较，双传声器的传递函数法测量吸声系数时，声源信号可以使用无规噪声、伪随机噪声信号，所用的管子较短，而且下限测试频率可以降低下延；利用计算机及相应的软件作信号处理，可以实现自动化测量。

6.3 混响室法测量材料的无规入射吸声系数

阻抗管法只能测量声波垂直入射条件下吸声材料的吸声系数，且测量试样的尺寸较小。实际使用条件下的材料尺寸较大，且声波的入射方向往往是无规的。

由室内声学理论可知，在混响室内的一定区域能形成扩散声场，从而对无规入射条件下吸声材料的测量提供了条件。由于混响室体积较大，所测量的试样尺寸也可做得较大。所以，在混响室内测得的无规入射吸声系数能更好地反应吸声材料实际使用的吸声特点。

6.3.1 测量原理

室内的声源发出的声波，在传播的过程中由于壁面引起来回反射，并不断被壁面吸收能量而逐渐衰减的现象，称为室内混响。通常用混响时间作为描述这一现象的主要参量。混响时间的定义是在声源停止发声后，室内声压级衰减 60dB 所需的时间，计算混响时间的公式为

$$T_{60} = \frac{0.161V}{S\bar{\alpha} + 4mV} \tag{6.3.1}$$

称为修正的赛宾公式。式中，$\bar{\alpha}$ 为房间的平均吸声系数；S 和 V 分别为封闭空间内部的表面积和体积；m 是空气的声强吸声系数，一般说来，当频率低于 1kHz 时，空气介质的吸收可以忽略不计。

令房间的吸声量 $A = S\bar{\alpha}$，则式(6.3.1)可表示为

$$A = \frac{0.161V}{T_{60}} - 4mV \tag{6.3.2}$$

显然，混响时间的长短和房间的吸声能力及其体积有关，前者决定了每次反射所吸收的声能，后者决定了每秒钟声波的反射次数。所以，在房间大小确定之后，混响时间只与房间对声音的吸收本领有关。因此，吸声材料或吸声物体的吸声系数可在混响室里通过混响时间的测量来进行。

6.3.2　测量装置与方法

1. 混响时间的测量装置

测试混响时间的装置如图6.3.1所示，由信号发生器发出的信号经功率放大器馈送给扬声器发声，声波在混响室内激发较多的简正振动方式，使室内建立稳态的扩散声场，建立稳态声场所需的时间大致与混响时间相同；然后快速中断信号源工作，传声器输出信号的衰减变化曲线可由电平记录仪记录，根据电平记录仪的纸速即可算出混响时间，或用信号分析仪采集数据，由衰减曲线计算出混响时间。

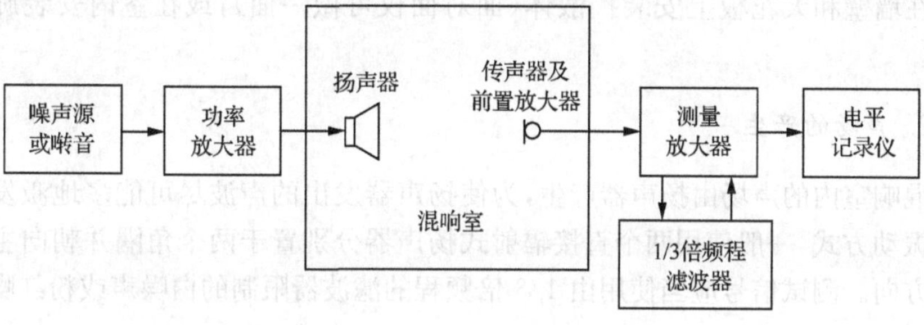

图6.3.1　混响时间的测试框图

2. 测试方法

首先，应测出空室中各频带的混响时间 T_1，然后放进被测的吸声材料，再测出各相应频带的混响时间 T_2，则根据式(6.3.2)可得到

$$A_2 - A_1 = 55.4V\left(\frac{1}{c_2 T_2} - \frac{1}{c_1 T_1}\right) - 4(m_2 - m_1)V \qquad (6.3.3)$$

式中，V 为混响室的体积；c_1，c_2 为两次测量时的声速；m_1，m_2 为两次测量时空气的声强吸收系数。如果两次测量时室内温度及湿度相差很小，则 $c_2 \approx c_1 = c_0$，$m_2 \approx m_1$，于是式(6.3.3)可简化成

$$\Delta A = A_2 - A_1 = \frac{55.4V}{c_0}\left(\frac{1}{T_2} - \frac{1}{T_1}\right) \qquad (6.3.4)$$

另外，当试件是安装在房间的地板、墙壁或天花板上的平面吸声体，而其面积与整个混响室表面积相比很小，在考虑到试件覆盖的那部分壁面的吸声系数很小时，则有

$$\Delta A = \alpha_s S_t \qquad (6.3.5)$$

式中，α_s 为试件的无规入射的吸声系数；S_t 为被测试件的面积。于是根据式(6.3.5)即可求出试件的无规入射吸声系数。

6.3.3 测量设备的要求

1. 混响室

关于混响室的基本特性和要求在 2.2.2 节已作了介绍，为了满足吸声测量，混响室的形状可选择矩形或由不平行以及不规则界而组成的其他形状。房间的各边尺寸中不应有两个是相等的，或不应成整数比。室内最大线度(l_{max})应不大于 $1.9V^{1/3}$(对于矩形房间，最大线度即为主对角线)。

为了使声场充分扩散，尤其是低频区域简正振动方式的特征频率分布均匀，通常是在墙壁和天花板上安装扩散体(面对面仅可做一面)，或在室内安装旋转扩散体。

2. 声场的产生

混响室内的声场由扬声器产生，为使扬声器发出的声波尽可能多地激发室内简正振动方式，一般使用两个直接辐射式扬声器分别置于两个角隅并朝向主对角线的方向。测试信号应当使用由 1/3 倍频程的滤波器限制的白噪声或粉红噪声。

3. 对接收系统的要求

可以采用一个或几个无指向性的传声器接收，各个传声器间的距离至少相隔 2m，并且离任何墙壁或地板的距离要大于半个波长。接收测量器放大器必须有足够大的信噪比，滤波器一般用 1/3 倍频程。

4. 试件及安装

大量的测量实验发现，在吸声材料的面积不大时，无规入射吸声系数 α_s 的值会随着吸声材料面积的增加而减少，产生这一现象的原因，是由于吸声材料的边缘会散射声波而使吸收增加，因而称之为边缘效应。因此，有人认为为了便于比较不同实验室的测量结果，应该使用极限面积测量 α_s，但是，一般说来极限面积都很大(约几十平方米)，因而给测量带来很多困难，为此国际标准 ISO-R354 作如下规定：

(1) 待测材料的单块面积应在 10～12m^{2}范围内；

(2) 试件面积应为矩形，宽度与长度之比应为 0.7～1，试验样品的边缘应当用宽度不超过 1cm，厚度与试件厚度相等的反射面包着；

(3) 由于较多的简正振动方式的声压在两个墙面的交界处为极大，故同一材料在交界处的吸声效果比在墙面中心处好，所以规定吸声材料试件应安置在离房间界面的任何边棱不小于 1m 处。

6.4 隔声测量

隔声是噪声控制的主要方法之一。为了减低室内噪声，采用的办法是用建筑隔声构件把噪声源隔开，使噪声源辐射的噪声不能传入室内，因此，建筑构件隔声能力的大小就是一个关键问题。噪声传入室内的途径很多，除了通过房间墙壁上的孔、洞和隙缝等通道以及隔声薄弱环节传入室内之外，还有下列两种主要的途径：一是声波通过空气传到结构上（如墙壁）迫使结构引起相应的振动而向室内辐射声音；二是物体在结构上产生撞击，因而引起室内表面（楼板）的振动而向室内辐射声音。前者称为空气传声，后者称为固体传声，因而测试方法也不一样。本节主要介绍空气声的隔声测量。

6.4.1 隔声量

建筑结构或构件（如墙、门、窗）的隔声性能用隔声量衡量，通常用传声损失(transmission loss，TL)描述。传声损失的定义是入射到结构上的声能和透过结构的声能之比取常用对数乘以 10，单位是 dB。其数学表达式如下

$$TL = 10\lg\frac{1}{\tau} \tag{6.4.1}$$

式中，τ 称为结构透射系数，有

$$\tau = \frac{W_t}{W_i} \tag{6.4.2}$$

式中，W_i 为入射声功率；W_t 为透射声功率。

在隔声构件的隔声量测量中，同一种构件因测试方法不同，而得出的隔声效果不同。表 6.4.1 给出了隔声的三种基本状态，对隔声测量有着不同的描述。

因此，用统一规定的方法进行隔声测量，可以对所得隔声量数据进行比较和评价。从测量方法上讲，总体上分为实验室（混响室）法和现场测量法两种。

6.4.2 实验室法测量隔声

1. 隔声室

用于测量传声损失的隔声室是由两个相邻混响室组合而成，如图 6.4.1 所示，其中 A、B 两室之间有一安装待测隔声结构的试件洞（或试件架）。实验证明：当隔声结构的面积较小时，由于边界条件的改变，边界对声场的影响将会影响结构的隔声性能。同时，用隔声室测量构件的传声损失时，总是将构件看成“局部反应”的，认为构件表面某点处的振动仅与该处声压有关而与其他点上的声压无关，同时也考虑测量频率比构件产生弯曲振动的最低频率要高，因而构件的尺寸就不能太小。

在 100～4000Hz 的范围内，按 ISO 140 中规定构件的基准面积为 $10m^2$，并且短边的长度不得小于 2.3m。

表 6.4.1　隔声的三种基本状态

名称	符号、定义、单位	图示方法	说明
传声损失	$TL=10\lg(W_i/W_t)$(dB)	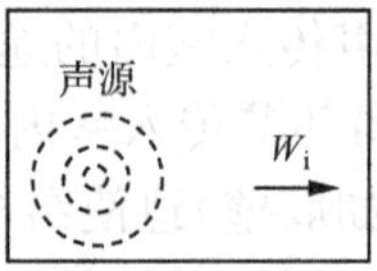 W_i——构件前的入射声功率 W_t——经过构件衰减后的声功率	表示构件本身固有的隔声能力，通常在符合规则要求的实验室测定
噪声衰减	$NR=L_1-L_2$(dB)	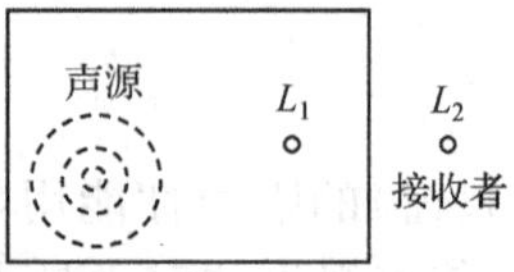 结构内外某两特定点 P_1、P_2 间的声压级	现场测定的实际隔声效果，它不仅是结构本身的衰减，还包括现场声波吸收及侧向传声、结构传声的影响
插入损失	$IL=L_0-L$(dB)	 L_0——隔声结构设置前声压级 L——隔声结构设置后声压级	现场测定的某一特定点，在隔声结构设置前、后的声压级差，它不仅包括现场条件方面的影响，还包括设置隔声结构前后声场的变化带来的影响

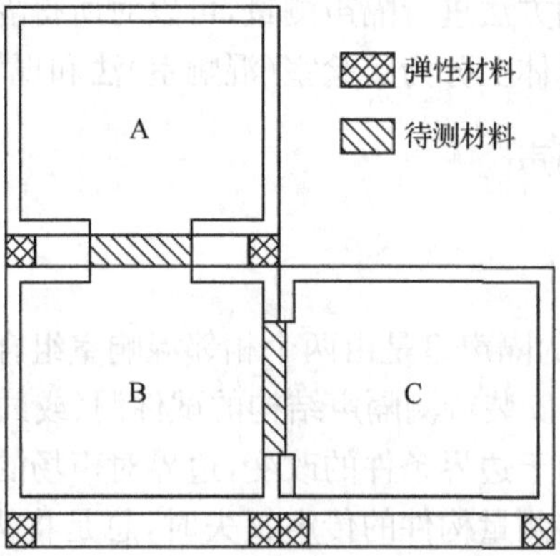

图 6.4.1　隔声室分布图

为了能在隔声室内获得混响声场，每个混响室都应具有坚硬的壁面和足够大的体积，ISO 140 标准规定，每个混响室体积不得小于 $50m^3$。

在测量传声损失时，为了保证任何间接传声与通过构件的传声影响都可以忽略，采取的方法是把声源室和接收室分别建造在独立的弹性基础上，而对于上下置放的隔声室，需要声源室和接收室之间有足够的隔振。另外，为了减少侧向的传声，可在两房间的整个表面上覆盖一层降低辐射的衬壁。

2. 测量原理

当发声室有一声源以声功率 W 辐射时，则发声室内的稳态混响声能密度为

$$\varepsilon_1 = \frac{4W}{c_0 R_1} \tag{6.4.3}$$

其中，R_1 为发声室中的房间常数，c_0 为声速。如果试件面积为 S，则入射到该试件上的声功率为

$$W_1 = \frac{1}{4}\varepsilon_1 c_0 S \tag{6.4.4}$$

如果隔声试件的透射系数为 τ，则透过试件进入接收室内的声功率为

$$W_2 = \tau W_1 = \frac{1}{4}\tau\varepsilon_1 c_0 S \tag{6.4.5}$$

于是，接收室内的混响声能密度为

$$\varepsilon_2 = \frac{4W_2}{c_0 R_2} \tag{6.4.6}$$

其中

$$R_2 = \frac{S_2\bar{\alpha}}{1-\bar{\alpha}}$$

是接收室的房间常数。声能密度与有效声压 p 之间的关系为

$$\varepsilon = \frac{p^2}{\rho_0 c_0^2} \tag{6.4.7}$$

于是，根据式(6.4.4)和式(6.4.7)有

$$W_1 = \frac{1}{4}\frac{p_1^2}{\rho_0 c_0}S \tag{6.4.8}$$

式中，p_1 是发声室内的有效声压。同时，根据式(6.4.6)和式(6.4.7)，接收室内的声功率有

$$W_2 = \frac{1}{4}\frac{p_2^2}{\rho_0 c_0}R_2 \tag{6.4.9}$$

其中，p_2 为接收室内的有效声压。由式(6.4.1)，可以得到传声损失为

$$\mathrm{TL} = 10\lg\frac{W_1}{W_2} = L_1 - L_2 + 10\lg\frac{S}{R_2} \tag{6.4.10}$$

其中，L_1、L_2 分别为发声室和接收室内的声压级；R_2 为接收室内的房间常数。式(6.4.10)表明，隔声量除了与发声室和接收室的声压级差有关外，还取决于隔声的面积及接收室的吸声量。

当接收室壁面吸收系数很小时，$R_2 \approx S_2\bar{\alpha}$。于是，式(6.4.10)可用式(6.4.11)表示

$$\mathrm{TL} = L_1 - L_2 + 10\lg\frac{S}{A} \tag{6.4.11}$$

其中，$A = S_2\bar{\alpha}$ 为接收室的等效吸声量。因此，式(6.4.11)是混响室测量隔声量的理论依据。

3. 实验方法和计算

1) 声源室内声场的产生

测量中，要求声源室内产生稳定的声场，并且在所测量的频率范围内有一个连续的频谱。为了保证测量结果不受环境噪声的影响，室内需保持有足够高声功率，使接收室内任何一个测试频带的声压级都比环境噪声级至少高出 10dB。声源所用的扬声器应装在音箱内，扬声器保持同相位驱动。为了达到在室内产生一个尽可能扩散的声场，通常把扬声器放在试件对面的角落处。

2) 测量平均声压级

在发声室和接收室内的 n 个不同位置上测量声压级，按式(6.4.12)计算出平均声压级

$$L_{\mathrm{p}} = 10\lg\frac{1}{n}\left(\sum_{i=1}^{n} 10^{\frac{L_{\mathrm{p}i}}{10}}\right) \tag{6.4.12}$$

需要注意，所有的测点和声源之间的距离都应该在声源的混响临界距离之外，且和壁面之间的距离要大于 $\lambda/4$。所使用的传声器必须是无指向性的。

3) 测量的频率范围

一般采用 1/3 倍频程的滤波器测量声压级，测试的频率至少要包括中心频率从 100～3150Hz。

4) 测量和计算等效面积

在忽略空气吸收的情况下，使用赛宾公式可以计算出接收室的等效吸声量为

$$A = \frac{0.161V_2}{T_2} \tag{6.4.13}$$

于是，根据式(6.4.12)和式(6.4.13)即可获得试件的隔声量。

5) 修正项的讨论

式(6.4.11)的声压是对两室的测点都处于混响声场中而得到的。如果接收点离试件很近，则式(6.4.11)的右端第三项需作如下修正：

(1) 发声室测点接近于试件表面，而接收室测点仍处在混响声场之中。由于隔声试件表面的吸声系数一般比较小，可近似看成反射面，所以发声室靠近壁面的声压级比处于混响场中的声压级多出 3dB，因此式(6.4.11)要改成如下形式

$$\mathrm{TL} = L_1 - L_2 + 10\lg\frac{S}{R_2} - 3 \tag{6.4.14}$$

(2) 发声室的测点在混响声场中，接收室的测点靠近测试试件，这时试件本身就相当于一个声源，所以在接收室测点附近的声能密度应由直达声和混响声两部分声能密度组成，同时考虑从发声室传来的声波分布在半球面之中，因此式(6.4.6)改写为

$$\varepsilon_2 = \frac{2W_2}{c_0}\left(\frac{1}{S} + \frac{4}{R_2}\right) \tag{6.4.15}$$

于是可求得

$$\mathrm{TL} = L_1 - L_2 + 10\lg\left(\frac{1}{4} + \frac{S}{R_2}\right) + 3 \tag{6.4.16}$$

(3) 两个室内的测点都靠近试件，可从前述两种情况推得

$$\mathrm{TL} = L_1 - L_2 + 10\lg\left(\frac{1}{4} + \frac{S}{R_2}\right) \tag{6.4.17}$$

6.4.3　现场测量方法

现场测量方法是为了在特殊声学条件下，测量建筑构件(如玻璃窗、门等)的隔声特性和为了判定已建设完成的建筑(如外墙)的隔声特性。在现场测量中，发声室是露天情况时，声源可采用交通噪声(声音从不同方向入射，并且强度有变化)，也可用扬声器发出噪声(直射声)测量。为便于了解原理，这里仅把用扬声器发出的噪声作为声源测量建筑物构件的隔声量作扼要的介绍。

1. 测量原理

将扬声器放在建筑物的外面，距测试构件有一个合适的距离。声音主要从一个方向入射到测试样品上。当指向测试构件中心的扬声器轴线和测试构件表面法线间的角度为 θ 时，则扬声器入射的声能密度为

$$\varepsilon_1 = \frac{W_1}{c_0 S\cos\theta} \tag{6.4.18}$$

通过测试构件的声功率 W_2 为

$$W_2 = \tau W_1 = \tau\varepsilon_1 c_0 S\cos\theta \tag{6.4.19}$$

如果接收室的测量点置于混响声场中，则声能密度为

$$\varepsilon_2 = \frac{4W_2}{c_0 R_2} \tag{6.4.20}$$

如果接收室的平均吸声系数比较小，于是可求得

$$TL_{\theta}=L_1-L_2+10\lg\frac{4S\cos\theta}{A} \tag{6.4.21}$$

式中，L_1 是被测试件表面的平均声压级；L_2 是接收室内的平均声压级；S 是测试构件的面积；A 是接收室的等效吸声量。通过式(6.4.21)得到的是表观隔声量，是基于声波从一个角度入射至试件，并且是在接收室的声场充分扩散的假设条件下。

2. 测量方法

1) 声场的产生

为了尽可能均匀地激发测试构件，需要合理地选择扬声器装置和声源到测试构件的距离，使测试构件表面各部分的声压级差别不超过 5dB。馈送给扬声器的测试信号使用通过 1/3 倍频程带宽滤波器的白噪声。

当测试中需要扬声器相对于测试构件有一夹角时(图 6.4.2)，假设扬声器辐射声波为平面波，则声波的入射角由式(6.4.22)确定

$$\cos\theta=\frac{d}{\sqrt{h^2+d^2+b^2}} \tag{6.4.22}$$

其中，h 为试件中心距地面的高度；d 为扬声器和外墙立面的垂直距离；b 为扬声器相对于测试构件的横向距离。一般测量在 45°处进行。

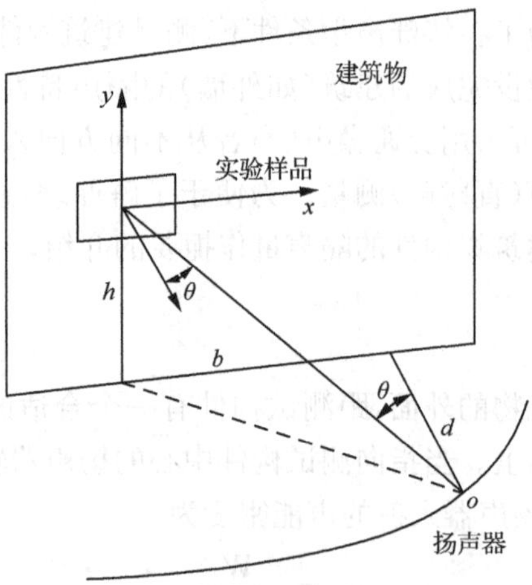

图 6.4.2　测试声源相对于试件的位置

2) 平均声压级的测量

对于式(6.4.21)的平均声压级 L_1 是根据传声器声压级差不超过 5dB，在试件前均匀但不对称分布的 n 个测点的声压级平均值。

当接收室内的任何频带的声压级与环境噪声相差不到 10dB 时，按照下面的

方法进行修正。设包含背景噪声在内的总声压级为 L_T，背景噪声的声压级为 L_B，经过背景噪声修正得到的被测声压级 L 为

$$L = L_T - K \tag{6.4.23}$$

$$K = -10\lg(1 - 10^{-\Delta L/10})$$

式中，ΔL 为包括背景噪声在内的总声压级与背景噪声的差值。如果两者声压级差值低于 3dB，所得到的声压级一定比环境噪声压级低，测量结果已失去意义，需要调整测量方法。

关于测量的频率范围以及等效吸收面积的测量和计算，与前面所述混响室测隔声量的方法相同。需要注意的是，建筑构件隔声量的现场测量虽然测试设备简单，但不可能做到像实验室测量那样精密而细致，并且现场测量中构件的侧面透射现象无法避免，同时对构件的尺寸也难完全统一。

6.5 厅堂声学测量

厅堂声学是建筑声学的一部分，主要对影响厅堂音质的相关量进行测试。近年来，国内、外新建的厅堂大多都设计成为具有多功能用途，因而广泛使用电声扩声装置和系统。此外，厅堂在建筑声学上的缺陷，可以通过扩声设备、立体声设备和人工混响设备等电声扩声系统来弥补，用电声技术控制房间音质的方法已成为室内声学的重要手段。但是，如果厅堂的扩声系统处理不好，却可能对一个好的厅堂带来不良的效果，所以，室内声学中也常涉及讨论扩声系统的测量问题。

6.5.1 厅堂的建筑声学特性测量

1. 混响时间及其频率特性的测量

混响是由于房间内部表面或障碍物使声波多次反射或散射而产生的延续现象。在第 1 章中讨论了室内混响，定义混响时间：室内声音达到稳态后停止声源发声，平均声能密度自原始值衰变到百万分之一（或声压级衰减 60dB）所需的时间。用混响时间不仅量度室内混响的强弱，还由于混响时间对室内听音效果有重要影响，因而成为描述各种类型厅堂的声学特性最常用的物理量。各类不同用途的房间满足听闻条件所需要的相应的混响时间称为最佳混响时间；而最佳混响时间的选择与演出作品的风格和人们的主观感觉有关。国际上已把“房间的混响时间的测量”作为标准，我国制定了相应的国家标准和测试规范，以使测量方法统一，所测量的结果有可比性。

混响时间测量有声源中断法和脉冲反向积分法。前者是依据混响时间定义，后者是依据施罗德（M. R. Schroeder）积分。

1) 声源中断法

声源切断法是直接测量声压级的衰变曲线，计算出混响时间，是通常使用的测量方法。测量混响时间的仪器组合框图如图 6.5.1 所示。由噪声源发出的粉红噪声信号经 1/3 倍频程(或倍频程)滤波器后，直接馈入扩声系统调音台输入端。调节扩声系统输出，使室内各测点的信噪比大于 35dB。在预定测点上进行测量。

图中的“混响时间测量装置”是指使用不同的仪器组合可以达到混响时间测量目的。例如，通常是电容传声器与前置放大器连接，将相应声压级变化的电信号馈送至测量放大器与带通滤波器组成频率分析仪，由电平记录仪描绘出声压级衰变曲线(图 6.3.1)。使用声级计与电平记录仪组合，同样可以记录声压级衰变曲线。近年生产的建筑声学分析仪由软件实现计算并在显示屏上给出混响时间的数值和曲线。

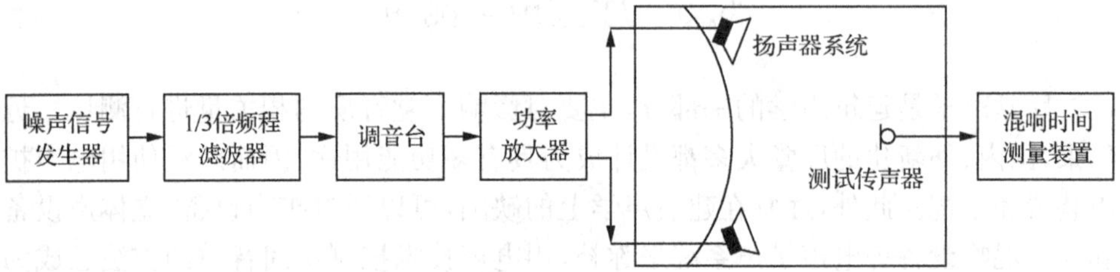

图 6.5.1　用扩声系统测量混响时间

使用电平记录仪记录混响时间的原理是：待声源发出的所要测试频率的声音达到稳定后，启动电平记录仪以一定速度匀速前进，然后使声源突然中断发声，室内声场的声压级衰变的过程，由记录笔描画在记录纸上。如果记录纸的行进速度为 v(mm/s)，声压级衰变为 ΔL，记录纸走过的长度为 Δl，而记录纸的行走时间为 $\Delta t=\Delta l/v$，于是，声压级衰变 60dB 的时间为混响时间 T_{60}，即

$$T_{60}=60\times\frac{\Delta t}{\Delta L}\quad(\mathrm{s})\tag{6.5.1}$$

通常用透明的混响时间量度圆盘，根据记录纸上声压级范围和行进的纸速，将圆盘上通过圆心的粗线压在衰变曲线的平均斜率上，衰变曲线的平均衰变斜率一般取自声压级衰变范围 5～35dB，圆心所在的分格线所对应的数值即是混响时间值，如图 6.5.2 所示。

图中记录的曲线在行进纸速为 10mm/s，对应衰减声压级 30dB 时的 Δl 为 22.5mm，通过式(6.5.1)计算，可得 $T_{60}=4.5$s。

测量的要求主要有以下方面。

(1) 声源：测量使用的扬声器声源应是无指向性；声源发出的声信号是经过

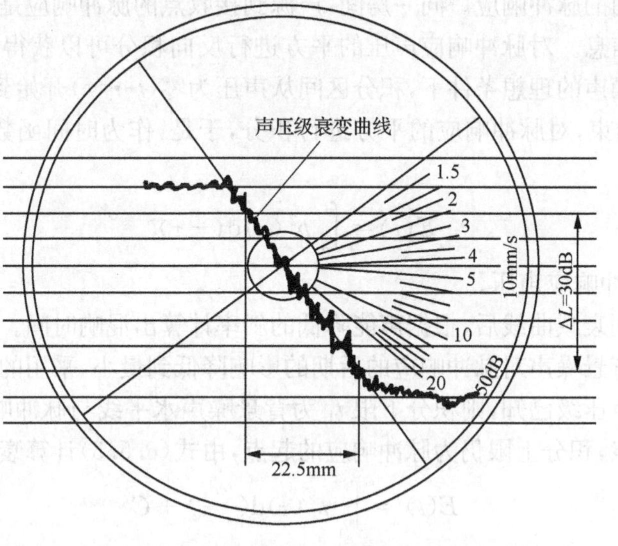

图 6.5.2　声压级衰变曲线测量混响时间

1/3倍频程或倍频程滤波器的噪声信号；声源声压级至少比相应频带中本底噪声的声压级高 35dB。

（2）测点选择：测点的选取应符合的条件是所有测点离墙 1.5m 远；测点距地高度 1.2～2.3m。对于有楼座的厅堂，测点应包括楼座区域。对于有舞台或主席台扩声的场所，测点还应包括舞台或主席台区域。在对对称的厅堂测量时，测点可在中心线的一侧（包括中心线附近）区域内选取。空场时不少于五点，满场时不少于三点。满场测点一般需与空场测点一致。在大型体积或复杂（如有耦合空间）的厅堂中需作更多点的测量。

（3）测量频率范围：混响时间的测量频率通常是在 1/3 倍频程间隔从 125～4000Hz 的频率范围内进行；测量的频率点选取至少应有 125Hz，250Hz，500Hz，1000Hz，2000Hz，4000Hz。

（4）混响时间的记录：在每个频率点至少记录 2～3 次混响衰减曲线，以平均值表示测量结果。

如果用磁带录音机或者其他的记录设备记录厅堂中的混响声衰变，录音机或记录设备的线性频率特性应覆盖测试频率范围，动态范围至少应有 40dB，并且要保持足够的信噪比；回放的速率应和录音时的速率相同。

（5）根据场内各点的混响时间的平均值，作出混响时间的频率特性曲线。

2）脉冲反向积分法

随着数字信号处理技术的不断发展，脉冲反向积分法测量混响时间成为一种标准测量方法。测量的原理是：房间被声脉冲信号激励后，某测点声压随时间变化的曲线是房间的脉冲响应。同一房间,声源到接收点的脉冲响应是唯一的,包含了房间的音质信息。对脉冲响应声压的平方进行反向积分可以获得声能衰减曲线。在没有背景噪声的理想条件下,积分区间从声压为零($t\to\infty$)开始到脉冲接收初始时刻($t=0$)结束,对脉冲响应的平方进行积分,于是,作为时间函数的衰减曲线的方程为

$$E(t)=\int_{\infty}^{t}p^2(\tau)\mathrm{d}(-\tau) \tag{6.5.2}$$

式中,p 为脉冲响应声压。

计算得到衰减曲线后,根据声能降低的斜率计算出混响时间。

为了使背景噪声对脉冲响应的后期的影响降低到最小,采用的修正方法是:如果背景噪声声压级已知,则积分下限 t_1 为背景噪声水平线与脉冲响应平方衰减曲线的斜线交点,积分上限仍为脉冲响应的起点,由式(6.5.3)计算衰变曲线

$$E(t)=\int_{t_1}^{t}p^2(\tau)\mathrm{d}(-\tau)+C \tag{6.5.3}$$

式中,$t<t_1$,C 为脉冲响应平方在 t_1 至 t 间积分的可选修正值。

在实施测量时,一般可利用声级计将脉冲响应记录下来,经过 A/D 转换后送入计算机处理(平方、积分),处理得到信号关闭后 t 时刻的声压级,由此拟合出一条声压级衰减曲线,经过计算得到混响时间的 3 种模式:EDT(early decay time,早期衰减时间)、T_{20}、T_{30}。目前,带有微处理器的数字声级计具有脉冲反向积分法测量混响时间的功能,实施测量更便捷。

ISO 3382:1997 标准认为,一次脉冲反向积分法的测量精度与 10 次声源切断法的平均值相当,而且只需配用脉冲声源,如由气球破裂、爆竹、发令枪发声,声源体积小、重量轻、使用方便、测试效率高。脉冲响应积分法应用了现代数字处理技术,使用方便、快捷。更重要的是,在原理上,脉冲响应积分法比声源切断法具有更高的稳定性和可重复性,尤其在低频段(小于 250Hz)测量更具有优势。

2. 反射声时间分布

反射声时间分布是指声源发脉冲声时,室内反射声的时间排列状况。普遍认为早期反射声对音质有较大的影响,并对清晰度有利,因此,通过厅堂内的反射声的强度、数目以及在时间轴上的排列,可反映出室内特定位置存在的缺陷。

反射声的测量仪器框图如图 6.5.3 所示。测量时,脉冲声源发出频率为 500Hz、1000Hz、2000Hz,脉冲宽度为 10ms、脉冲间隔为 3s 的声音;测点位置处的传声器接收后的输出信号输送到频谱仪,在扫描时间为 10s、宽度为 50ms ~10s 的长余辉示波器上显示反射声图形,将图形存储或采用相机拍摄进行分析。

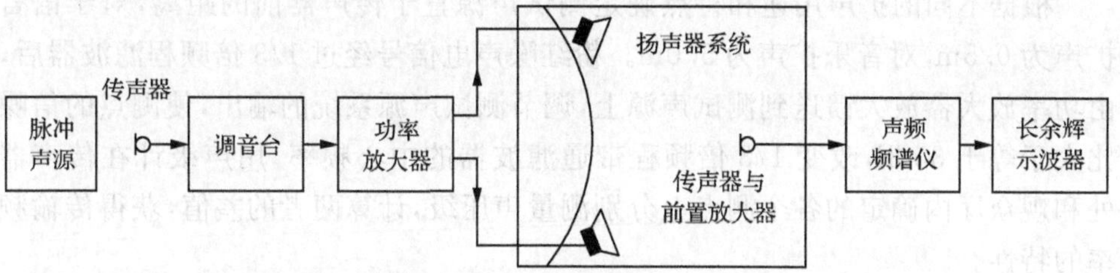

图 6.5.3　脉冲反射声测量图

3. 背景噪声

当扩声系统不工作时，测量厅堂内各测点的噪声声压级的平均值。

背景噪声测量，用声级计在 63～8000Hz 范围内按倍频程带宽取值。测量结果与 NR 评价曲线比较并得到 NR 数值，以此对厅堂内的背景噪声状况进行分析、评价或采取控制措施。此外，也可用 A 计权声级来评价背景噪声水平。

6.5.2　扩声特性测量

1. 传输（幅度）频率特性

厅堂内各听众席处，稳态声压的平均值相对于扩声系统传声器处的声压或扩声设备输入端电压的幅频响应，一般使用声输入法和电输入法进行测量。

1) 声输入法

采用声输入法测量传输频率特性的仪器组成框图如图 6.5.4 所示。在传输频率范围内，测试信号的中心频率按 1/3 倍频程中心频率进行取点。

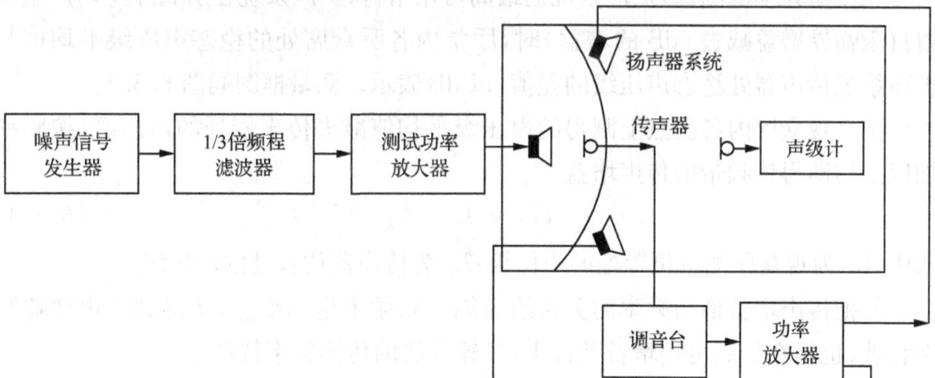

图 6.5.4　声输入法测量传输（幅度）频率特性

根据不同的扩声用途和特点确定测试声源置于传声器前的距离，对于语言扩声为0.5m，对音乐扩声为5.0m。粉红噪声电信号经过1/3倍频程滤波器后，由功率放大器放大馈送到测试声源上，调节测试声源系统的输出，使测点的信噪比大于等于35dB，改变1/3倍频程带通滤波器的中心频率，用声级计在传声器处和观众厅内确定的各个测点上分别测量声压级，计算两者的差值，获得传输频率的特性。

2）电输入法

与声输入法不同的是，1/3倍频程粉红噪声信号直接馈入扩声系统调音台输入端。调节噪声源的输出，改变1/3倍频程带通滤波器的中心频率，保持各频段电平值恒定，在观众厅内规定的测点上测量声压级。测量仪器组成框图如图6.5.5所示。

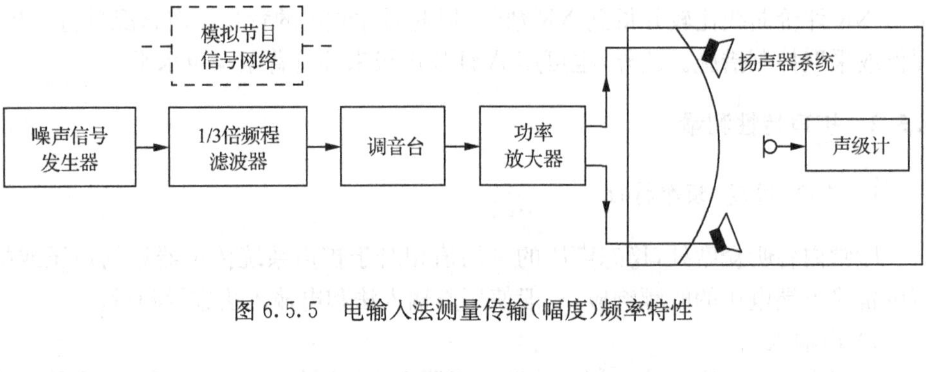

图6.5.5 电输入法测量传输（幅度）频率特性

2. 传声增益

在传输频率范围内，扩声系统达最高可用增益（扩声系统在所属厅堂内产生反馈自激临界增益减去6dB的增益）时，厅堂内各听众席处的稳态声压级平均值与扩声系统传声器处稳态声压级的差值，以dB表示。测量框图同图6.5.4。

把在观众厅内各测点上测得的声压级平均值减去传声器处的声压级，按频率加以平均即得该频带的传声增益

$$G_M = L_1 - L_2 \tag{6.5.4}$$

式中，L_1为观众厅测量位置处的声压级；L_2为传声器位置处的声压级。

若把传声增益值与频率的关系绘在同一张频率坐标纸上，便得到传声增益频率特性（也是在最高可用增益条件下，声输入法的传输频率特性）。

3. 声场不均匀度

厅堂内（有扩声时）不同听众席处稳态声压级的差值，测量线路同图6.5.3。

测量信号用 1/3 倍频程粉红噪声。测量信号的中心频率一般按倍频程中心频率取值。根据各测点在不同频带测得的频带声压级可作出相应的声场分布图。

4. 系统谐波失真

系统谐波失真是扩声系统由输入声信号到输出信号全过程中产生的谐波失真。当在厅堂中提取扩声的直达声信号有困难时,可以测量由电输入到声输出的系统的谐波失真(图 6.5.6)。

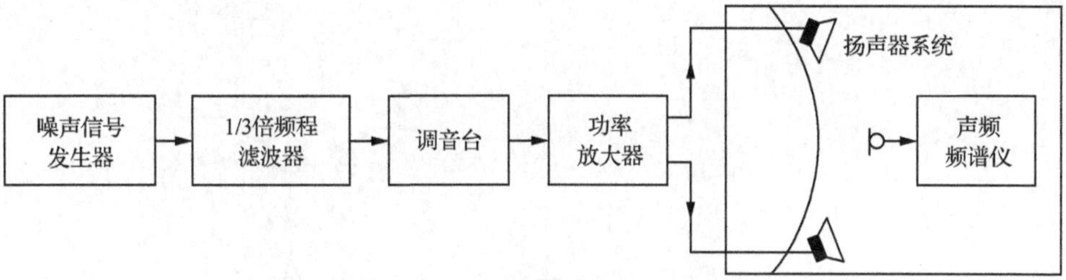

图 6.5.6　系统谐波失真测量框图

中心频率为 f 的 1/3 倍频程粉红噪声信号 U_f 馈送到扩声系统调音台输入端,调节扩声系统的增益,使扬声器系统输入电压相当于 1/4 设计使用功率的电平值。在厅堂内的测点上,测试传声器接收声音后馈送至声频频谱仪测量中心频率为 $f,2f,3f$ 的信号电压,按式(6.5.5)计算其谐波失真系数

$$K=\frac{\sqrt{U_{2f}^2+U_{3f}^2}}{U_f}\times 100\% \tag{6.5.5}$$

思　考　题

1. 用阻抗管测量材料的平面吸声系数时,为什么在圆管中产生平面波的条件是测试频率低于管中声源作非对称式振动的截止频率。

2. 用驻波比法测量吸声系数时,通过测量管中的声压极大值和极小值获得的吸声系数,与用声压级的极大值和极小值之间的声压级差求得吸声系数,是否相同?为什么?

3. 用驻波比法测量吸声系数时,阻抗管的直径决定了上限测试频率,而测试的下限频率如何确定?

4. 在混响室中测量吸声系数时,为什么一定要测量混响时间?

5. 对一种隔声构件,使用不同的测试方法得到描述隔声性能的量分别是传声损失、噪声衰减、插入损失,各自说明了什么特点。

6. 为什么说在隔声室测量隔声构件的隔声量，接收室的吸声系数对构件的传声损失有很大的影响。

7. 测量混响时间的声源中断法与脉冲反向积分法，各自具有什么特点。

8. 厅堂的传输频率与室内的哪些因素有关，传输频率分布的均匀与否反映了什么？

第7章　超声测量

在超声的应用中，超声的频率、声压、声强、声功率、声速和声衰减等是很重要的声学参量，对于这些参量的测量构成了超声研究和应用的基础。然而，超声测量相对于声学中的其他领域的测量既有共同点，又有不同之处，从测量的主要内容和作用而言有三方面：一是超声量值的测量与传递；二是超声设备的计量检定；三是在应用中对介质的声学性能测量。

超声设备一般是由电子设备和超声换能器构成，超声换能器用来发射或接收超声波。在功率超声中，换能器主要用于向介质中发射超声波；在检测超声中，换能器一般是收发两用型的，既作超声波的发射器，又作超声接收器。超声换能器的主要指标有谐振频率、带宽、电阻抗特性、电声效率、指向性和非线性特性等性能参数。对于超声设备而言，最重要的性能参数一般是整套设备的超声功率和换能器的特性参数；在医用超声诊断和治疗中，由于大剂量的超声对人体带来的不利，人们越来越关注安全诊断阈值的剂量标准和超声治疗的最佳辐射剂量，因此，超声功率则是一个更为重要的参量。

在大多数的应用中，超声波是在液体或固体介质中传播的。传播的介质不同，超声波的各种声学参数也将发生相应的变化，超声检测正是依据不同的介质对超声波有不同的传输和反射特性而实现的。因此，有时还需要对超声传播介质的声速、密度等参数进行测量。另外，不同材料对超声的衰减也不同，为了能正确估算超声波的声学参数，还需要对不同材料的超声衰减进行检测。

目前我国在声学计量量值的传递中，在超声领域进行的量值传递主要是声压和声功率。声压的测量和其量值的传递主要是通过标准水听器进行的。

本章讲述的是关于超声测量中水听器的校准、超声的基本量的测量，以及超声换能器主要参数的测量原理和方法。

7.1　水听器校准

超声场中的声压量值、声场的声压分布及其声压波形是通过水听器测量获得的。在超声场中的声压作用下，水听器产生相应的电信号。为了能准确地测量声场中的声压，首先需对水听器的灵敏度进行校准。按照定义高于 20kHz 频率范围为超声频，由于超声测量的频率范围比较宽，针对不同的频率范围，我国的国家标准，规定了不同的水听器的校准方法，如频率范围在 0.1～5MHz 分两个频段，水听器的校准方法分别采用自由场三换能器互易法和二换能器互易法校准，它们的适用频率范围分别为 0.1～1MHz 和 0.5～5MHz；在频率范围 0.5～15MHz 频段，采用激光干涉法测量校准，用激光直接测量超声场中的介质质点振速，从而计算声压，可以获得高的测量精度。此外，还可以根据测量要求和精度采用比较法进行水听器的灵敏度校准。

7.1.1　超声水听器的类型及其性能

1. 超声水听器的类型

目前，用于 0.1～15MHz 超声测量的水听器主要是用 PZT 压电陶瓷或 PVDF 压电薄膜材料作为敏感元件制作的压电型水听器。敏感元件被切割成圆片放置在金属管的顶端，外面包覆防水透声橡胶层。图 7.1.1 为使用四个 PZT 压电陶瓷的标准水听器。对于压电陶瓷水听器，一般用环氧钨粉作为吸声背衬材料，以减小压电圆片背面的声反射。用于高频测量的水听器金属管的直径一般达到 1mm 左右。图 7.1.2 所示为 PZT 和 PVDF 探针水听器的结构示意图。

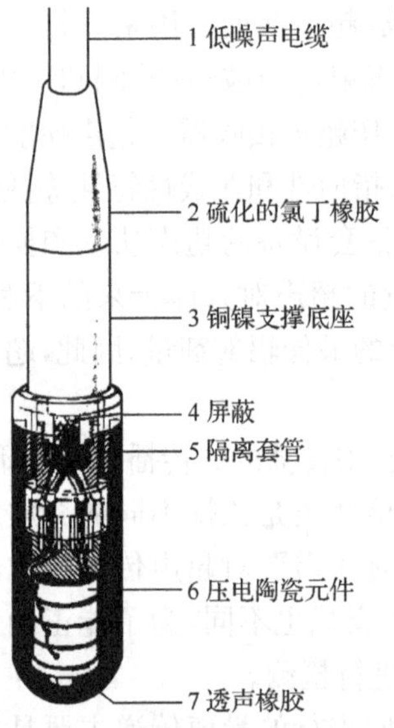

图 7.1.1　标准水听器结构示意图

2. 超声水听器的性能与要求

理想的超声水听器应具有小尺寸、高灵敏度、无指向性、性能稳定、在较宽的频带内响应平坦、具有良好的接收线性等特点。按照水听器的特性和用途，可将水听器分为两类：一类是用作对超声场瞬时声压作定量精密测量用的标准水听器；另一类是对声场作一般测量用的测量水听器。两者的差别主要是在频率特性、温度和时间稳定性的要求上不同，当然，对水听器的校准精度和方法的要求也不相同。

我国参照国际标准 IEC 500 和 IEC 866，制定的国家标准 GB/T 4128-1995《声学-标准水听器》，分别对 1Hz～100kHz 频率范围内的水听器和 0.1～10MHz 频率范围内的高频水听器的性能与设计技术作出了规定。就超声测量而言，这里对 0.1～10MHz 频率范围内使用的高频水听器的主要性能要求作一介绍。

1) 灵敏度及其频率响应

标准水听器的自由场电压灵敏度应不低于 －265dB(基准值 1V/μPa)；其频

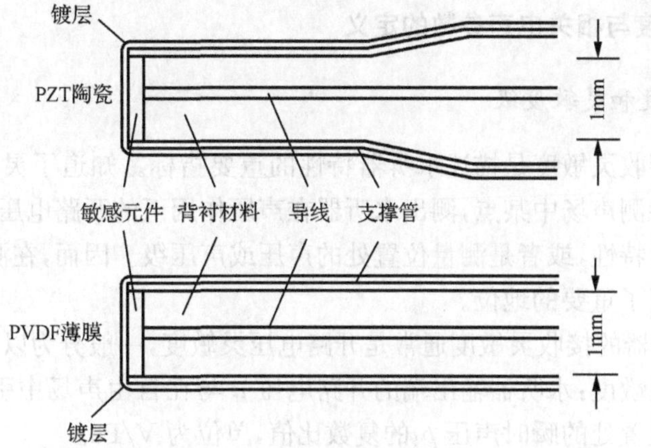

图 7.1.2 PZT 和 PVDF 探针水听器的结构示意图

率响应曲线的平坦度应达到在整个使用频率范围内，至少有 $2\frac{1}{2}$倍频程的范围，自由场灵敏度的不均匀性小于±1dB，且频率每改变 100kHz 时灵敏度的变化小于±0.5dB。

测量水听器的灵敏度应不低于−270dB(基准值 1V/μPa)；在整个使用频率范围内，至少有 $2\frac{1}{2}$倍频程的范围，自由场灵敏度的不均匀性小于±2dB，且频率每改变 100kHz 时灵敏度的变化小于±1dB。

2) 指向特性

(1) 有效立体角：在最高使用频率下，−6dB 的波束宽度应大于 15°。

(2) 波束对称性：在有效立体角内，波束的不对称性应小于±3dB。

(3) 轴偏差：最大灵敏度方向与几何对称轴方向间的偏差应小于 3°。

3) 动态范围

在 40dB 的动态范围内，水听器的输出电压应与自由场声压呈线性关系，其偏差小于±1dB。在信噪比大于 6dB 的条件下，能测量的最小声压级应不低于190dB(以 1μPa 为基准)。

4) 稳定性

(1) 时间稳定性：在校准周期一年的时间内，标准水听器灵敏度的变化不大于±2dB；测量水听器灵敏度的变化不大于±3dB。

(2) 温度稳定性：在 16～30℃的范围内，不同温度的灵敏度与 23℃时的灵敏度的偏差，标准水听器应不大于±1dB，测量水听器应不大于±3dB；在 30～40℃的范围内的灵敏度与 23℃时的灵敏度的偏差，标准水听器不大于±2dB，而测量水听器不大于±3dB。

7.1.2　灵敏度与相关电声参数的定义

1. *灵敏度和灵敏度级*

水听器接收灵敏度是描述水听器特性的重要指标。知道了灵敏度，只要将水听器放置于待测声场中某点，测出水听器在声压作用下的开路电压，就可求出所测对象的声辐射特性，或者是测量位置处的声压或声压级。因而，在测量工作中灵敏度的校准占据了重要的地位。

(1) 水听器的接收灵敏度通常是开路电压灵敏度，一般分为以下两种。

自由场灵敏度：水听器输出端的开路电压 u 与在自由声场中引入水听器前存在于其中心位置处的瞬时声压 p_f 的复数比值，单位为 V/Pa。

$$M_f = u/p_f \tag{7.1.1}$$

声压灵敏度：水听器输出端的开路电压 u 与实际作用于水听器接收面上的声压 p_d 的复数比值，单位为 V/Pa。

$$M_p = u/p_d \tag{7.1.2}$$

当水听器的最大线性尺寸远小于水中的声波波长，并且水听器的机械阻抗远大于水听器在水中的辐射阻抗时，声压灵敏度值近似等于自由场灵敏度值。

(2) 灵敏度级。把上述获得灵敏度用分贝表示时，是将测量的灵敏度模量与基准灵敏度之比的常用对数乘以 20，称为灵敏度级。因此有

自由场灵敏度级

$$L_{M_f} = 20\lg(M_f/M_r) \tag{7.1.3}$$

声压灵敏度级

$$L_{M_p} = 20\lg(M_p/M_r) \tag{7.1.4}$$

其中，M_r 为基准灵敏度，1V/μPa。

水听器输出端的开路电压一般是指在连接电缆终端测得的电压，对于含有前置放大器的水听器，通常是选择在压电元件与前置放大器的连接处测量输出电压，但这种测量需要高输入阻抗的电压测量系统。由于采用固体电路的前置放大器性能稳定，同样也可以在电缆的末端测量其开路电压。

需要指出的是：采用互易法校准自由场灵敏度或者声压灵敏度时，所依据的互易原理与第 3 章介绍的相同，不同之处在于这里的传声介质是水，以及针对在水中测量和校准的特点而采取不同的技术措施。因此，本章有关互易校准的内容仅介绍水听器的自由场灵敏度互易法校准方法。

2. *发送响应和发送响应级*

水听器在校准时，水听器或发射换能器的发送响应，按参考电学量的不同分为

发送电压响应和发送电流响应。

1）发送电压响应

在某频率和指定方向上，离发射器声中心参考距离 d_0 处的瞬时声压 p_0 和参考距离的乘积与输入至其电端的电压 v 的比值。参考距离为 1m，单位为 Pa · m/V。

$$S_V = p_0 d_0 / v \tag{7.1.5}$$

2）发送电流响应

在某频率和指定方向上，离发射器声中心参考距离 d_0 处的瞬时声压 p_0 和参考距离的乘积与输入至其电端的电流 i 的比值。参考距离为 1m，单位为 Pa · m/A。

$$S_I = p_0 d_0 / i \tag{7.1.6}$$

3）发送响应级

测量的不同响应值与相应的基准值之比的常用对数乘以 20，用分贝表示，有

发送电压响应级

$$L_{S_V} = 20\lg(S_V / S_{Vr}) \tag{7.1.7}$$

式中，S_{Vr}为基准值，1Pa · m/V。

发送电流响应级

$$L_{S_I} = 20\lg(S_I / S_{Ir}) \tag{7.1.8}$$

式中，S_{Ir}为基准值，1Pa · m/A。

3. 电转移阻抗

由两只换能器构成的声耦合系统，接收换能器的输出电压与发射换能器电端的电流复数比，单位为 Ω。

7.1.3 自由场三换能器互易法校准

1. 原理和方法

互易法校准是根据电声互易原理进行校准的一种绝对校准方法。在自由场互易校准过程中，需用三个换能器，其中至少有一个互易换能器(H)，另外两个换能器分别是发射器(F)和待校水听器(J)，这两换能器只要求满足线性条件。在自由场远场中按图 7.1.3 所示组合，分别测量每组换能器对的发射器输入电流和接收器的开路电压，或系统的电转移阻抗，就能获得水听器和互易换能器的自由场灵敏度及互易换能器和发射器的发送电流响应。

在第一组测量中，发射器(F)以电流 i_F 激励，在离其声中心校准距离 d_{FJ} 处的自由场远场声压 $p_{d,FJ}$ 略去时间因子 $e^{j\omega t}$ 后为

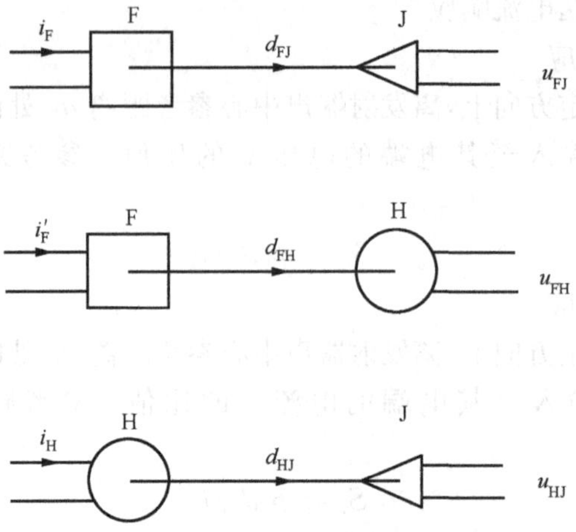

图 7.1.3　水声换能器自由场互易校准框图

$$p_{d,FJ}=\frac{p_0 d_0}{d_{FJ}}\cdot e^{jk'(d_0-d_{FJ})}=\frac{i_F S_{IF}}{d_{FJ}}\cdot e^{jk'(d_0-d_{FJ})} \tag{7.1.9}$$

式中，p_0 为离发射器(F)声中心参考距离 d_0 处的声压；d_0 为参考距离，为 1m；S_{IF} 为发射器(F)的发送电流响应；k'为复波数，m^{-1}；并且有

$$k'=-j\gamma,\quad \gamma=\alpha+j\beta,\quad \beta=k=\frac{\omega}{c} \tag{7.1.10}$$

其中，γ 为传播系数，m^{-1}；α 为衰减系数，dB/m。

则其电转移阻抗 Z_{FJ} 为

$$Z_{FJ}=u_{FJ}/i_F=\frac{u_{FJ}}{p_{d,FJ}}\cdot\frac{p_{d,FJ}}{i_F}=\frac{M_J S_F}{d_{FJ}}\cdot e^{jk'(d_0-d_{FJ})} \tag{7.1.11}$$

式中，u_{FJ}为水听器(J)的开路电压；M_J 为水听器(J)的自由场灵敏度；S_F 为发射器(F)的发送电流响应；d_{FJ}为发射器(F)和水听器(J)的声中心之间的距离。

同样，对第二组测量，发射器以电流 i'_F激励发送，互易换能器(H)接收时的电转移阻抗 Z_{FH}为

$$Z_{FH}=u_{FH}/i'_F=\frac{M_H S_F}{d_{FH}}\cdot e^{jk'(d_0-d_{FH})} \tag{7.1.12}$$

式中，u_{FH}为互易换能器(H)的开路电压；M_H 为互易换能器(H)的自由场灵敏度；d_{FH}为发射器(F)和互易换能器(H)的声中心之间的距离。

对第三组测量，互易换能器(H)发送，水听器(J)接收时的电转移阻抗 Z_{HJ} 为

$$Z_{HJ}=u_{HJ}/i_H=\frac{M_J S_H}{d_{HJ}}\cdot e^{jk'(d_0-d_{HJ})}\ \frac{1}{2} \tag{7.1.13}$$

式中，u_{HJ}为互易换能器(H)发送时，水听器(J)的开路电压；i_H 为输入互易换能器(H)的电流；S_H 为互易换能器(H)的发送电流响应；d_{HJ}为互易换能器(H)和水听

器(J)的声中心之间的距离。

根据电声互易原理，对于互易换能器(H)，其接收灵敏度和用作发射时相应的发送响应之比值是一个与换能器本身结构无关的常数 $J_s = M_f/S_I$，称为互易常数，在自由场球面波条件下，有

$$J_s = M_f/S_I = \frac{2}{\rho f} e^{j\left(k'd_0 - \frac{\pi}{2}\right)} \tag{7.1.14}$$

联立式(7.1.11)～式(7.1.14)可得水听器(J)和互易换能器(H)的自由场灵敏度

$$M_J = \left[\frac{Z_{FJ} \cdot Z_{HJ}}{Z_{FH}} \cdot \frac{d_{FJ} \cdot d_{HJ}}{d_{FH}} \cdot \frac{2}{\rho f} \cdot e^{j\left[k'(d_{FJ}+d_{HJ}-d_{FH})-\frac{\pi}{2}\right]}\right]^{\frac{1}{2}} \tag{7.1.15}$$

$$M_H = \left[\frac{Z_{FH} \cdot Z_{HJ}}{Z_{FJ}} \cdot \frac{d_{FH} \cdot d_{HJ}}{d_{FJ}} \cdot \frac{2}{\rho f} \cdot e^{j\left[k'(d_{FH}+d_{HJ}-d_{FJ})-\frac{\pi}{2}\right]}\right]^{\frac{1}{2}} \tag{7.1.16}$$

对式(7.1.15)取模值，并考虑 600kHz 以上的声衰减已不能忽略，由式(7.1.10)和式(7.1.15)得到待测水听器自由场灵敏度的量值为

$$M_J = \left[\left|\frac{Z_{FJ} \cdot Z_{HJ}}{Z_{FH}}\right| \cdot \frac{d_{FJ} \cdot d_{HJ}}{d_{FH}} \cdot \frac{2}{\rho f} \cdot e^{\alpha(d_{FJ}+d_{HJ}-d_{FH})}\right]^{\frac{1}{2}} \tag{7.1.17}$$

在校准中，若使校准距离 $d_{FH} = d_{FJ} + d_{HJ}$，$d_{FJ} = d_{HJ} = d$，那么，式(7.1.14)的指数项为 1，则可以简化为

$$M_J = \left[\left|\frac{Z_{FJ} \cdot Z_{HJ}}{Z_{FH}}\right| \cdot \frac{d}{\rho f}\right]^{\frac{1}{2}} \tag{7.1.18}$$

如果保持激励电流 $i_F = i'_F$，于是式(7.1.18)可写成

$$M_J = \left[\left|\frac{u_{FJ} \cdot u_{HJ}}{u_{FH} \cdot i_H}\right| \cdot \frac{d}{\rho f}\right]^{\frac{1}{2}} \tag{7.1.19}$$

采用灵敏度级表示，则上面的式(7.1.18)、式(7.1.19)分别为

$$\begin{aligned} L_{M_J} &= 20\lg(M_J/M_r) \\ &= \frac{1}{2}\left[20\lg|Z_{FJ}| + 20\lg|Z_{HJ}| - 20\lg|Z_{FH}| + \lg\left(\frac{d}{2}\right) + J_s\right] - 120 \end{aligned} \tag{7.1.20}$$

$$\begin{aligned} L_{M_J} &= 20\lg(M_J/M_r) \\ &= \frac{1}{2}\left[20\lg|u_{FJ}| + 20\lg|u_{HJ}| - 20\lg|u_{FH}| - 20\lg|i_H| + \lg\left(\frac{d}{2}\right) + J_s\right] - 120 \end{aligned} \tag{7.1.21}$$

式(7.1.21)中的互易常数为

$$J_s = 20\lg(2/\rho f) = 6.0 - 20\lg\rho - 20\lg f \tag{7.1.22}$$

如果取水的密度 $\rho = 10^3 \text{kg/m}^3$，则式(7.1.22)成为

$$J_s = -54 - 20\lg f$$

显然，频率每增加 10 倍，互易常数值应减小 20dB，表 7.1.1 中给出 10～90Hz 的互易常数表。

表 7.1.1　互易常数表　dB

f/Hz	0	1	2	3	4	5	6	7	8	9
10	−74.0	−74.8	−75.6	−76.3	−76.9	−77.5	−78.1	−78.6	−79.1	−79.6
20	−80.0	−80.4	−80.9	−81.2	−81.6	−82.0	−82.3	−82.6	−82.9	−83.3
30	−83.5	−83.8	−84.1	−84.4	−84.6	−84.9	−85.1	−85.4	−85.6	−85.8
40	−86.0	−86.3	−86.5	−86.7	−86.9	−87.1	−87.3	−87.4	−87.6	−87.8
50	−88.0	−88.1	−88.3	−88.5	−88.7	−88.8	−89.0	−89.1	−89.3	−89.4
60	−89.6	−89.7	−89.9	−90.0	−90.1	−90.3	−90.4	−90.5	−90.7	−90.8
70	−90.9	−91.1	−91.2	−91.3	−91.4	−91.5	−91.6	−91.7	−91.8	−92.0
80	−92.1	−92.2	−92.3	−92.4	−92.5	−92.6	−92.7	−92.8	−92.9	−93.0
90	−93.1	−93.2	−93.3	−93.4	−93.5	−93.6	−93.7	−93.7	−93.8	−93.9

根据式(7.1.15)和式(7.1.10)确定水听器自由场灵敏度的相位为

$$\varphi_{\mathrm{HJ}} = \arg M_{\mathrm{fJ}} = \frac{1}{2}\left[\arg Z_{\mathrm{FJ}} + \arg Z_{\mathrm{HJ}} - \arg Z_{\mathrm{FH}} + k(d_{\mathrm{FJ}} + d_{\mathrm{HJ}} - d_{\mathrm{FH}}) - \frac{\pi}{2}\right] \tag{7.1.23}$$

由式(7.1.23)不难看出，校准距离 d_{FJ}，d_{FH}，d_{HJ} 和声速 c 的测量误差对相位测量的影响很大，特别是 d 的测量，当测量频率为 100kHz，距离 $d=1\mathrm{m}$ 时，$\pm 1\mathrm{mm}$ 的测量误差将引起的相位误差为 $\pm 12°$。

如果将三个换能器排成一条直线，水听器处于中间的位置，如图 7.1.4 所示，并且保证 $d_{\mathrm{FH}} = d_{\mathrm{FJ}} + d_{\mathrm{HJ}}$，那么，式(7.1.23)可以简化成为

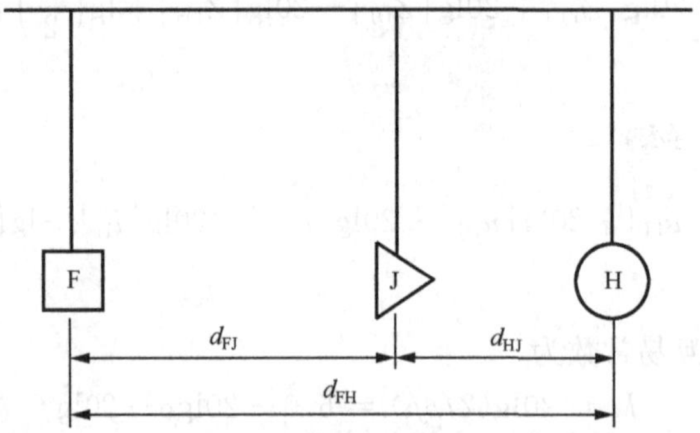

图 7.1.4　换能器安装排列示意图

$$\varphi_{HJ} = \arg M_{IJ} = \frac{1}{2}\left[\arg Z_{FJ} + \arg Z_{HJ} - \arg Z_{FH} - \frac{\pi}{2}\right] \tag{7.1.24}$$

由于式(7.1.24)削去了 k 和 d，相位测量的误差可减至最小。

2. 校准的频率限制

互易校准法在理论上对校准频率不存在任何限制，但是在实施中因技术上的原因而有一定的限制。

1) 高频限制

在自由场互易校准中，其远场条件就是要求校准时两换能器的声中心间的距离足够大，对于一定尺寸的换能器，校准时所需的最小距离，将随着频率增加而相对加大，这样，对于连续正弦波信号或有一定带宽的噪声信号(在不考虑指向性的情况下)，直达声与反射声的相对幅值比与其声程比成反比，因此，来自边界的反射声对直达声的干扰也随测量距离的增大而增大。实验表明，当反射声的声程比直达声的声程大 30dB 时，由反射声带来的影响将不大于 0.3dB。

在相位测量时，这个比值至少应大于 40dB。在式(7.1.24)中，测量距离 d 虽然已不出现，但这只是将由 d 可能引起的误差减至最小，并没有真正消除。当频率较高时，这一影响将很显著，并且随频率增高而加大，所以实际相位测量一般不大于几万赫。

2) 低频限制

一般压电型换能器，在低于其谐振频率下，发送电流响应与频率成正比的减少，当频率低至某一值时，它在水听器处产生的声压与环境噪声之差不大于 30dB 时，不符合互易校准的要求，因而限制了校准的最低频率。

3. 校准的条件

1) 自由场球面波的验证

在自由声场中，声源在一定远处产生的声压呈球面发散波，其声压 p_d 与离声源中心的距离 d 成反比，所以，验证球面波的传播规律是否成立，其关系可表示为

$$p_d = A/d \tag{7.1.25}$$

式中，p_d 为离声源声中心距离 d 处的声压，Pa；A 为常数。

将式(7.1.25)以对数形式表示时，有

$$\lg p_d + \lg d = \lg A = C \tag{7.1.26}$$

表明了在以对数表示的直角坐标中为一直线，如图 7.1.5 所示。任何使自由场条件不满足的因素，如边界反射、声源的近场效应、换能器间的反射等，都将使实测点偏离理想直线。因此，一般以此偏差来度量自由场条件的符合程度，并以此量值来计算由声场条件引起的校准误差。在互易校准中，要求在校准处的声场偏差小于

±0.5dB。

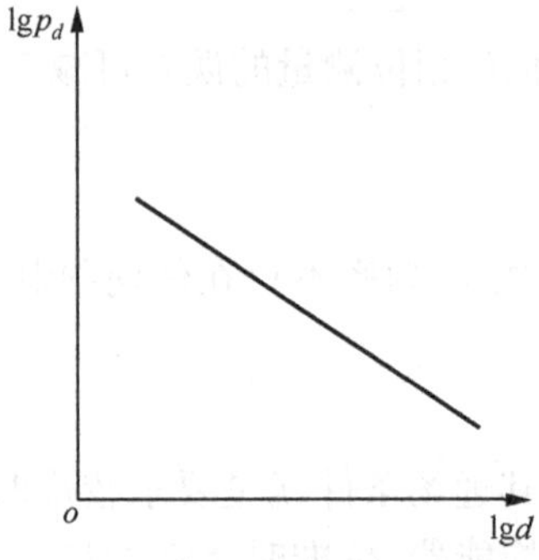

图 7.1.5　声压 p_d 与离声源中心距离 d 的关系

2）发射器与水听器的声中心

用类同于检验自由场的方法来确定换能器的声中心。设 Δd 为换能器的几何声中心与真正声中心之间的偏差，则声场中某处的声压为

$$P_d = A/d' = A/(d+\Delta d) \tag{7.1.27}$$

式中，d' 为由换能器的真正声中心测量的距离；d 为由换能器的几何声中心测量的距离。

式(7.1.27)可写成

$$A/P_d = d + \Delta d$$

以 A/P_d 为纵坐标，d 为横坐标，则式(7.1.27)表示为一条直线，Δd 为 d 轴上的截距，由截距 Δd 值确定声中心的正确位置。

对于对称性的尺寸比较大的发射器和水听器，为了方便起见，常以几何声中心作为声中心。

3）校准距离的确定

适当地选取校准距离可以提高校准测量精度。在自由场远场的互易校准中，当两换能器声中心间的距离足够大时，由水听器所截去的声波波阵面近似为一平面，对于敏感元件的最大尺寸分别为 a_1、a_2 的发射器和水听器，当校准距离 d 同时满足下面条件时

$$d > (a_1^2 + a_2^2)/\lambda \quad (d > a_1 \text{ 及 } a_2) \tag{7.1.28}$$

引起的校准误差将不大于 0.2dB。

4）换能器输出端的选定

不同的换能器输出端点测量的灵敏度数值的意义和大小是不相同的。换能器的输出端一般选在连接换能器的固定点的末端，也可选在换能器头处或外加延伸电缆的末端。对于已经选定的输出端，在整个校准的过程中所有的电测量都必须在此输出端进行测量，所得到的灵敏度或响应值也是此端的值。如果需要变更输

出端，应用插入电压法或阻抗法测定这两个输出端之间的耦合损失后，再求得新输出端的灵敏度或响应值。

5）换能器线性范围的验证

换能器的线性范围是在输入量变化的一定范围内其输出量与输入量之比值保持不变的特性。对于发射器而言，输入量是电流 I，输出量是在距离 d 处产生的声压；对于水听器来说，输入量是作用其上的声压，输出量是其输出开路电压。

检验线性范围的方法是：在测量范围内从小到大改变激励电流，测量发射器-水听器(F-J)换能器对的电转移阻抗模值 $|Z_{FJ}|$，并检验其模值的变化量是否在规定值之内。通过改变距离 d，或者更换一个换能器可以进一步判断是发射器(F)还是水听器(J)出现非线性，或者两个换能器均出现了非线性。对于互易换能器，应同时测量用作发射器时和用作水听器时的线性范围。

6）互易换能器互易性的验证

互易性的检验就是看互易换能器在线性范围内是否遵守电声互易原理。测试的方法是将发射器和互易换能器按图 7.1.6 排列，测量和判定它们转移电阻抗 Z_{FH} 和 Z_{HF} 的模和辐角相等的范围。

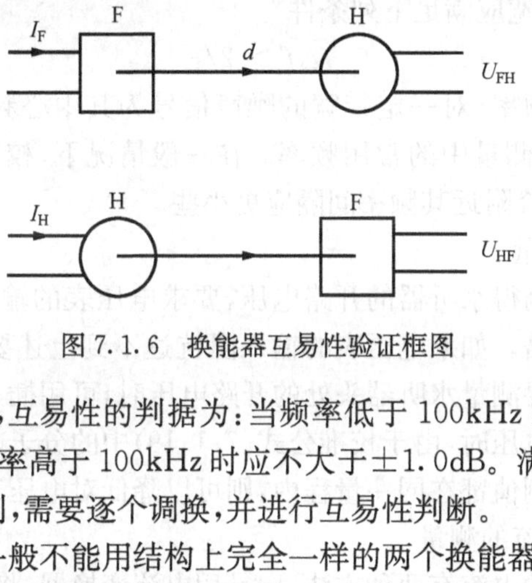

图 7.1.6 换能器互易性验证框图

对于量值的校准，互易性的判据为：当频率低于 100kHz 时，这两个值之差应不大于±0.5dB；当频率高于 100kHz 时应不大于±1.0dB。满足上述要求的换能器为互易换能器，否则，需要逐个调换，并进行互易性判断。

检验互易性时，一般不能用结构上完全一样的两个换能器来检验，以避免可能出现的换能器的线性或非线性相同，而无法由 $|Z_{FH}|=|Z_{HF}|$ 来判断是否互易。

4. 校准过程中的有关参量测量方法

在前面获得的灵敏度表达式(7.1.18)、式(7.1.19)或式(7.1.21)中，关于频率 f、水听器开路电压 u、输入发射器电流 i 或换能器的电转移阻抗 Z，以及介质的密度和校准距离 d 的测量，直接影响灵敏度的精确度。

1）测量信号类型与频率

校准所用的信号可以是连续的脉冲调制的正弦信号，也可以用一定带宽的噪声信号。

当使用脉冲调制正弦信号校准时，为了获得相当于正弦连续信号校准的结果，脉冲宽度应满足使换能器在测量时达到稳态条件的要求。

(1) 要求脉冲声波作用于换能器的时间足以使换能器的各部分之间完成相互作用，其脉冲宽度 τ 需满足下列条件

$$\tau > 2l'/c \tag{7.1.29}$$

式中，l'为沿声波传播方向上水听器的尺寸，m；c 为声波在水中传播的速度，m/s。

(2) 脉冲宽度应足够大，使换能器容易达到稳态条件，特别是当换能器共振时，欲使脉冲声测试达到稳态值的 96%以上，即与连续信号测试相比，实测值不小于理论值 0.4dB，则脉冲宽度 τ 应满足条件

$$\tau > Q/f_0 \tag{7.1.30}$$

式中，Q 是换能器的品质因数；f_0为换能器的共振频率，Hz。

(3) 为了保证脉冲信号在测试过程中不发生畸变，测试设备（如放大器、滤波器等）和换能器的带宽应满足下列条件

$$\Delta f > 2/\tau \tag{7.1.31}$$

校准时所用的频率（对一定带宽的噪声信号为其中心频率）应包含国家标准 GB3240 规定的声学测量中的常用频率。在一般情况下，校准的频率间隔应小于 1/3 倍频程，在共振峰附近其频率间隔应更小些。

2）开路电压测量

为了能正确地测得水听器的开路电压，要求电压表的输入阻抗比水听器的输出阻抗至少大 100 倍。如果电压表的输入阻抗达不到上述要求，以及当水听器带有前置放大器并需要测量水听器头处的开路电压时，可用插入电压法测量。

直接测量开路电压时，由于校准公式(7.1.19)中的分子、分母上待测的电压数相同，因此，只要被测值都在同一量程内，则可以降低对电压表的准确度要求。

3）输入发射电流的测量

测量输入发射的电流有两种方法：一是用电流变换器，将其初级串接于发射器的高电位端，因初级的阻抗很低，以至于对次级和地之间的电容很小，所以，它的接入不致影响发射器的工作状态。

另一种方法是在发射器的低电位端串接一个标准电阻 R，测量 R 上的电压来得到。为了避免对地的杂散电容对测量的影响，标准电阻的阻值应小于发射器复阻抗实数部分的 1%，且不大于几欧姆。

4）电转移阻抗

电转移阻抗 Z 可用测得的水听器开路电压 u 和输入发射器电流 I 计算得到其

模值，也可以用标准衰减器直接测量。

对于电转移阻抗的辐角 arg Z，以信号发生器的信号作参考信号，可以用相位计或移相器分别测量水听器的开路电压 u 和输入发射电流 i 的相位计算得到，或者直接测量 u 和 i 间的相位差。

7.1.4　两换能器互易法

对于测试频率范围为 0.5～15MHz 的水听器在水池中进行两换能器互易法校准的装置原理框图如图 7.1.7 所示。

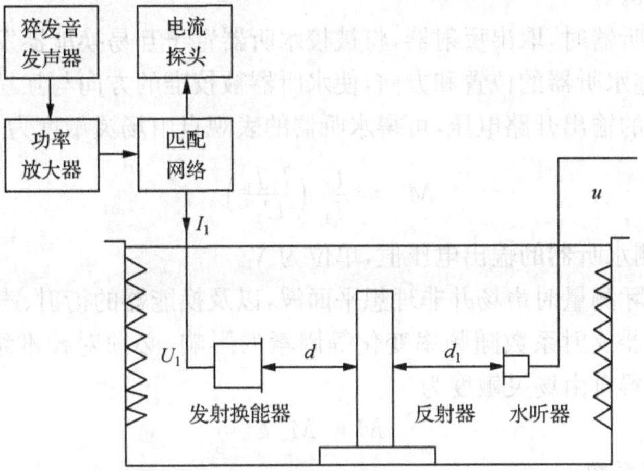

图 7.1.7　两换能器互易法校准原理框图

1. *原理和方法*

两换能器互易法校准测量分为两个过程，首先采用互易换能器的自易法校准获得表观发送电流响应，然后在互易换能器产生的已知声场中校准水听器的自由场灵敏度。测量中使用的发射换能器为互易换能器，测试水槽应保证发射换能器与不锈钢反射器之间的距离至少能达到 1.5 倍近场临界距离 N_1，这里 $N_1 = a_1^2/\lambda$ 为发射换能器的近场距离，a_1为换能器半径。为消除或减小声反射的影响，应在槽壁上铺设吸声材料。从换能器到水听器的总声程$(d+d_1)$应达到换能器近场距离 N_1 的 1.5～3 倍。发射换能器在功率放大器的驱动下向水槽中辐射至少包含10～20 个周期的猝发音。

进行自易校准时，在水槽中放入反射器，并调整反射器的角度，使发射换能器的声束轴垂直于反射器表面，从而使反射声波能被发射换能器接收。

在理想平面波条件下，互易换能器作为发射时的表观平面波发送电流响应 S_1^* 可表示为

$$S_1^* = \sqrt{\frac{U_1}{I_1 J_p}} \tag{7.1.32}$$

且有

$$J_p = \frac{2A_1}{\rho c} \tag{7.1.33}$$

式中，U_1 为自易校准时，互易换能器接收回波的开路电压信号，单位为 V；I_1 为互易换能器发射时的激励电流信号，单位为 A；J_p 为平面波互易常数；A_1 为互易换能器的有效辐射面积，单位为 m^2；ρ 为介质密度，单位为 kg/m^3；c 为声波传播速度，单位为 m/s。

在校准水听器时，取出反射器，将被校水听器置于互易换能器发射时产生的已知声场中，调整水听器的位置和方向，使水听器被校准的方向与互易换能器的声轴重合。测量它的输出开路电压，可得水听器的表观自由场灵敏度为

$$M^* = \frac{U}{I_1}\left(\frac{I_1 J_p}{U_1}\right)^{\frac{1}{2}} \tag{7.1.34}$$

式中，U 是被测水听器的输出电压值，单位为 V。

考虑到实际测量时声场并非理想平面波，以及换能器的衍射、声波在水中的传播衰减和反射器反射系数随频率变化等因素的影响，必须对校准结果进行修正。修正后的水听器自由场灵敏度为

$$M = M^* k \tag{7.1.35}$$

式中，k 是修正系数。

如果互易换能器与超声水听器的直径比大于 5，总声程长度为互易换能器近场长度的 1.5～3 倍，则 k 可表示为

$$k = G_c \frac{K_1^{\frac{1}{2}} r_p^{\frac{1}{2}}}{K} e^{\alpha d} \tag{7.1.36}$$

式中，G_c 为互易换能器的非平面波声场衍射效应的修正值，其值仅为归一化距离 S 的函数，而 $S = 2dr/a_1^2$（a_1 为互易换能器有效半径，d 为互易换能器与发射器之间的距离）可通过查阅图 7.1.8 获得；r_p 为声波从水中入射到发射板表面时的声压振幅反射系数，反射板为不锈钢材料时，$r = 0.937$；d 为互易换能器与反射器之间的距离；α 为蒸馏水的声衰减系数，在 23℃时 $\alpha' = 2.2 \times 10^{-14} f^2$（频率 f 的单位为 Hz）；K_1 为互易换能器的接收开路电压的修正值。

当互易换能器作为接收换能器使用时，如果电负载条件（如功率放大器的输出阻抗）在发射和接收过程中没有改变，K_1 可由激励电流 I_1 与短路电流 I_K 的比值确定，即

$$K_1 = I_1 / I_K \tag{7.1.37}$$

信号电压乘以此修正因子 K_1 等效于互易换能器的开路电压。

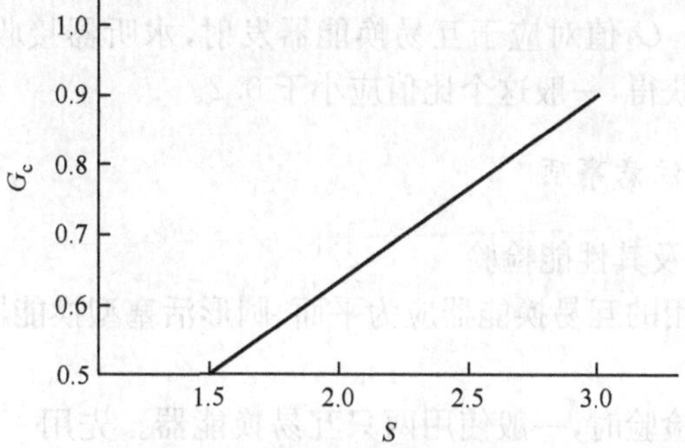

图 7.1.8 非平面波声场衍射效应修正因子与声程的关系

式(7.1.36)中的 K 为超声水听器开路电压的修正值，水听器产生的电压乘以此修正因子即可得到等效开路电压，由于在实际测量中仍使用校准水听器时所接入的电负载，因而在一般情况下，无须对开路电压作修正，即 $K=1$。

当互易换能器和水听器的直径比、或声程的长度不能满足上述要求，要根据下列公式计算修正因子 k

$$k=(K_1G_1r_p)^{\frac{1}{2}}\frac{e^{\alpha d}}{KG_2} \tag{7.1.38}$$

式中，G_1 为在互易换能器自易校准中考虑到声波从发射到接收的变化而进行的修正；G_2 为水听器处于互易换能器的已知声场中进行校准时考虑相应变化而进行的修正。

图 7.1.9 给出了根据理想活塞声源导出的相对于各种接收和发射直径之比的归一化距离与 $|p/p_0|$ 之比的对数图(图中参数为接收换能器与发射换能器的直

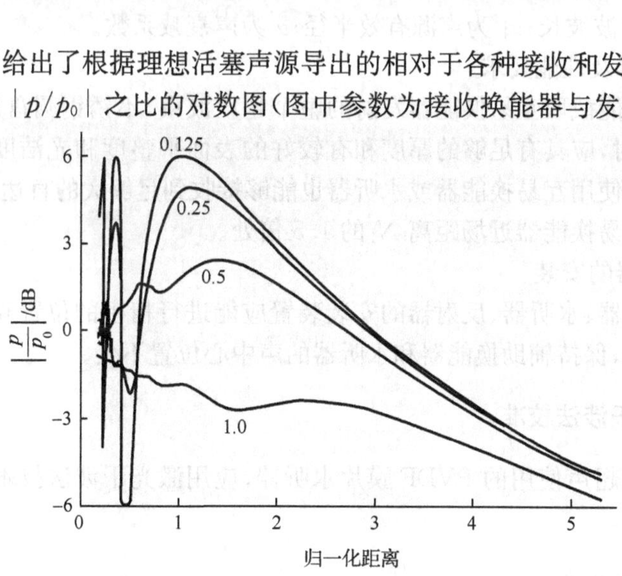

图 7.1.9 平均声压与不同尺寸换能器的归一化距离的关系

径比)。G_1值对应于互易换能器既作发射又作接收的情况,可从图上与直径比为1对应的曲线上获得。G_2值对应于互易换能器发射,水听器接收的情况,可从合适的直径比的曲线上获得,一般这个比值应小于0.2。

2. 校准条件与注意事项

1) 互易换能器及其性能检验

对于校准测量用的互易换能器应为平面、圆形活塞型换能器,并应具有良好的互易性及线性。

在进行互易性检验时,一般使用两只互易换能器。先用一只互易换能器作为发射器,而另一个互易换能器作为接收换能器,对它们的转移阻抗进行测量;然后保持位置不变,使两只换能器的发射和接收状态相互转换,再次进行转移阻抗测量。对于用作互易测量的互易换能器来说,要求两次测量的转移阻抗值相差应不大于10%。

由于互易换能器的有效半径 a_1 并不总是等同于敏感元件的半径,因此在实际测量时,要求 a_1 大于探针水听器敏感元件半径10倍以上。用探针水听器测量出互易换能器声轴方向声压随距离的变化,并与理论关系相比较就可确定其有效半径。对于活塞形声源,轴向声压与距离的理论关系式为

$$\frac{p}{p_{\mathrm{tp}}}=2\left|\sin\frac{\pi}{\lambda}\left[(z_1^2-a_1^2)^{\frac{1}{2}}-z_1\right]\mathrm{e}^{-\alpha' d}\right|$$

式中,p 为在声源声轴上距离 z_1处的声压幅值;p_{tp}为同一距离上的真正平面波声压幅值;λ 为声波波长;a_1 为声源有效半径;α'为声衰减系数。

2) 反射器及性能要求

为了保证能截取互易换能器发射的整个超声波束,不锈钢圆盘反射器的直径应足够大;同时,应具有足够的厚度和有较好的表面平整度和光洁度,以利于在最低校准频率下使用互易换能器或水听器也能够接收到足够大的直达波。校准时将反射器置于互易换能器近场距离 N_1的1.5倍处。

3) 换能器的安装

互易换能器、水听器、反射器的安装装置应能进行精密的位置和角度调节;进行角度调节时,保持辅助换能器和水听器的声中心位置不变。

7.1.5 激光干涉法校准

对于高频超声使用的PVDF膜片水听器,应用激光干涉法技术,可以获得较高的校准精度。

1. 原理和方法

水听器灵敏度激光测振法校准装置的原理框图如图7.1.10所示。

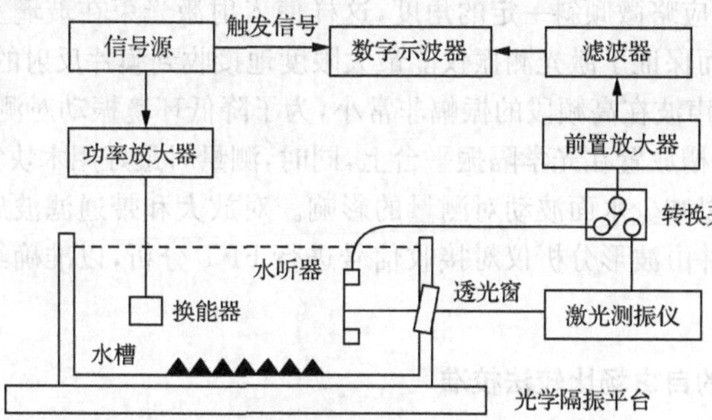

图 7.1.10 激光测振法校准装置的原理框图

在水介质中传播的超声波作用到透声反光膜片上时，如果膜片厚度远小于超声波长，膜片将跟随周围的水介质作相同的振动。这时使用激光干涉仪测量出膜片的振动位移或振动速度，便可计算出该点的超声波声压，即

$$p_0(r) = \rho c \upsilon_0(r) = \rho c \omega \xi_0(r) \tag{7.1.39}$$

式中，$\upsilon_0(r)$为水介质中 r 点的质点振速；$\xi_0(r)$为水介质中 r 点的质点位移。

在测出水介质的质点振速后，移走膜片，将被测水听器安置在膜片原来的位置，并使水听器声中心位于原振速测量点，保持发射电路的状态不变，测量水听器开路电压 U_{oc}，根据式(7.1.40)计算水听器的开路电压灵敏度

$$M = \frac{U_{oc}}{p_0(r)} = \frac{U_{oc}}{\rho c \upsilon_0(r)} \tag{7.1.40}$$

在水中，由于声光干涉，激光干涉仪测得的平面波质点振速 u_{I}和水中 r 点的实际质点振速$\upsilon_0(r)$不同，它们存在如下关系

$$u_{\mathrm{I}} = 2n^* \upsilon_0$$

式中，$n^* = 1.01$ 是水介质的等效折射系数。

因此，水听器的开路电压灵敏度计算公式可表示为

$$M = \frac{U_{oc}}{p} = \frac{2n^* U_{oc}}{\rho c u_{\mathrm{I}}} \tag{7.1.41}$$

2. 校准条件与注意事项

(1) 测量膜片一般选择镀金的聚酯薄膜，校准的上限频率与透射膜片的厚度有关。如果校准装置的上限测量频率为 15MHz，膜片的厚度应小于 5μm，以保证其在较高频率下仍具有很大的透射系数。

(2) 通常透声膜片紧绷在金属圆环上，并使其形状和尺寸与通用的 PVDF 膜片水听器相同，这样便于利用水听器的夹具对其进行安装和调节。

(3) 为了缩短测量水槽中的混响时间，水槽中应铺设一些吸声材料。测量水

槽的透光窗玻璃应略微倾斜一定的角度，这样使入射激光束在玻璃上的反射偏转一定的角度，从而保证了激光测振仪能最大限度地接收到膜片反射的激光光束。

(4) 由于超声波在高频段的振幅非常小，为了降低环境振动对测量的影响，测量时应将测量水槽放置在光学隔振平台上，同时，测量时最好用木块等物体将水的表面覆盖起来，以减少水面波动对测量的影响。对放大和带通滤波后的电压信号进行多次平均，并由波形分析仪对接收信号进行 FFT 分析，以准确给出振动信号的大小。

7.1.6 水听器的自由场比较法校准

同空气声的传声器比较法校准方法一样，水听器的比较校准法是与标准水听器或标准声源比较的一种相对比较方法。与前面讲到的互易校准法以及其他的绝对校准方法相比，比较校准法简单易行。如果校准装置设置合理，操作过程正确，也可得到比较高的测量精度。这里主要介绍目前水听器校准中较为广泛使用的两种比较校准方法。

1. 与标准水听器比较

将发射器(F)、标准水听器(P)及待校水听器或换能器(X)按图 7.1.11 所示排列，分别测量换能器(F-P)对和(F-X)对的电转移阻抗模值$|Z_{FP}|$和$|Z_{FX}|$，于是，待校水听器的自由场灵敏度M_X为

$$M_X = M_P \cdot \frac{|Z_{FX}|}{|Z_{FP}|} \cdot \frac{d_{FX}}{d_{FP}} \tag{7.1.42}$$

式中，M_P 为标准水听器的自由场灵敏度，V/Pa；d_{FP}，d_{FX}为发射器到标准水听器(P)或待校水听器(X)的声中心间的距离，m。

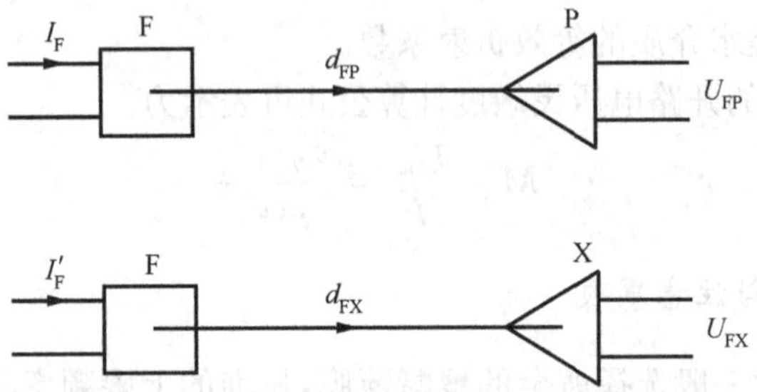

图 7.1.11 与标准水听器进行比较法测量

校准测量时，如果使 $d_{FP}=d_{FX}$，发射器上的电流保持相同，于是只需测量两种水听器的开路电压，则上式成为

$$M_X = M_P \cdot \frac{U_{FX}}{U_{FP}} \tag{7.1.43}$$

2. 与标准声源比较

按照图 7.1.12 所示排列，测量由标准声源(P)和待校水听器(X)组成的换能器对(P-X)的电转移阻抗模$|Z_{PX}|$，则可得到待校水听器的自由场灵敏度M_X

$$M_X = \frac{U_{PX}d}{I_P S_{IP}} = Z_{PX}d/S_{IP} \tag{7.1.44}$$

式中，U_{PX}为待校水听器(X)的开路电压，V；S_{IP}为标准声源的发送电流响应，Pa·m/A；d 为标准声源与待校水听器的声中心间的距离，m；I_P 为输入标准声源的电流，A。

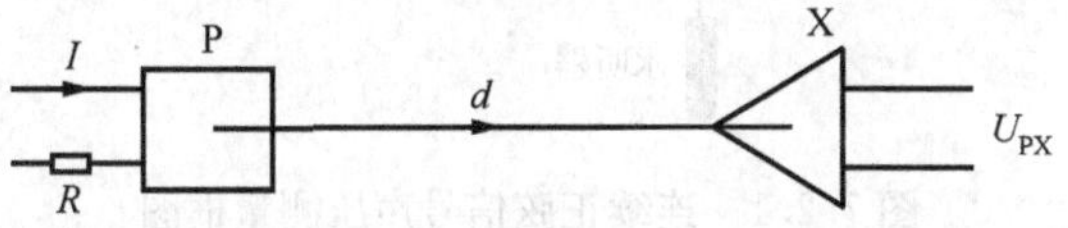

图 7.1.12 与标准声源进行比较法测量

7.2 超声场声压测量

对于不同的用途和应用对象，超声换能器在不同的介质中辐射声波产生不同特性的超声场。对于空气声场的超声声压的测量，使用传声器或专门的气介接收换能器进行测量，一般与空气声的测量方法一致，这里不再叙述。

对于水中辐射的超声声压可以用专门的仪器直接测量，也可以用间接的方法测量。用专门的声压测量仪器测量，可以直接读出被测声场的声压值。而间接测量则是借助于灵敏度值已知的标准水听器进行测量，由它的开路电压值和灵敏度计算声场中的声压，即

$$p = \frac{U_{oc}}{M} \tag{7.2.1}$$

式中，U_{oc}是标准水听器的开路电压，V；M 是标准水听器的灵敏度值，V/Pa。

需要注意的是，测量中应根据测量对象的声场条件和测量要求，选择相应灵敏度类型的水听器，其做法与音频声学测量中对不同传声器灵敏度类型的选择类似。

上述测量方法的特点是测量迅速，设备简单，操作比较容易，计算方便，所以得到了广泛应用。

7.2.1 连续正弦声压测量

连续正弦波声压测量，只适用于消声水池，而不适合形成驻波的场合。测量时应排除电磁干扰，使同频率的电串漏的影响降低到可以忽略的程度。测量装置如图 7.2.1 所示。

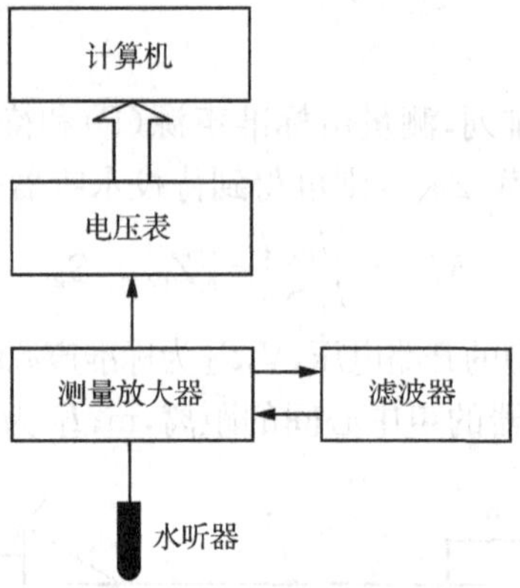

图 7.2.1　连续正弦信号声压测量框图

标准水听器在声场中的声压作用下产生的开路电压经过放大、滤波后，由电压表测量其电压值。根据测得的电压值计算超声场的声压值。

用电压表测得标准水听器的输出电压值 U 后，则用式(7.2.2)可求得声压级为

$$L_p = 20\lg U - L_M \quad (\text{dB}) \tag{7.2.2}$$

式中，L_M 是标准水听器的灵敏度级，dB(基准值：1V/μPa)；U 是标准水听器的开路电压，V。

测量中所用放大器的输入阻抗必须大于标准水听器阻抗的 100 倍以上，滤波器的最大允许误差应不超过 ±0.2dB，电压表读数的最大允许误差应不超过 ±1%。

7.2.2　脉冲正弦声压测量

脉冲正弦信号是水声校准与测量中的常用信号，使用脉冲声可用于消除边界反射、驻波和电串漏等干扰的影响。为了测量的准确，对被测脉冲声信号有如下要求。

1. 脉冲宽度的选择

为了避免来自边界或障碍物的反射声对直达声产生的干扰，应保证脉冲宽度小于最近边界的反射声程与直达声程之差，即

$$\tau \leqslant \frac{R-d}{c} \tag{7.2.3}$$

式中，R 为来回反射声程；d 为直达声程；c 为水中传播的声速。

如果水槽(池)是长方形,根据式(7.2.3),则脉冲的宽度应满足以下两个条件

$$\tau \leqslant \frac{L-d}{c} \tag{7.2.4}$$

$$\tau \leqslant \frac{\sqrt{W^2+d^2}-d}{c} \tag{7.2.5}$$

式中,L 为水池的长度;W 为水池的宽度。

此外,测量脉冲的宽度不能小于暂态过程。为了使脉冲法测试相当于连续信号法测试,脉冲宽度应足够长,以便使换能器达到稳态条件。但是,对这种稳态信号持续时间一般只要能采集到几周稳态信号就能代表声信号的特征。对于大型换能器或换能器阵列的测量,选择脉冲稳态部分的准则是:接收换能器各部分或阵列中各阵元接收的信号都达到稳态,足以使换能器各部分之间完成相互作用,或者说使换能器所有部分辐射到水听器的声信号都必须达到稳态。

2. 关于脉冲重复周期的选择

一方面,为了使脉冲采样、读数和记录保持稳定,希望脉冲重复频率高一些。另一方面,为了消除前一个脉冲产生的混响与后一个直达脉冲信号重叠对脉冲声数据采集的准确性带来的影响,因此,希望重复频率低一些。对于这两个相互矛盾的要求,需要根据仪器设备状况、水池的大小和换能器的布置等具体情况通过综合平衡来决定。

通常要求脉冲重复周期 T 应满足以下条件

$$T > \frac{2}{3}T_{60} \tag{7.2.6}$$

式中,T_{60} 是水池的混响时间,即自脉冲结束至声级衰减 60dB 的时间。对于非消声水池,在应用式(7.2.6)时,为了避免混响时间过长,应将壁面作必要的吸声处理。

测量脉冲正弦信号的装置如图 7.2.2 所示。用标准水听器接收脉冲声信号,声信号经放大、滤波后送数字示波器,数字示波器根据同步触发信号和延时对接收脉冲声信号进行采集,采集的数据送入计算机处理,得到声场中的声压值。

由于用一般的电压表无法对脉冲信号进行读数,因此要先用数字示波器对标准水听器的开路电压信号进行采集,并对采集数据进行 FFT 分析处理,从而得到脉冲正弦信号的电压值 U,其声压级 L_p 的计算见式(7.2.2)。

为了使被测脉冲信号不发生畸变,要求由放大器和滤波器组成的接收系统的带宽 $\Delta f > 2/\tau$。

需要注意的是,为了降低散射声压的影响,测量时水听器的几何尺寸应远小于测试频率所对应的波长。

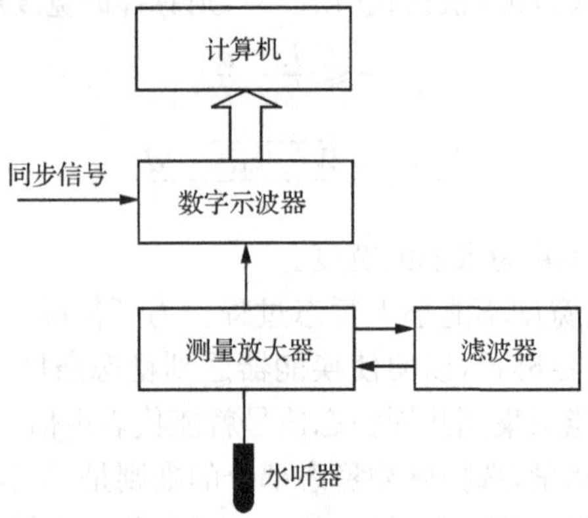

图 7.2.2　脉冲正弦信号声压测量框图

7.2.3　声场中的噪声测量

除了上述已知信号特征波形的测量之外，对于以某种实验和测量所需而发射的噪声信号或声场噪声的测量，使用水听器接收声场中的噪声信号，经放大后馈送到频谱分析仪分析，噪声的频带声压级由式(7.2.7)计算

$$L_{np} = 20\lg \frac{p}{p_0} \quad (\text{dB}) \tag{7.2.7}$$

式中，p 是一定带宽的滤波器或计权网络测得的噪声声压，Pa；p_0 为基准声压，10^{-6} Pa。

由于滤波器带宽不同，所得结果不能直接比较。测量时，要求水听器的频率响应比较平坦，并且为无指向性。接收放大器的输入阻抗应大于水听器阻抗 100 倍以上。为了减小背景噪声对测量结果的影响，需对测量结果修正。

7.3　超声功率测量

测量超声换能器总辐射声功率的研究开始于 20 世纪 50 年代初，根据测量原理以及直接测量的量，可将超声功率的测量方法分成辐射压力法、量热法、电测法和声光法。各种方法都是根据已知的声学关系，由直接测得的量确定声功率数值，因而称之为绝对测量。本节对超声功率测量的几种方法作介绍。

7.3.1　辐射压力法

在小振幅平面超声场中，两种介质的交界面上会出现时间平均的单向压力即辐射压力，其压力值等于界面两边声能密度的差值。在界面上产生的辐射压力，可

用置于超声场中的反射靶来测量。超声换能器所辐射的总声功率 P(单位为 W)与作用在全反射靶上的力之间的关系为

$$P = \frac{cF}{2\cos^2\theta} \tag{7.3.1}$$

式中,F 是超声波沿换能器轴线方向作用于靶上的力,N;c 是超声波在液体中的传播速度,m/s;θ 是靶面法线与入射声束之间的夹角,(°)。

在声吸收不可忽略的液体中,还应当计及超声波从换能器辐射面至靶面距离 x 上的吸收衰减,因此式(7.3.1)还应乘上因子 $e^{-2\alpha x}$,其中 α 为液体中平面声波的声压衰减系数,对于 23℃的蒸馏水有

$$\alpha = 2.3\times10^{-2} f^2 \tag{7.3.2}$$

式中,α 为液体中平面声波的声压衰减系数,m^{-1};f 是超声辐射频率,MHz。

由于辐射压力法没有近场和远场的限制,便能直接测得总的辐射声功率值,而且易于操作和校准,因此是最广泛使用和易于接受的超声功率测量方法,被国际电工委员会的超声技术委员会(IEC/TC87)推荐为在兆赫频率范围内液体中超声功率测量的方法。

我国的国家标准 GB7966 中推荐的瓦级超声功率辐射压力法测量装置有标杆式浮子声辐射计和悬链浮子声辐射计,其瓦级超声功率标准装置的不确定度不大于 5%。

根据上述原理发展的声功率测量装置有标杆式浮子、悬链式浮子和应变式声功率计,它们的区别主要在于测力机构的不同。

1. 标杆式浮子声辐射功率计

该装置由带标杆的锥形反射器(称为浮子)组成,如图 7.3.1 所示。标杆浸没在相对密度大于 1,与水不相溶混的液体(如四氯化碳)中。当换能器辐射声波时,由声辐射压力引起的浮子下沉的位移来测定超声功率,其辐射压力计算公式为

$$F = \pi R^2 h(\rho - \rho_0) g \tag{7.3.3}$$

式中,R 为浮子标杆的半径,m;h 为在声辐射力作用下,标杆向 CCl_4 溶液中下沉深度,m;ρ 为 CCl_4 的密度,kg/m^3;ρ_0 为蒸馏水的密度,kg/m^3;g 为重力加速度,m/s^2。

根据获得的辐射力,应用式(7.3.1)求出换能器的辐射声功率。

2. 悬链浮子声辐射功率计

悬链浮子声辐射功率计测量装置如图 7.3.2 所示。该装置在原理上与标杆式浮子声辐射计一样,但避免了水与四氯化碳的交界面对标杆产生的黏滞力所带来的误差。

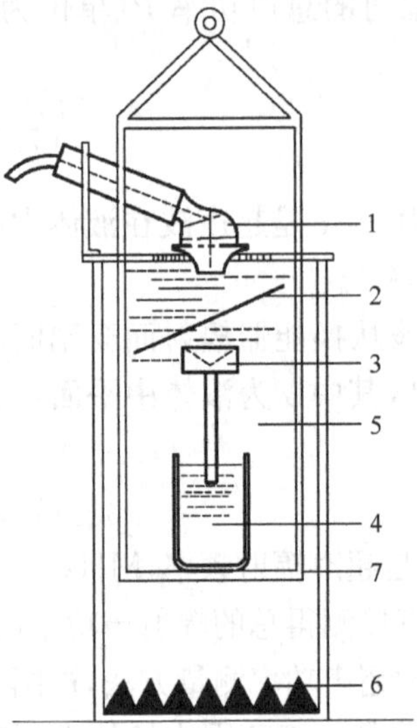

图 7.3.1 标杆式浮子声辐射功率计

1. 超声换能器；2. 透声薄膜；3. 浮子；4. 四氯化碳；5. 除气蒸馏水；6. 吸声尖劈；7. 移动支架

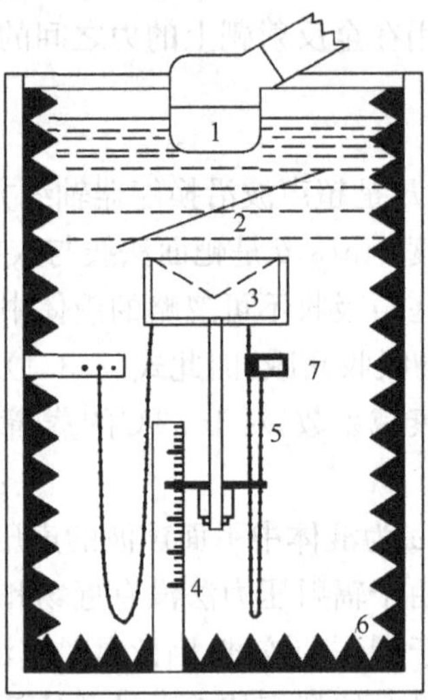

图 7.3.2 悬链浮子声辐射功率计

1. 超声换能器；2. 透声薄膜；3. 浮子；4. 标尺；5. 链条；6. 吸声尖劈；7. 除气蒸馏水

悬链浮子声功率计的浮子系统由挂有三根悬链并带有标杆的锥形反射器组成，其辐射力计算公式为

$$F = x\rho_1 g \tag{7.3.4}$$

式中，ρ_1 为三根链条在水中的线密度，kg/m；x 为靶的位移，m；g 为重力加速度，m/s^2。

反射靶一般采用不锈钢或铜(电镀后抛光)制作，直径应大于超声换能器辐射面直径的 1.5 倍，保证能截取声束的全部能量。测量水槽的壁面上铺设吸声材料，以保证测量声场是近似平面自由声场。透声薄膜主要是隔离超声辐射时的热流作用，厚度应小于 20μm、声压透射系数应大于 0.995 的塑料薄膜，并尽量靠近反射靶放置。为了防止薄膜反射对测量的影响，薄膜应与换能器保持略大于 5°的倾斜角。

辐射力法只适用于连续波和长脉冲超声平面波的时间平均功率测量，不能测量聚焦声场的声功率。

7.3.2 量热法

量热法测量声功率的基本原理是能量守恒原理。当超声在介质中传播时，利用高的声吸收物质或介质受超声波作用后产生的热量引起温度升高，通过测量介质中的温度的改变，从而测定超声功率或声强。

量热法的测量原理为：设质量为 M 的液体受声辐射 Δt 时间后，其温度升高 ΔT，则液体所获得的热量 Q 为

$$Q=(c_g m+c_1 M)\Delta T \tag{7.3.5}$$

式中，Q 为液体因受声辐射获得的热量，J；c_1 为液体的比热容，J/(kg · K)；M 为液体的质量，kg；c_g 为量热筒的比热容，J/(kg · K)；m 为量热筒的质量，kg；ΔT 为液体的温度增量，K。

在 Δt 时间内超声将所做的功与热量的关系为 $W=JQ$，则平均功率为

$$P=JQ/\Delta t \tag{7.3.6}$$

式中，P 为超声功率，W；J 为热功当量，J；Δt 为超声辐射时间，s。

图 7.3.3 给出了一个稳流式量热测量装置。恒定流速的液体(水)通过声热瓶和电热瓶时，由于超声波的加热作用，流经声热瓶的液体在进出口处产生温度差 ΔT，在电热瓶进出口产生温度差 $\Delta T'$；调节加到电热瓶上电热丝的功率，使 $\Delta T'=\Delta T$，用交流(或直流)电功率表测得所加电功率，则超声功率等于加在加热丝上的电功率。而温差 ΔT 和 $\Delta T'$ 可由两对测温传感器监测，并由检流计作平衡指示。

稳流式量热装置的测量范围为 1mW～10W，频率为 1～15MHz，测量不确定度为 8%。

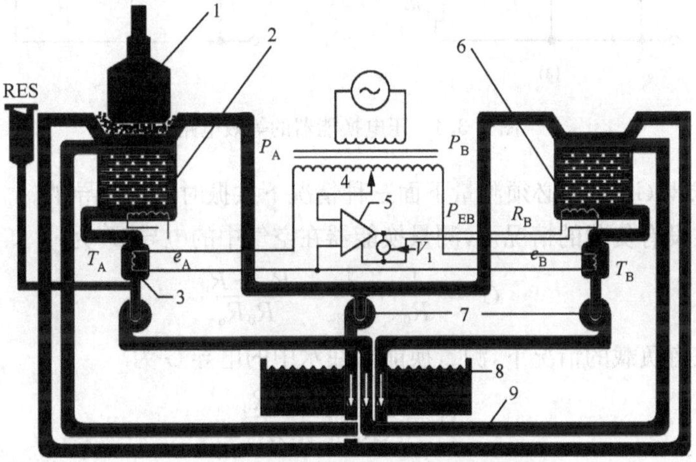

图 7.3.3 稳流式量热测量声功率装置

1. 超声换能器；2. 声热瓶；3. 传感器；4. 零点；5. 放大器；6. 电热瓶；7. 泵；8. 水槽；9. 热交换器

7.3.3 电测法

电测法适用于超声压电换能器在共振频率下，通过测量超声换能器在空气和在水中的辐射电导并经过计算求得换能器的输出声功率。由于要求仪器精度高，通常用于标准辐射器的测量。

压电换能器的等效电路如图 7.3.4(a)所示。图中 L_d 为换能器动生电感；C_d 为换能器动生电容；R_d 为动生电阻；R_r 为等效辐射阻；C_0 为静态电容；R_0 为静态电阻。

换能器共振时，串联共振频率为 $f_s = 1/(2\pi\sqrt{L_d C_d})$，其等效电路可简化为图 7.3.4(b)的形式。对换能器施加电压 U 时，其输出辐射的超声功率为

$$P = \left(\frac{U}{R_d + R_r}\right)^2 R_r = G_r U^2 \tag{7.3.7}$$

其中

$$G_r = \frac{R_r}{(R_d + R_r)^2}$$

为辐射电导，单位为 S。

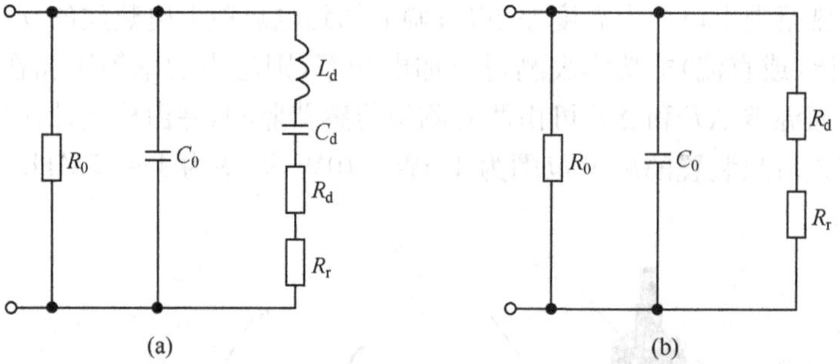

图 7.3.4　压电换能器的等效电路

为了求得 G_r，首先必须测量下面三种情况下共振时的输入导纳。

(1) 在没有负载的情况下，测量换能器在空气中的电导 G' 为

$$G' = \frac{1}{R_0} + \frac{1}{R_d} = \frac{R_0 + R_d}{R_0 R_d} \tag{7.3.8}$$

(2) 在有负载的情况下，测量换能器在水中的电导 G 为

$$G = \frac{R_0 + R_r + R_d}{(R_d + R_r) R_0} \tag{7.3.9}$$

(3) 在钳定情况，即换能器表面保持不动时，测量换能器的电导 G'' 为

$$G'' = \frac{1}{R_0} \tag{7.3.10}$$

解式(7.3.8)、式(7.3.9)和式(7.3.10)可得

$$G_r = \frac{(G' - G) \cdot (G - G'')}{G' - G''} \tag{7.3.11}$$

对上述各种电导 G、G' 和 G''，通常是由在共振频率附近的电导与频率响应曲线求得的，也可以从导纳圆图求得。

在共振频率附近，以一定的频率间距，分别在空气中和水中测量换能器的电导 G 和电纳 B，得到电导 G 随频率变化的曲线。当测试频率由低向高变化时，G 值随频率增大，直到频率到动态共振点时，即 $f=f_s$ 时，G 达到最大值。当频率进一步增加时，G 随频率的增加而减小。将每个频率点测得的电导 G 和电纳 B 画成曲线，就得到图7.3.5所示的导纳圆图，其中大圆是无负载情况下的圆图，小圆是有负载情况下的圆图。显然，大圆的直径 $D'=G'-G''$，小圆的直径 $D=G-G''$，则式(7.3.11)可变换成

$$G_r=\frac{D'-D}{D'/D}=D\left(1-\frac{D}{D'}\right) \tag{7.3.12}$$

由式(7.3.12)算出 G_r 后，就可由式(7.3.7)求得辐射声功率 P。

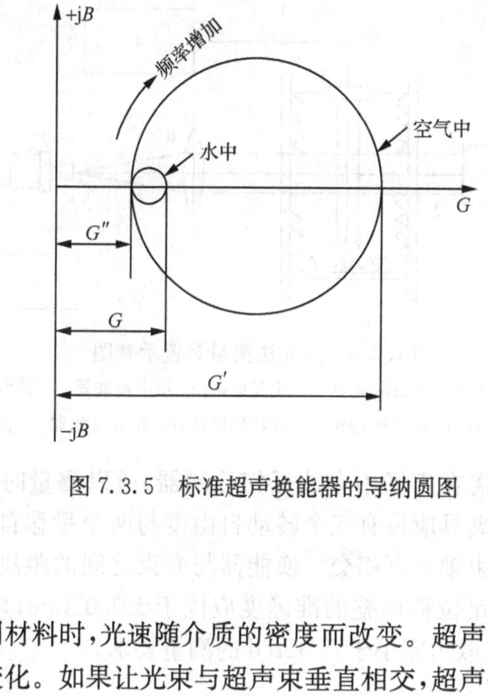

图7.3.5 标准超声换能器的导纳圆图

7.3.4 声光法

光波通过透明材料时，光速随介质的密度而改变。超声场中的声压能使介质的密度发生疏密变化。如果让光束与超声束垂直相交，超声平面波波阵面对介质密度的改变效应就如同一个光学衍射光栅。因此通过观测这种超声衍射光栅对光束产生的光辐射图案，就能检测到超声束的存在。

小振幅超声平面行波在透明液体中形成相位光栅，这种光栅对与之正交的单色狭窄平行光束进行调制而产生的 m 级衍射光强，与拉曼-纳斯(Raman-Nath)参量 υ 的 m 阶贝塞尔函数 $J_m(\upsilon)$ 的平方成正比，即 $I_1/I_0=J_m^2(\upsilon)$，I_0 为无超声时的直射光强，即无声光调制时的零级光强。因此，只要测定各级衍射光强的相对变化值，再由贝塞尔函数表查得相应的 υ 值，就可利用下式计算相应圆形横截面的平面波声束的声功率，即

$$P=\frac{\rho c^3\lambda_1^2\upsilon^2}{32\pi(n-1)^2}e^{-2\alpha x} \tag{7.3.13}$$

式中，ρ 为透明液体的密度，kg/m^3；c 为透明液体中的声速，m/s；λ_1 为真空中的光波波长，m；n 为透明液体的光折射率；α 为液体中的声衰减系数，m^{-1}；x 为超声换能器表面到光束的距离，m；υ 为拉曼-纳斯参量。其中，声衰减系数 α 可由式(7.3.2)计算得到。

声光法测量装置由单色光束准直光路或者激光器、透明消声水槽与衍射光检测系统等组成，如图 7.3.6 所示。被测量的声束横截面应在换能器的近场长度之内，并满足平面波的近似条件，用此方法可在超声频率 0.5～5MHz 范围，测量功率的量程为 0.5～15W。

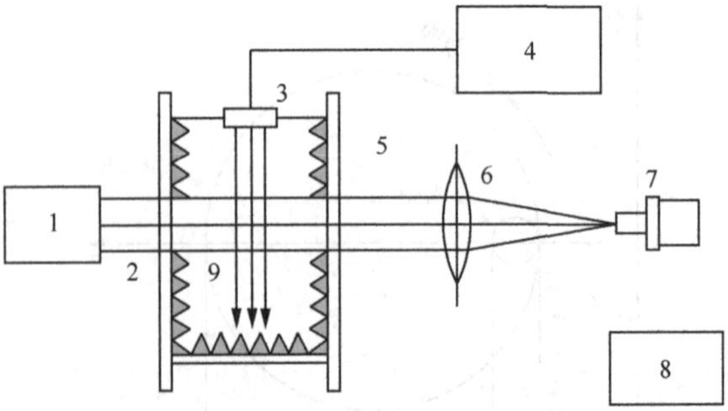

图 7.3.6 声光法测量装置示意图

1. 单色光束准直光路或激光器；2. 准直光束；3. 超声换能器；4. 超声发生器；
5. 透明消声水槽；6. 长焦距透镜；7. 读数显微镜；8. 光电检测器；9. 除气蒸馏水

由于光学检测无需在声场中布放任何检测器，所以测量时声场不产生畸变。测量装置中的换能器夹具应具有三个转动自由度与两个平移自由度的调节能力，以保证声束轴能与光束轴垂直相交。换能器与光束之间的距离应可调，测量装置中的光学元件必须满足位移调整的准确度应优于±0.02mm，角度调整的准确度应优于±1′，光束的发散角应小于 0.01rad 的测量要求。

7.4 超声换能器电声参数测量

超声换能器是实现声能与电能相互转换的器件。当它处于发射状态时称发射换能器，将电能转换成声能，以一定的转换特性向介质中发射所要求形状和大小的声波；当它处于接收状态时称接收换能器，将声能转换成电能，以一定的转换特性接收介质中的声信号。因此，超声换能器无论处于哪一种工作状况，从本质上讲，是产生或测量超声信号的工具。它们的电声转换特性需用一系列电声参数来描述。主要使用的电声参数有谐振频率、带宽、阻抗特性、发送响应、辐射声功率、电声效率和指向性等。

7.4.1 换能器阻抗特性测量

换能器电阻抗或电导纳通常是指在换能器电端测得的等效电阻抗或电导纳，它是一个等效电量，并且是复数。换能器的电阻抗是换能器的一个重要参数，测量阻抗有四个目的：①为换能器与发射机或接收设备连接提供阻抗匹配数据；②用于计算换能器的电声效率和根据电流计算它的驱动电压；③用测得的阻抗（或导纳）曲线分析换能器的机械振动特性和声辐射特性，如由它可求出换能器谐振频率、通频带宽度和机械品质因数；④通过换能器阻抗测量研究换能器阵列中各换能器单元间的互辐射影响。

1. 小信号激励下的阻抗测量

小信号激励下的换能器的等效电阻抗（或电导纳）主要用阻抗分析仪直接测量，测量时把小激励信号加到换能器上去的同时，由阻抗分析仪测量激励电压与激励电流的复数比从而直接给出测量结果。实际测量时把发射换能器放入自由声场中，在发射换能器两端加激励电压U_F，相应地流过换能器的电流是I_F，它们之间的相位为φ_F，这时只要测出U_F与I_F的比值和φ_F，就可以用下式求出换能器的阻抗和导纳，即阻抗为

$$Z_T=\left|\frac{U_F}{I_F}\right|e^{j\varphi_F}=R_T-jX_T \tag{7.4.1}$$

其中

$$R_T=\left|\frac{U_F}{I_F}\right|\cos\varphi_F,\quad X_T=\left|\frac{U_F}{I_F}\right|\sin\varphi_F \tag{7.4.2}$$

或导纳为

$$Y_T=\left|\frac{I_F}{U_F}\right|e^{j\varphi_F}=G_T+jB_T \tag{7.4.3}$$

其中

$$G_T=\left|\frac{I_F}{U_F}\right|\cos\varphi_F,\quad B_T=\left|\frac{I_F}{U_F}\right|\sin\varphi_F \tag{7.4.4}$$

根据上述测量方法原理制成的阻抗测量仪可直接测量小信号下换能器的电导纳或电阻抗。目前，典型的测量仪器是 HP4192A 或 HP4194 阻抗分析仪，既可以通过面板进行手控操作，也可与计算机联用，构成自动测量装置。测量时，由阻抗分析仪指示器直接读取各测量频率点处阻抗模和相位角或电阻和电抗的值，也可读取导纳模和相位角或电导和电纳的值。读取的数值可以列表给出，也可以画成图 7.4.1 所示的随频率变化的导纳曲线。根据需要还可画成如图 7.4.2 所示的用圆图的形式表示出上述测量结果，称阻抗或导纳圆图。

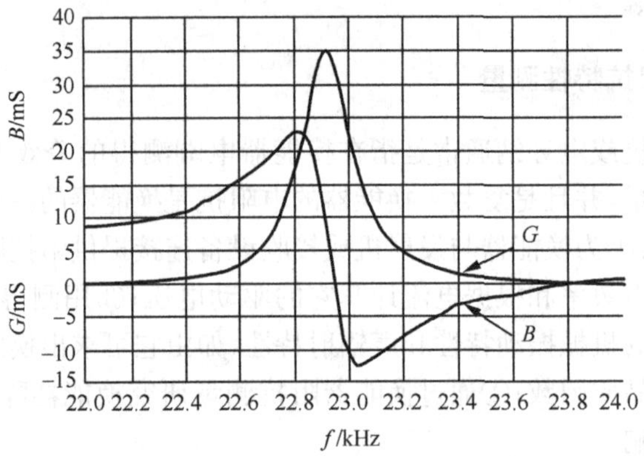

图 7.4.1　圆柱换能器等效并联导纳曲线

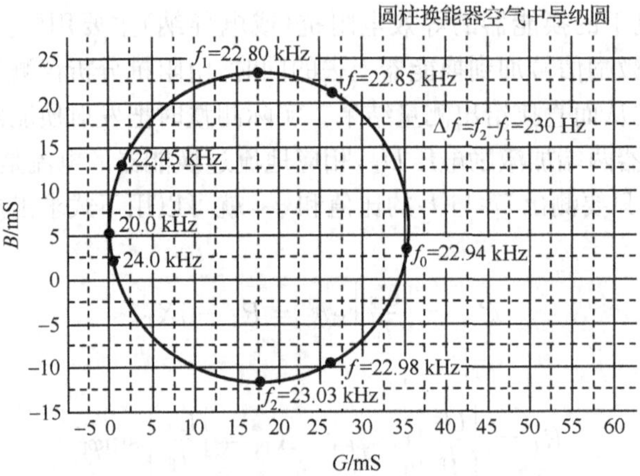

图 7.4.2　圆柱换能器等效并联导纳圆图

2. 大信号激励下的阻抗测量

在实际工作状态下，特别是在大功率超声应用中激励换能器的信号都比较大。换能器受大信号激励时，由于电场强度高、振动幅度大、温升高和介质空化等原因，其阻抗与小信号时相比，会发生大的变化，因此，通常不能用小激励信号下的阻抗代替大激励信号下的阻抗。当激励信号较大时，脉冲波状态下的阻抗也可能不同于连续波状态下的阻抗。因此，只有在实际工作状态下测得的阻抗才有真实性。在实际工作状态下，由于换能器电输入端的激励电压和电流要比小信号激励下的电压和电流大得多，而产生非线性效应，此时的换能器的电阻抗（或电导纳）与其他按线性条件定义的参数已失去了它的标准含义。但是，为了实际使用方便，一般仍沿用原来线性条件下的定义，只是所定义的阻抗仅对应于基波信号频率及指定的电激励的信号级大小。

在不具备大功率电桥的情况下，三电压法是在大功率状态下测量换能器等效总阻抗的简便方法。

利用精密无感电阻与待测换能器串联，如图 7.4.3 所示。使用同一个电压表测量电阻两端、换能器两端及整个串联电路的电压值，由下式计算换能器阻抗的模和辐角

$$Z_T = \frac{U_T}{U_R} \times R \tag{7.4.5}$$

$$\phi = \arccos \frac{U_G^2 - U_R^2 - U_T^2}{2U_R \times U_T} \tag{7.4.6}$$

式中，U_T 为被测换能器两端的电压，V；U_R 为串联电阻器两端的电压，V；U_G 为串联电路上的总电压，V；R 为串联电阻器的电阻，Ω；ϕ 为换能器阻抗的辐角，(°)。

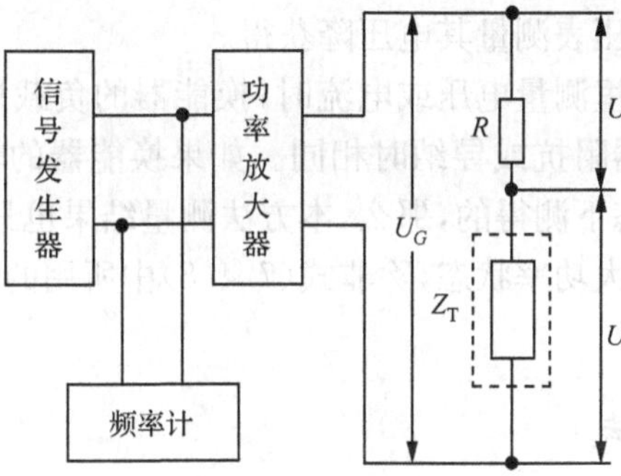

图 7.4.3　用三电压法测量换能器阻抗的原理框图

为了提高测量准确度，串联电阻器的电阻值应尽可能地接近换能器的阻抗。电阻 R 的功率容量应参考待测换能器的消耗功率来选取；对于信号波形畸变，用滤波器滤波后再进行测量。

如果测量系统的接地状态影响电压测量，则在测量过程中需通过一个转换开关，使换能器与串联电阻器交替处于接地状态。但是，当换能器和功率放大器都接地时，应在功率放大器输出端用一个隔离变压器。

7.4.2　换能器输入电功率测量

换能器的输入电功率表示的是在给定频率下，换能器从功率发生器中吸收的有效交流功率。由于换能器的形式不同，阻抗的特性也不相同。压电换能器的阻抗呈电容性，而磁致伸缩式的阻抗呈电感性，所以换能器的激励电压和激励电流之间存在相位差，因此，输入电功率 P_e 可以表示为

$$P_e = U_T \cdot I_T \cos\varphi \tag{7.4.7}$$

式中，U_T 为换能器输入电压的均方根值，V；I_T 为通过换能器的电流的均方根值，A；$\cos\varphi$ 为换能器输入功率的功率因子；φ 为 U_T 和 I_T 之间的相位差，(°)。

换能器的输入电功率直接用连接在输入端的电功率计来测量，还可以选择下面其中一种方法进行测量。

1. 阻抗法

先测量换能器的等效并联电导 G_T 或等效串联电阻 R_T，这时只要再用精密电压表，测量换能器的激励信号端电压 U_T 的有效值，或输入信号电流 I_T 的有效值，换能器的输入电功率，便可按下式算出

$$P_e = U_T^2/R_{TS} = I_T^2 R_{TS} = U_T^2 G_{TP} \tag{7.4.8}$$

式中，R_{TS} 为换能器的等效串联电阻；G_{TP} 为换能器的等效并联电导。

关于输入电流 I_T 的精确测量，可以在换能器的低电位端插入标准取样电阻或电流变压器，用同一电压表测量其电压降获得。

需要注意的是，这里测量电压或电流时，换能器的负载情况、接地条件及测量端状态应与测量换能器阻抗或导纳时相同。如果换能器的输入电阻（或电导）是在小信号或小功率状态下测得的，那么，本方法测量结果也只对小功率状态是正确的，而不能任意外推到大功率状态，除非式(7.4.8)中所用的 R_{TS} 和 G_{TP} 也是在大功率状态下测得的。

2. 电压表相位计法

一般情况，常用电压表和相位计组成一个功率测量装置，其原理方框图如图 7.4.4所示。在换能器的低电位端串接一个无感标准电阻器 R，用电压表测量换能器与电阻器上的电压幅度的有效值，用相位计测量它们的相位差，通过测量电阻 R 上的电压降 U_R 得出流过的换能器的信号电流 I_T。于是，利用下式即可计算换能器的输入电功率

$$P_e = U_T \cdot U_R/R \cdot \cos\varphi \tag{7.4.9}$$

为了保证通过串接电阻器得到的取样电流就是流入换能器的工作电流，必须要求取样电阻器 R 的阻值至少小于换能器阻抗模 $|Z_T|$ 的 1/100，这样才能实现测出的取样电流与未接电阻器时的换能器工作电流近似相同。

测量时，如果保证 U_T 和 U_R 的波形不畸变，且相角 φ 不大于 45°的情况，可以取得较准确的结果。

3. 三电压法

该方法无论是对大功率，还是小功率状态均适用。在 7.4.1 节中已介绍用三电压法测量换能器等效电阻抗（或导纳）的方法，这里仍然用图 7.4.3，只要用同一

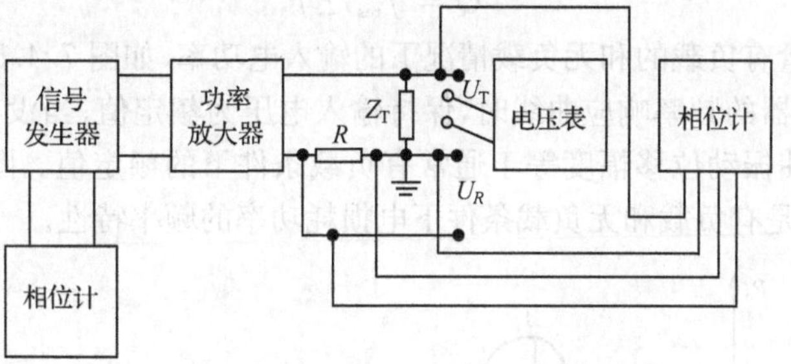

图 7.4.4 用电压表和相位计测量输入电功率的方框图

个电压表测量图中标出的三个复数电压的幅度有效值：U_T、U_R 和 U_G，利用下式便求出此时换能器的输入电功率

$$P_e = \frac{U_G^2 - U_R^2 - U_T^2}{2R} \tag{7.4.10}$$

式中，R 是与换能器串联的取样电阻器的阻值，对取样电阻器的要求在 7.4.1 节的大信号激励下的阻抗测量中已作了描述。

三电压法不仅适用于谐振频率上换能器输入电功率的测量，也适用于换能器非谐振状态下的输入电功率测量。所以，可以利用本方法测量换能器输入电功率的频率响应（$P_e \sim f$）曲线。不过，在测量压电换能器功率响应曲线时，须保证加于换能器上的端电压的幅值 U_T 在整个频段上保持不变；对于单一频率的换能器，共振时的输入电功率 P_{eres} 等于 $P_e(f)$ 的最大值，此时的激励频率等于换能器的共振频率 f_{res}。而当测量磁性换能器的功率响应曲线时，应保证在测量频段上 U_T/f 比值保持为一常数。

在上面所述的三种测量方法中，在保证电压表的准确度和取样电阻准确度的情况下，以电压表相位计法所得的换能器的输入电功率的测量不确定度最小，约为 ±5%。

7.4.3 换能器辐射声功率的测量

超声换能器的辐射声功率测量是衡量换能器性能的一个重要指标，根据用途除了使用 7.3.3 节介绍的超声功率测量方法外，若使用电功率计获得换能器的辐射声功率，对 100kHz 以下的单一共振频率的压电陶瓷纵向振动换能器，可通过测量换能器的输入电功率的频率响应曲线来确定换能器辐射到介质中的声功率。

对于单频换能器而言，换能器的共振频率和共振时的输入电功率，由输入电功率的频率响应曲线来决定。换能器的带宽 Δf 等于输入电功率的频率响应曲线上共振频率 f_{res} 两侧 P_e 为 $0.5P_{e\,res}$ 时的两个频率之差，并由此求出换能器的品质因数

$$Q = f_{\mathrm{res}}/\Delta f \tag{7.4.11}$$

首先,测量有负载的和无负载情况下的输入电功率,如图 7.4.5 所示。在测量有负载的换能器的频率响应曲线时,保持输入电压为额定值;当没有声负载时,降低输入电压,使振动位移幅度等于通常有负载条件下的额定值。图中的 MCN 和 $M_1C_1N_1$ 分别是有负载和无负载条件下电损耗功率的频率特性。

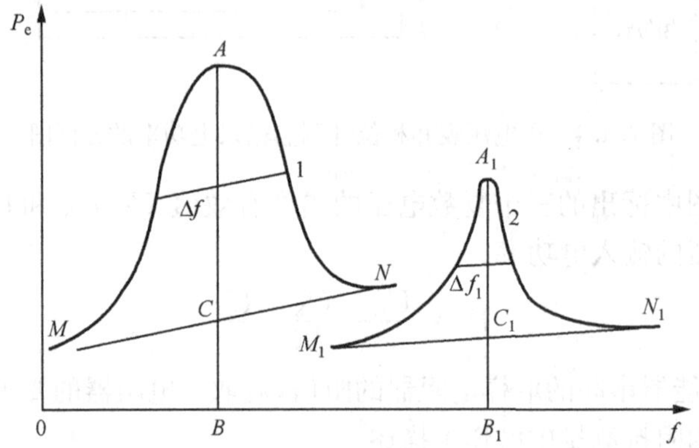

图 7.4.5 换能器有负载(1)和无负载(2)条件下输入电功率的频率特性

换能器的输出声功率由下式计算

$$P_a = P_{\mathrm{e\,res}} - P'_{\mathrm{e\,res}} - P_{\mathrm{el}} + P'_{\mathrm{el}} \tag{7.4.12}$$

式中,$P_{\mathrm{e\,res}}$ 为在共振频率 f_{res} 时,有负载换能器的输入电功率(图 7.4.5 中线段 AB);P_{el} 为在共振频率 f_{res} 时,换能器的损耗电功率(图 7.4.5 中线段 BC);$P'_{\mathrm{e\,res}}$ 为在共振频率 f'_{res} 处无负载换能器的输入电功率(图 7.4.5 中线段 A_1B_1);P'_{el} 为在共振频率 f'_{res} 处无负载换能器的损耗电功率(图 7.4.5 中线段 B_1C_1)。

换能器在共振频率下,分别从有负载的和无负载的损耗电功率的频率响应曲线(MN、M_1N_1)中求出对应共振频率 f_{res} 和 f'_{res} 下的电损耗电功率 P_{el} 和 P'_{el} 的值,可由以下两式计算

$$P_{\mathrm{el}} = af_{\mathrm{res}} \tag{7.4.13}$$

$$P'_{\mathrm{el}} = a'f'_{\mathrm{res}} \tag{7.4.14}$$

其中,系数 a 可由在 f 小于 $f_{\mathrm{res}}(1-2/Q)$,大于 $f_{\mathrm{res}}(1+2/Q)$ 的范围内 5 个比值 $P_{\mathrm{e}}(f_1)/f_1$ 的平均值求出;而 Q 是有负载换能器的品质因数。

系数 a' 可由在 f_1 小于 $f'_{\mathrm{res}}(1-2/Q')$ 和大于 $f'_{\mathrm{res}}(1+2/Q')$ 的范围内 5 个比值 $P'_{\mathrm{e}}(f_1)/f_1$ 的平均值求出;而 Q' 是无负载换能器的品质因数。

上述方法也可以用于测量磁致伸缩换能器,但是,需要注意在测量输入电功率相应曲线时,保持输入电压与频率之比恒定。

7.4.4 换能器电声效率的测量

1. 直接法

换能器的电声效率是指其辐射声功率 P_a 与输入电功率 P_e 的比值，即

$$\eta_{ea}=\frac{P_a}{P_e}\times 100\% \tag{7.4.15}$$

直接测量方法就是根据前面 7.4.2 节和 7.4.3 节获得的换能器输入电功率和辐射声功率，通过式(7.4.15)直接计算电声效率。这种方法对不同频率和任意大小信号都是适用的，测量的精度取决于测量声功率和电功率的方法与仪器。

2. 电导(电阻)法

对于单一振动模式的谐振换能器，可以将共振频率附近等效为集中参数形式的单振荡回路，共振频率处的导纳(或阻抗)的虚部为零，因此，可以通过实测换能器在空气中和水中的电导曲线(或电阻曲线)来计算电声效率。

测量换能器在空气中和水中的导纳(或阻抗)的频率响应曲线，在测量中保持压电换能器所加电压 U_T 恒定，获得 $G_T\sim f$ 关系曲线，对于磁性换能器则要求保证在测量频段上 U_T/f 比值保持为一常数，获得 $R_T\sim f$ 关系曲线。

对于压电换能器，图 7.4.6 曲线 MAN 和 $M_1A_1N_1$ 分别是换能器在水中和空气中时测得的电导曲线；MN 和 M_1N_1 是介电损耗线，通过电导曲线最高点 A 和 A_1 作垂线 AB 和 A_1B_1，分别与线段 MN 和 M_1N_1 相交于 C 和 C_1 点，于是，压电换能器在共振频率处的机电效率为

$$\eta_{em}=\frac{AC}{AB}\times 100\% \tag{7.4.16}$$

式中，AC 为换能器在水中谐振频率处的动生电导，S；AB 为换能器在水中谐振频率处的电导，S。

换能器的机声效率为

$$\eta_{ma}=\frac{A_1C_1-AC}{A_1C_1}\times 100\% \tag{7.4.17}$$

式中，A_1C_1 为换能器在空气中谐振频率处的动生电导，S。

换能器的电声效率为

$$\eta_{ea}=\frac{AC}{AB}\cdot\frac{A_1C_1-AC}{A_1C_1}\times 100\% \tag{7.4.18}$$

对于磁性换能器，图 7.4.6 中的两条曲线分别代表空气中和水中测得的换能器等效串联电阻的 $R_T\sim f$ 曲线，此时图的纵坐标应为 R_T，同样使用上述公式计算它的电声效率。所不同的是，AC 代表换能器在水中谐振频率处的动生电阻；AB

代表换能器在水中谐振频率处的电阻；A_1C_1 代表换能器在空气中谐振频率处的动生电阻。

应用电导(电阻)获得电声效率的方法简单，其使用条件仅适用单频谐振换能器，且当换能器工作在线性范围内，测量其谐振时的电声效率才是正确的。

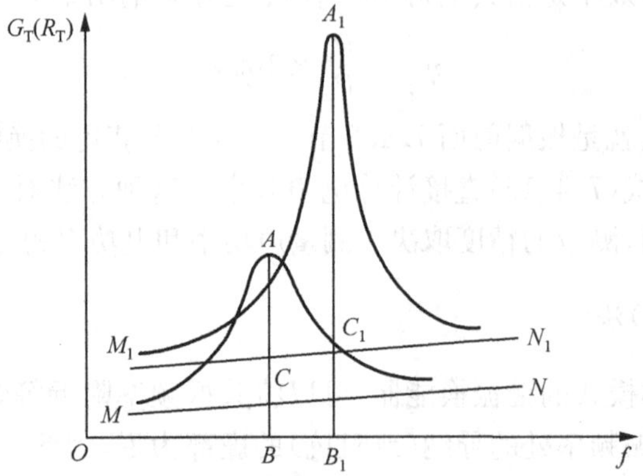

图 7.4.6　利用电导曲线计算电声效率

7.5　介质中的超声声速和衰减测量

7.5.1　声速的测量

声速是描述超声在介质中传播特性的一个重要声学参数，知道了介质的声速，就能得到介质的声特性阻抗($Z_s=\rho c$)。超声在介质中传播所发生的声学现象，例如反射、透射等，都与介质的声特性阻抗有关。一些超声设备正是以超声波在两种不同声特性阻抗的介质界面上产生的声反射为工作原理进行检测。医学超声的基础研究中，人们也在试图以生物组织的声速、声衰减等参数的分布图像进行诊断，因此介质声速的测量占据了重要的地位。

声速的测量方法很多，相对于其他参量而言，声速的测量比较成熟。在测量方法上大体可以分为直接法和间接法两大类。

直接法是通过测量声波在介质中传播一段距离 s 所需要的时间 t 得到介质的声速($c=s/t$)，其测量不确定度由距离 s 和时间间隔 t 的测量不确定度决定。

间接法是通过测量在给定频率 f 下声波在介质中的波长 λ 确定介质的声速($c=f\lambda$)，其测量不确定度取决于频率 f 和波长 λ 的测量。

这里主要介绍直接法的测量原理和方法。

1. 脉冲测量法

脉冲测量法是直接法的一种,此法是向被测介质中发射短促声脉冲,测定脉冲通过长度已被准确测定的一段介质所花的时间,再由公式计算介质的声速。脉冲法测量有两种实施方案:一是只允许声脉冲在介质中通过一次,测定脉冲通过一段介质所需要的时间,称为透射法;另一个方案是使声脉冲两次通过介质,即发射的声脉冲由介质一端返回到发生器,测量声波在介质中来回传播所需要的时间,称为脉冲反射法。图 7.5.1 给出了这两种方案的示意图。

图 7.5.1 测量声速的垂直入射脉冲法

(a) 透射法;(b) 反射法

对于透射法,其声速为

$$c = l/t \tag{7.5.1}$$

对于反射法,求得声速为

$$c = 2l/t \tag{7.5.2}$$

为了提高时间测量的准确度,一般采用多次反射法,即测量声脉冲在介质中多次来回传播所用的时间。图 7.5.2 给出了反射法声速测量装置的原理框图。

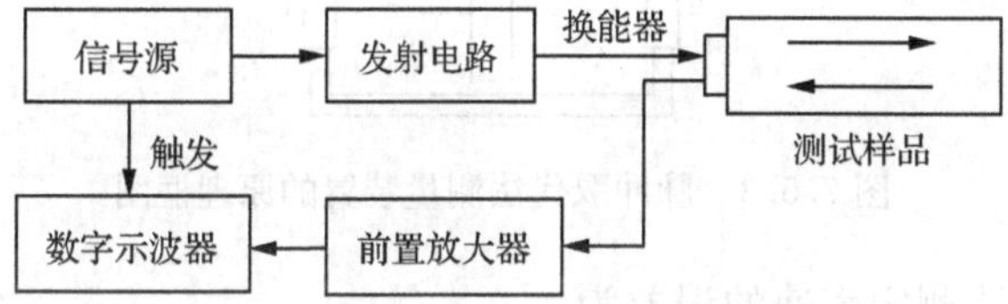

图 7.5.2 反射法声速测量装置的原理框图

当测量的介质为固体时,测试体加工成规则的圆柱形,并精确测量圆柱体的长度。采用透射法测量时,发射和接收换能器应分别贴附在圆柱的两端;采用脉冲反射法测量时,换能器为收发两用型,将换能器固定在测试样品的一端。通过发射电路给发射换能器施加激励电信号,通过接收电路获取接收声信号。声脉冲在介质中传播时间的测量,最简单的方法是通过数字示波器读取发射电信号与接收声信号之间的时间延迟。

2. 脉冲插入取代法

当使用透射法测量液体介质时，通常采用脉冲插入取代法，该方法具有简单、方便、应用范围较宽和所需样品数量少等优点，在研究物质的超声特性方面得到广泛应用，不仅可以测量固体介质的声速，而且可以十分方便地测量液体介质的声速。

脉冲插入取代法测量原理框图如图 7.5.3 所示。容器中为恒温除气蒸馏水，脉冲信号发生器的输出信号通过功率放大器放大后，激励发射换能器 T_1 向水介质中辐射超声脉冲。由换能器 T_2 接收，经前置放大器放大后在数字示波器上显示。在换能器 T_1 和 T_2 之间的声路上插入厚度为 D 的样品 S，于是，超声在 T_1 和 T_2 之间的传播时间附加增量为 Δt，如以 c_w 和 c_s 分别表示水和样品中的声速，则有

$$c_s = \frac{Dc_w}{D + \Delta t c_w} \tag{7.5.3}$$

式中，水的声速 c_w 可以从文献中查到公认的准确值，也可根据以下经验公式计算

$$c_w = 1557 - 0.0245 \times (74 - T)^2$$

式中，T 是水介质的温度。

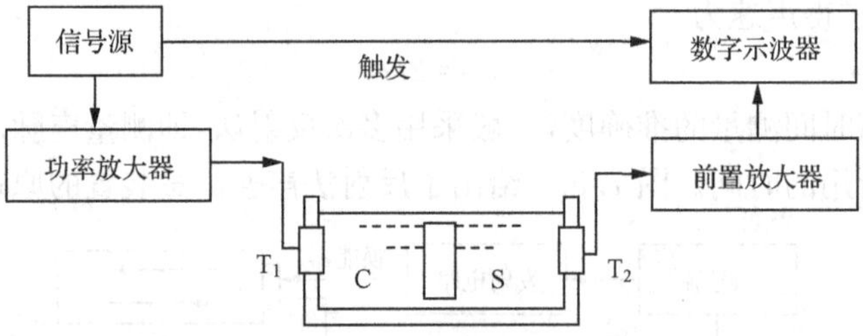

图 7.5.3 脉冲取代法测量装置的原理框图

用脉冲取代法测定声速的误差为

$$\frac{dc_s}{c_s} = \frac{c_s - c_w}{c_w}\left[\frac{\partial(\Delta t)}{\Delta t} - \frac{\partial D}{D}\right]$$

由此可见，如果样品中的声速 c_s 与水中的声速 c_w 接近，取代法的测量误差较小。对于同一样品，厚度较大时，测量误差也较小。

7.5.2 超声衰减测量

超声波在介质中传播时，由于存在扩散、吸收和散射等现象，声能将随着距离的增加而减小，这种效应称为超声衰减。超声衰减主要由介质的声吸收造成，即衰减由介质本身的特性决定。描述超声衰减的量称为声衰减系数 α。

测量液体中声衰减的方法很多，这里着重介绍两种常用的测量方法。

1. 声压法

图 7.5.4 给出了声压法测量声衰减的示意图。如 p_1 和 p_2 为平面行波在离超声发射换能器 x_1 和 x_2 距离上的声压,则介质的超声衰减系数可表示为

$$\alpha = \frac{1}{x_1 - x_2}\ln\frac{p_1}{p_2} \tag{7.5.4}$$

式中,声压 p_1 和 p_2 可用超声微型水听器测定。

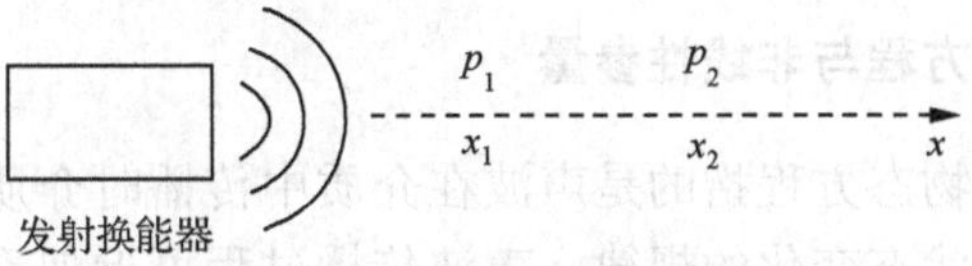

图 7.5.4 声压法测量声衰减

2. 脉冲透射插入取代法

如前面图 7.5.3 所示,在发射换能器 T_1 和接收换能器 T_2 之间的声路上插入厚度为 D 的样品,取代原有水槽中的部分水中的声程,T_2 接收到的声压幅值将发生变化,从而测定材料的声衰减系数,因此称为插入取代法。发射换能器与接收换能器均为平面活塞型换能器,并处于声学共轴状态,接收换能器接收到脉冲超声波后输出电脉冲输送到数字示波器。首先测量无样品插入情况的直达波的输出电压,然后测量厚度为 D 的样品插入声路中,相对于直达声波下降的幅度,被测样品的声衰减系数 α 可由下式计算

$$\alpha = \frac{20}{D}\lg\frac{U_1}{U_0} + \alpha_{\mathrm{w}} \tag{7.5.5}$$

式中,D 为被测样品的厚度;U_0 为未插入样品时的脉冲电压幅值;U_1 为插入样品后的脉冲电压幅值。α_{w} 为已知水温和使用超声频率下的超声衰减系数,dB/cm。

测量时要保持发射超声脉冲稳定,被测样品的两个受声面应为平行平面,对于生物组织材料则应置于两面平行的透声膜制成的样品匣内。

7.6 非线性参数测量

近年来,随着科学技术的发展,小振幅信号的线性声学越来越表现出局限性,而大振幅(或称有限振幅)、大功率信号的非线性声学无论在学术上还是在实际应用上都受到人们的重视,并在各个领域获得迅速发展。

研究声传播离不开运动方程、连续性方程和物态方程。在本书的第 1 章中,得到的理想介质波动方程描述的是线性声学,是在运动方程和连续性方程的所有非

线性项都被忽略的情况下得到的；而运动非线性或介质非线性不能忽略的声学问题即属于非线性声学问题。

在线性声学中，一列单频声波在线性介质中传播时，只有振幅衰减和相位变化，而波形不发生变化。但是，如果发生运动非线性(例如振幅足够大)或者介质非线性，原来的单频正弦波就会产生谐波、分频波、频波以及差频波，这些波的出现，使波的叠加原理不再成立，线性声学规律不再遵守，这些现象便成为非线性声学研究的对象。

7.6.1 非线性物态方程与非线性参量

从第 1 章可知，物态方程指的是声波在介质中传播时介质的状态变量之间的关系，它能描述介质状态变化的规律。声波传播过程可近似看成绝热过程或等熵过程，于是状态变量就减少成两个，即 p 和 ρ，介质中的压力可表示为

$$p = p(\rho) \tag{7.6.1}$$

在绝热或等熵情况下将压力进行泰勒级数展开，有

$$\begin{aligned} p &= p + \rho_0\left(\frac{\partial p}{\partial \rho}\right)_{S,0}\left(\frac{\rho-\rho_0}{\rho_0}\right)+\frac{1}{2}\rho_0\left(\frac{\partial^2 p}{\partial \rho^2}\right)_{S,0}\left(\frac{\rho-\rho_0}{\rho_0}\right)^2+\cdots \\ &= p_0 + A\left(\frac{\rho-\rho_0}{\rho_0}\right)+\frac{1}{2}B\left(\frac{\rho-\rho_0}{\rho_0}\right)^2+\cdots \end{aligned} \tag{7.6.2}$$

其中

$$A = \rho_0\left(\frac{\partial p}{\partial \rho}\right)_{S,0},\quad B = \frac{1}{2}\rho_0^2\left(\frac{\partial^2 p}{\partial \rho^2}\right)_{S,0} = \rho_0\left(\frac{\partial c^2}{\partial \rho}\right)_{S,0} \tag{7.6.3}$$

定义展开式中的二阶项系数与一阶项系数之比为

$$\frac{B}{A} = \rho_0 c_0^{-2}\left(\frac{\partial c^2}{\partial \rho}\right)_{S,0} = 2\rho_0 c_0\left(\frac{\partial c}{\partial \rho}\right)_{S,0} \tag{7.6.4}$$

这个量称为非线性参数。虽然它是一个无量纲量，但决定了流体介质的非线性性质，是非线性声学中最重要的一个物理量。

非线性参数能衡量声波在介质中传播时产生的非线性效应的大小，在超声医学的诊断及生物声学的应用中，能反映出生物组织的结构、组分及其病理状态的变化，比线性参量如声速和声阻抗等具有明显的优越性，近年来在超声医学诊断及生物声学领域展现了可喜的应用前景。目前的研究认为，非线性参量将成为超声医学诊断技术中的一个新参量。

由于 B/A 值与介质所处的温度和压力有关系，一般用实验方法测得，最常用的方法是热力学方法和有限振幅声波法。

7.6.2 非线性参数的热力学测量方法

根据式(7.6.4)，非线性参数 B/A 的热力学测量方法的表达式为

$$\frac{B}{A}=2\rho_0 c_0\left(\frac{\partial c}{\partial p}\right)_{S,0} \tag{7.6.5}$$

式中，ρ_0为介质密度；c_0 为介质中的小振幅声速；$\left(\frac{\partial c}{\partial p}\right)_{S,0}$ 为声速 c 在等熵过程中随压力的变化率。

由于声速对压力不大敏感，要使声速产生可观察到的变化，必须使压力改变很大；同时，上式要求的是等熵过程，但是借助仪表来监视过程是否等熵是非常困难的。因此，在实际测量中，根据式(7.6.5)来测量 B/A 的值很不方便。

非线性参数 B/A 的热力学测量方法的另一个表达式为

$$\frac{B}{A}=2\rho_0 c_0\left(\frac{\partial c}{\partial p}\right)_T+\frac{2\sigma c_0}{C_p}\left(\frac{\partial c}{\partial T}\right)_p \tag{7.6.6}$$

式中，σ 为热膨胀系数；C_p 为比定压热容；$\left(\frac{\partial c}{\partial p}\right)_T$ 为在等温过程中声速随压力的变化率；$\left(\frac{\partial c}{\partial T}\right)_p$ 为在定压过程中声速随温度的变化率。

如果将式(7.6.6)中的第一项和第二项分别写为$(B/A)'$和$(B/A)''$，从测得的 B/A 值来看，$(B/A)'$是主要的，而第二项$(B/A)''$则很小，即对 B/A 的贡献比第一项小得多。

根据式(7.6.6)测量 B/A，只要求等温过程和定压过程，这些过程容易用仪表监视，但是，存在的缺点是预先要对介质的定压比热和热膨胀系数作专门的测量。由于这两个量不易测得精确，因而也给实际应用带来不便。

还有一种测量方法，它是在发射和接收换能器之间用被测样品充满，使两个换能器保持固定距离。假设脉冲声波从一个换能器到另一个换能器的传播时间为 t，于是有

$$\frac{B}{A}=-\frac{2\rho_0 c_0^2}{t}\left(\frac{\Delta t}{\Delta p}\right)_{S,0} \tag{7.6.7}$$

式中，$\left(\frac{\Delta t}{\Delta p}\right)_{S,0}$ 是在等熵过程中声波传播时间随压力的变化率。

需要指出的是，等熵过程与等温过程的 B/A 值最大相差不超过$(B/A)''$，而后一个值是非常小的。

7.6.3 非线性参数的有限振幅声波测量法

用热力学方法能够得到较为准确的非线性参数测量值，可给超声医学提供有用的参数，但由于它只能测量样品的数值，还不能用于医院门诊测量。有限振幅声波法是目前对人体活组织进行检查的行之有效的方法。这种方法是向样品或人体组织发射角频率为 ω 的声波，但接收的是它的二阶谐波声场，利用二阶谐波与非线性系数 $\beta=1+B/(2A)$ 成正比的性质来求得 B/A。非线性参数 B/A 的有限振

幅测量法的表达式为

$$\frac{B}{A}=\frac{4\rho_0 c_0^3 p_0^{(2)}(s)}{\omega s[p_0^{(1)}(0)]^2}-2 \tag{7.6.8}$$

式中，$p_0^{(1)}(0)$ 为发射换能器表面附近的一阶压力振幅，它等于 $\rho_0 c_0 u_0$；$p_0^{(2)}(s)$ 为在距离 s 点处测出的二阶压力振幅。如果已知声源表面振动速度 u_0，在样品中测出 $p_0^{(1)}(0)$，$p_0^{(2)}(s)$ 和 $\rho_0 c_0$，那么样品的 B/A 即可得到。

图 7.6.1 所示的是有限振幅测量法的框图。用此方法测量 B/A 值时，由于受换能器的衍射和声衰减的影响精度较低，为了提高测量精度，必须进行衍射和衰减修正。加入修正后，式(7.6.8)变为

$$\frac{B}{A}=\frac{p_x^{(2)}}{p_0^{(2)}}\frac{[p_0^{(1)}]^2}{[p_x^{(1)}]^2}\frac{\rho_x c_x^3}{\rho_0 c_0^3}\left[\left(\frac{B}{A}\right)_0+2\right]\frac{(I_1-I_2)_0}{(I_1-I_2)_x}-2 \tag{7.6.9}$$

式中，下标 x，0 分别表示被测介质和参考介质；I_1 与 I_2 分别是由衰减和衍射引起的修正。

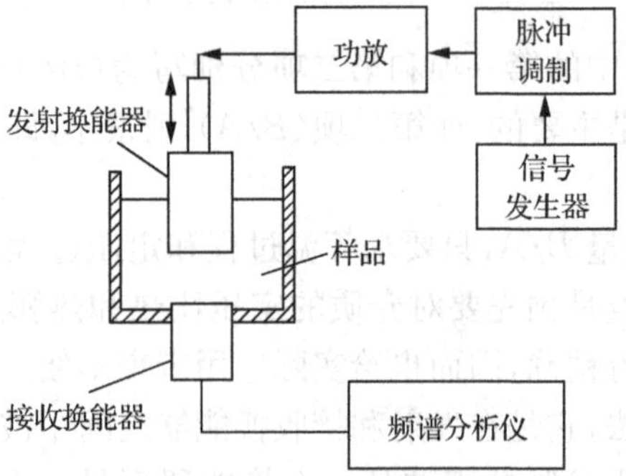

图 7.6.1　有限振幅测量法的测量装置框图

7.6.4　非线性参数的混合规则

以上讨论的介质只包含单一元素成分，在热力学中称为单元均匀系。如果是由两种成分组成的复合介质，且两种成分不能互溶，那么，对于复合介质，线性力学中的量如等效密度 $\bar{\rho}$，等效压缩率 $\bar{k}$，与各成分的对应量 ρ_i，k_i 满足线性相加关系，即

$$\begin{aligned}\bar{\rho}&=\rho_1 n_1+\rho_2 n_2\\ \bar{k}&=k_1 n_1+k_2 n_2\end{aligned} \tag{7.6.10}$$

式中，$n_i(i=1,2)$是第 i 种成分的体积分数，并且有 $n_i=V_i/(V_1+V_2)(i=1,2)$，其中 V_i 为第 i 种成分所占的体积。

非线性系数 β 与非线性参数 $B/(2A)$ 有如下关系

$$\beta=1+\frac{B}{2A}$$

非线性系数 β 的混合规则为

$$\bar{\beta}=n_1\left(\frac{k_1}{\bar{k}}\right)^2\beta_1+n_2\left(\frac{k_2}{\bar{k}}\right)^2\beta_2 \tag{7.6.11}$$

由此可见，复合介质的非线性系数 $\bar{\beta}$ 等于两种介质成分的非线性系数 β_1 和 β_2 的权重相加，其加权系数为 $n_i(k_i/\bar{k})^2$。显然，这个关系可以推广到任意多种成分组成的介质。

思考题

1. 在超声场的测量中，水听器的特性和尺寸对测量的影响有哪些？

2. 为什么说辐射压力法、量热法等几种超声功率的测量方法是绝对法测量？

3. 简述辐射压力法测量液体中超声功率的原理。为什么说该方法的测量精度取决于测力机构？

4. 小信号状态下测量的换能器阻抗为什么不能代替大信号激励信号下的阻抗？

5. 使用水听器测量超声场时，为什么测量前要将水听器在液体中浸泡一段时间？

6. 对低频超声换能器，如果使用电压表和相位计等设备测量换能器的输入电功率 P_e 时，怎样才能获得更准确的结果。

7. 分析用脉冲插入取代法不但可以测量固体介质的声速，还可以测量液体介质的声速的原理。

8. 比较线性声学与非线性声学的差别，简述在超声测量中要重视非线性的分析和测量的原因。

第 8 章　声信号分析和处理基础

声学研究与声信号的测试和处理紧密相关，伴随着电子技术和信号分析与处理技术的发展，测试分析技术和设备有了很大的提高，特别是快速傅里叶(FFT)技术和数字信号处理理论与方法的完善，使得声信号从原来的模拟分析处理系统，发展到数字分析系统，丰富了测量分析方法，拓宽了仪器设备的测试应用领域。本章简要地介绍声信号分析处理的有关基础知识、原理和方法。

8.1　信号的分类及描述

8.1.1　信号的分类

声学测量中，经过声传感器接收转换后输出的电信号一般称为声信号。在数学上，信号可以表示为一个或多个变量的函数，它可以在时间域(时域)、频率域(频域)以及其他变换中分别进行描述。声信号的分类与绝大多数信号的分类是一致的，不同类型的信号，所采用的分析参数、分析方法和相应的分析设备要求也不一样。因此，首先要了解声信号的分类及其特征。

声信号根据信号的特征来分，可以划分为确定性信号和非确定信号两大类，如图 8.1.1 所示。能够用某种数学式或图表来明确描述其关系的信号，称为确定性信号。而那些无法用数学式或图表描述其关系，只能用概率统计方法描述的、不能准确再现的信号则被称为非确定信号，或称为随机性信号。如果随机信号的平均特性不随时间而变，称为平稳随机信号；不满足这种平稳性要求的信号就是非平稳随机信号。

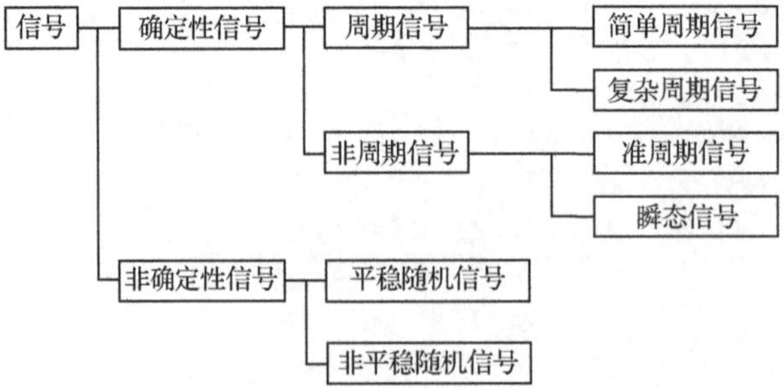

图 8.1.1　信号的分类

8.1.2　确定性信号

确定性信号可分为两大类：一类为周期信号，包括正弦周期信号和复杂周期信号，另一类为非周期信号，其中包括准周期信号和瞬变信号。

1. 周期信号

(1) 正弦周期信号：正弦周期函数可用下列时变函数表示

$$x(t) = X\sin(\omega t + \theta) \tag{8.1.1}$$

其中，X 为振幅；$\omega = 2\pi f_0$，f_0 为频率；θ 为初相角；$x(t)$ 为时刻 t 时的瞬时值。它的时间历程图及频谱图(振幅-频率)如图 8.1.2 所示。由图可见，正弦周期信号的频谱图是一线状谱。

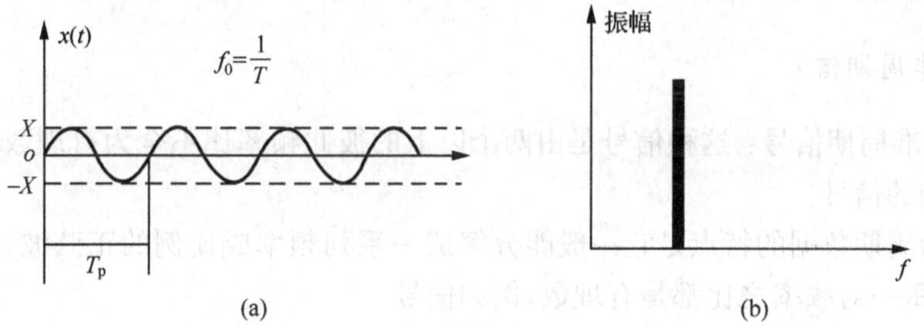

图 8.1.2　正弦周期信号及其频谱

在声学实验中，用正弦信号驱动扬声器，在扬声器没有畸变的情况下，传声器就可以接收到正弦周期的声信号。

(2) 复杂周期信号：它也是周期性的时变函数，其形式如下

$$x(t) = x(t \pm nT_p) \quad (n = 1,2,3,\cdots) \tag{8.1.2}$$

它可以展开成傅里叶级数

$$x(t) = \frac{a_0}{2} + \sum_{n=1}^{\infty}(a_n\cos 2n\pi f_1 t + b_n\sin 2n\pi f_1 t) \tag{8.1.3}$$

式中，$f_1 = 1/T_p$，T_p 为周期；

$$a_n = \frac{2}{T}\int_0^T x(t)\cos 2n\pi f_1 t\mathrm{d}t \qquad (n = 1,2,3,\cdots)$$

$$b_n = \frac{2}{T}\int_0^T x(t)\sin 2n\pi f_1 t\mathrm{d}t \qquad (n = 1,2,3,\cdots)$$

复杂周期信号的频谱图如图 8.1.3 所示，它由一组线状谱组成。

这类声信号在测量的实践中不难找到。仍以扬声器为例，一般扬声器总存在有一定的非线性畸变，特别在满功率驱动之下，尽管驱动电信号是单频正弦信号，但是得到的辐射声信号中却含有高次谐波分量，所以，实际上它应该是一个复杂的

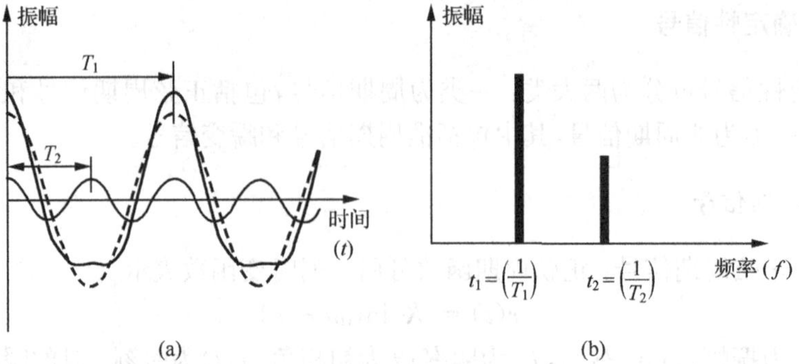

图 8.1.3　复杂周期信号频谱

周期信号。

2. 非周期信号

(1) 准周期信号：这种信号是由两个以上的彼此频率比不全为有理数的正弦信号叠加的信号。

因为周期数据的特点是它一般能分解成一系列频率成比例的正弦波，也就是说，它们每一对频率之比都是有理数，例如信号

$$x(t) = X_1\sin(2t+\theta_1) + X_2\sin(3t+\theta_2) + X_3\sin(7t+\theta_3) \qquad (8.1.4)$$

是周期性的，因为 2/3，2/7，3/7 是有理数，它们有一公约数 1，其基本周期也为 1。但是，对于非周期信号为

$$x(t) = X_1\sin(3t+\theta_1) + X_2\sin(5t+\theta_2) + X_3\sin(\sqrt{7}t+\theta_3) \qquad (8.1.5)$$

由于 $3/\sqrt{7}$ 和 $5/\sqrt{7}$ 不是有理数，对任一有限的时间 T 值都不能满足式(8.1.5)，而它的基本周期为无限长，对这类信号称之为“准周期信号”。

当两个或几个周期性信号混合作用时，常会产生准周期性信号，其频谱图如图 8.1.4所示。这种准周期信号可用离散谱来表示，不过各分量的频率比已不再是有理数的关系。

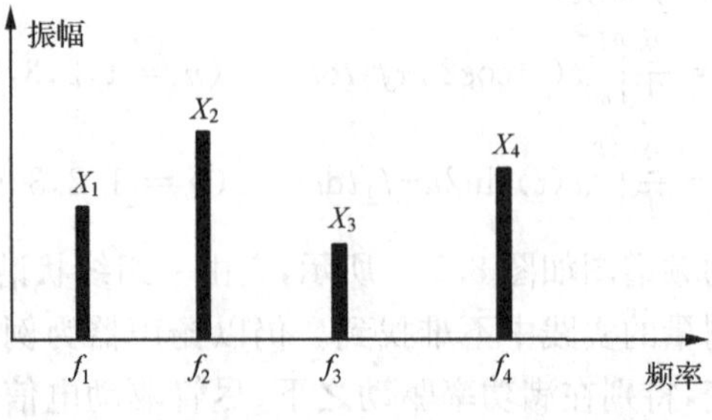

图 8.1.4　准周期信号频谱

(2) 瞬变非周期信号：除了准周期信号以外的非周期信号均为瞬变非周期信号，如单一三角波、半正弦波、指数衰减信号等。这类信号可用一时变函数来描述，但它的频谱不能用离散谱表示，对大多数的情况，可以用傅里叶积分表示成连续谱

$$x(f) = \int_{-\infty}^{\infty} x(t)\mathrm{e}^{-\mathrm{j}2\pi ft}\,\mathrm{d}t \tag{8.1.6}$$

激振力去除以后的阻尼振荡就属于这种信号，其时变特性及频谱如图 8.1.5 所示。

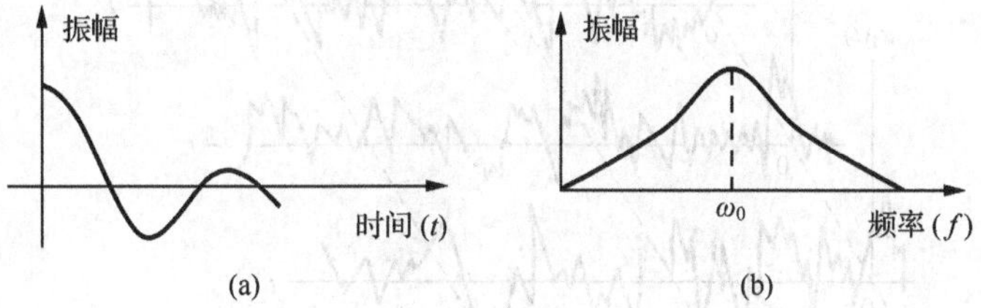

图 8.1.5　瞬变信号及其频谱

8.1.3　随机信号

随机信号不能用精确的数学关系式来描述。这类信号每一次观测获得的数值都不相同，所以，不能用一个确切的时变函数来表示，而只能用统计的方法去研究，用统计参数来描述。

在随机信号中，对于其统计特性不随时间变化的平稳随机信号，在时域分析中使用均值、均方值、方差或相关函数等参数来描述；在频域分析中用功率谱、传递函数和相干函数描述；而在幅值域分析使用概率密度函数描述。

对于统计特性随时间变化的非平稳信号，由于还没有一套完整的理论方法，往往只能作一些近似处理。对这类信号，可以将这种非平稳的连续信号分割为若干准平稳区间，每一段信号可以认为是平稳信号，按平稳数据的处理方法求出统计特性。在声学中，对连续不断的语言信号就可以这样处理。

1. 均值、均方值和方差

在随机信号中，表示随机现象的单个时间历程，称为样本函数(在有限时间区间上观察时，称为样本记录，或称为子集)。随机现象是各态历经可能产生的全部样本函数的集合(也称总集)，如图 8.1.6 所示。如果一个随机过程的任一时刻所得的集平均都是相同的，那么就称为平稳随机过程。平稳过程可以用某一时刻的集平均来代表所有时刻的集平均，这样就使问题得到了简化。

对于图 8.1.6 所示的随机过程样本的总体，随机过程在某一时刻 t_1 上的平均值，可以将总体中 t_1 时刻的瞬时值相加，除以样本函数的个数而得到，即平均值

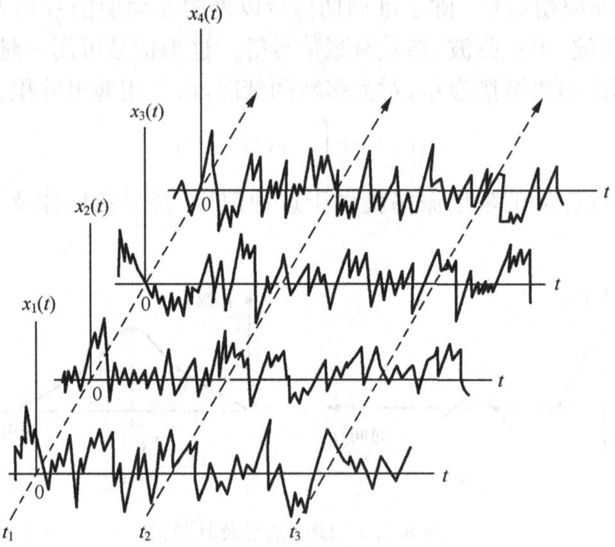

图 8.1.6 随机过程样本函数总体

$u_x(t_1)$为

$$u_x(t_1) = \lim_{N\to\infty}\frac{1}{N}\sum_{k=1}^{N}x_k(t_1) \tag{8.1.7}$$

在大多数的情况下,也可以用有限长时间周期平均来确定平稳随机信号的特征,因此图 8.1.6 所示随机过程的均值u_x为

$$u_x = \lim_{T\to\infty}\frac{1}{T}\int_0^T x(t)\mathrm{d}t \tag{8.1.8}$$

表达了这一随机信号的中心趋势,或称为直流分量。将此概念推广至周期信号,则取一个周期的长度作计算就能完全反映整个周期信号的均值。

除上述之外,随机信号的均方值表达了信号的强度或功率,在有限长的时间周期内,用下式

$$\Psi_x^2 = \lim_{T\to\infty}\frac{1}{T}\int_0^T x^2(t)\mathrm{d}t \tag{8.1.9}$$

Ψ_x表达了随机信号的均方根值,用以描述随机信号平均能量或是平均功率;其正平方根值又称为有效值(RMS)。

随机信号的方差定义为

$$\sigma_x^2 = \int_0^T [x(t) - u_x]^2\mathrm{d}t \tag{8.1.10}$$

由于去除了直流成分,方差是对信号波动分量(交流量)强度的表示。

2. 相关函数

相关表征了过程中某两种特征量之间联系的紧密程度。

1）自相关函数

自相关函数描述信号不同时刻 t 和 $t+\tau$ 之值的相关性，用 t 和 $t+\tau$ 两时刻瞬时值乘积的总体平均取极限得到

$$R_{xx}(\tau)=\lim_{T\to\infty}\frac{1}{T}\int_0^T x(t)x(t+\tau)\mathrm{d}t \tag{8.1.11}$$

自相关函数 $R_{xx}(\tau)$ 是以延时 τ 为自变量的实值偶函数，即 $R_{xx}(\tau)=R_{xx}(-\tau)$，在 $\tau=0$ 时取得最大值，且等于均方值 Ψ_x^2。

周期信号的自相关函数仍然是同频率的周期信号，但不具有原信号的相位信息。随机噪声信号的自相关函数将随 τ 的增大快速衰减。

2）互相关函数

互相关函数表示两个信号彼此相关的程度，两个随机信号样本 $x(t)$ 和 $y(t)$ 的互相关函数定义为

$$R_{xy}(\tau)=\lim_{T\to\infty}\frac{1}{T}\int_0^T x(t)y(t+\tau)\mathrm{d}t \tag{8.1.12}$$

互相关函数 $R_{xy}(\tau)$ 也是以延时 τ 为自变量的可正、可负的实值函数，但不一定是偶函数。在 $\tau=0$ 时不一定取得最大值，但当 $x(t)$ 与 $y(t)$ 互换时，对称于纵坐标轴，即 $R_{xy}(\tau)=R_{yx}(-\tau)$。

两周期信号的互相关函数仍然是同频率的周期信号，但保留了原信号的相位信息。例如，信号正弦信号 $A\sin(\omega t)$ 与 $B\sin(\omega t-\varphi)$ 的互相关函数为 $R_{xy}(\tau)=AB\cos(\omega\tau-\varphi)$。两个不同频率的周期信号，其互相关函数为零，即互不相关。

3. 相关系数

相关函数的取值大小与信号本身的取值大小有直接关系，而在比较不同的随机信号相关程度时仅以相关函数值的大小表征其相关性的高低是不确定的。例如，一对小信号虽然相关程度很高，但是相关函数值很小；相反，一对大信号相关程度很低，而相关函数值却很大。为了避免信号本身幅值对其相关性度量的影响，将相关函数归一化处理，引入相关系数，定义为

$$\rho_{xy}(\tau)=\frac{R_{xy}(\tau)}{\sqrt{R_{xx}(0)R_{yy}(0)}} \tag{8.1.13}$$

这是一个无量纲的系数。如果 $\rho_{xy}(\tau)=1$，说明 $x(t)$ 和 $y(t)$ 完全相关；$\rho_{xy}(\tau)=0$，说明 $x(t)$ 和 $y(t)$ 完全不相关；$-1<|\rho_{xy}(\tau)|<1$，说明 $x(t)$ 和 $y(t)$ 部分相关。相关系数的正负号只表示相关的方向，绝对值表示相关的程度。

自相关系数函数表示为

$$\rho_{xx}(\tau)=\frac{R_{xx}(\tau)}{R_{xx}(0)} \tag{8.1.14}$$

反映了原信号 $x(t)$ 和时移后的原信号 $x(t+\tau)$ 之间的相关程度。

在应用方面,自相关函数可用于检测随机噪声中的确定信号;而利用互相关函数检测时,对于周期信号,在任一给定的输入信噪比和样本记录长度下,互相关函数提供的输出信噪比要比自相关函数大。利用互相关延时可以识别传输通道,如测定地下水管或输油管的裂损位置,以及寻找主要的振动源和噪声源。

4. 概率密度函数

概率密度函数是表示随机信号瞬时值落在某指定范围内的概率,考察图 8.1.7所示的信号 $x(t)$,在时间间隔 T 内,$x(t)$ 值落在 x 和 $x+\Delta x$ 范围内的概率是 T_x/T。T_x 是在时间 T 内 $x(t)$ 落在$(x,x+\Delta x)$ 范围内的总时间,当 T 趋于无穷时,就可得到准确的概率值 $P(x)$

$$P(x)=\lim_{T\to\infty}\frac{T_x}{T} \tag{8.1.15}$$

而当 Δx 很小时,其概率密度函数用下式表示

$$P(x)=\lim_{\Delta x\to 0}\frac{1}{\Delta x}\left[\lim_{T\to\infty}\frac{T_x}{T}\right] \tag{8.1.16}$$

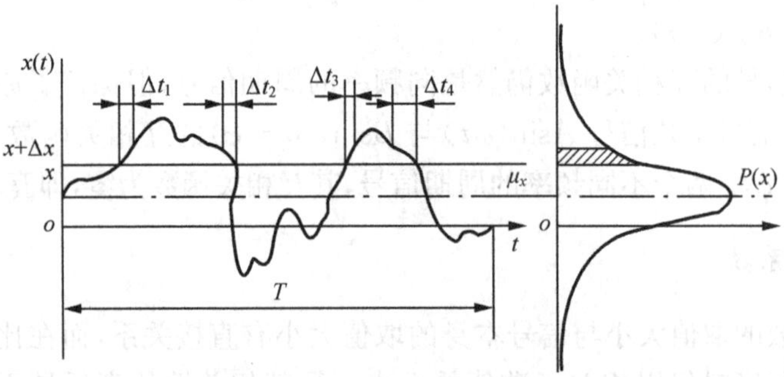

图 8.1.7　概率密度概念示意图

利用概率密度函数判别随机信号的性质,四种常见信号的概率密度分布如图 8.1.8所示。

有了概率密度函数的概念,可以将随机信号 $x(t)$的均值和均方值用概率密度函数来表示,信号 $x(t)$的均值为

$$u_x=\int_{-\infty}^{\infty}xP(x)\mathrm{d}x$$

均方值为

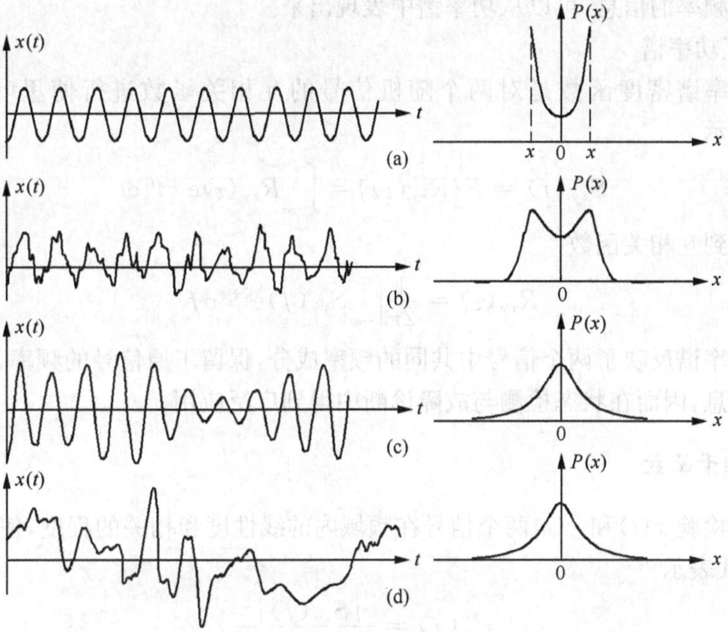

图 8.1.8　四种常见信号的时间历程和概率密度函数

(a) 正弦波；(b) 正弦加随机噪声；(c) 窄带随机噪声；(d) 宽带随机噪声

$$\Psi_x^2 = \int_{-\infty}^{\infty} x^2 P(x)\mathrm{d}x$$

方差为

$$\sigma_x^2 = \int_{-\infty}^{\infty} (x - u_x)^2 P(x)\mathrm{d}x$$

5. **功率谱密度函数**

随机信号在频域上的分析，使用功率谱密度函数，简称为功率谱。功率谱分为自功率谱(自谱)和互功率谱(互谱)两种。

1) 自功率谱

自功率谱密度函数是对随机信号自相关函数进行傅里叶变换，表达了信号的功率密度沿频率轴的分布。用 $S_x(f)$表示

$$S_x(f) = F\{R_{xx}(\tau)\} = \int_{-\infty}^{\infty} R_{xx}(\tau)\mathrm{e}^{-\mathrm{j}2\pi ft}\mathrm{d}t \tag{8.1.17}$$

式中，$F\{\}$表示对函数进行傅里叶变换。对自谱进行傅里叶逆变换即得相关函数

$$R_{xx}(\tau) = \frac{1}{2\pi}\int_{-\infty}^{\infty} S_x(f)\mathrm{e}^{\mathrm{j}2\pi ft}\mathrm{d}f \tag{8.1.18}$$

平稳随机信号自相关函数与功率谱构成一个傅里叶变换对，自相关函数含有

过程变化频率的信息，可以从功率谱中表现出来。

2) 互功率谱

互功率谱密度函数是对两个随机信号的互相关函数进行傅里叶变换，用 $S_{xy}(f)$表示

$$S_{xy}(f)=F\{R_{xy}(\tau)\}=\int_{-\infty}^{\infty}R_{xy}(\tau)\mathrm{e}^{-\mathrm{j}2\pi ft}\mathrm{d}t \tag{8.1.19}$$

逆变换得到互相关函数

$$R_{xy}(\tau)=\frac{1}{2\pi}\int_{-\infty}^{\infty}S_{xy}(f)\mathrm{e}^{\mathrm{j}2\pi ft}\mathrm{d}f \tag{8.1.20}$$

互功率谱反映了两个信号中共同的频率成分，保留了原信号的频率、幅值和相位差的信息，因而在状态检测与故障诊断中得到广泛应用。

6. 相干函数

为了检验 $x(t)$和 $y(t)$两个信号在频域内的线性度和相关的程度，使用相干函数，用下式表示

$$r_{xy}^2(f)=\frac{|S_{xy}(f)|^2}{S_x(f)S_y(f)} \tag{8.1.21}$$

当两个信号线性相关时，相干函数等于 1；当两个信号完全无关时，则相干函数等于 0。若 $x(t)$表示系统的输入，$y(t)$表示系统的输出，当系统为线性系统时，相干函数为 1；当系统存在非线性时，相干函数将小于 1。

在一般的测试过程中，通常是

$$0<r_{xy}^2<1$$

表明有三种可能性：

(1) 联系 $x(t)$和 $y(t)$的系统不完全是线性的；

(2) 系统输出的 $y(t)$是由 $x(t)$和其他信号共同输入所引起的；

(3) 在输出端已有噪声干扰混入。

7. 频率响应函数

假定 $x(t)$表示对系统的输入，$y(t)$表示系统的输出，系统的频率响应函数 $H(f)$定义为

$$H_{xy}(f)=\frac{Y(f)}{X(f)} \tag{8.1.22}$$

式中，$X(f)$为输入信号的傅里叶变换；$Y(f)$为输出信号的傅里叶变换。

8. 倒频谱

倒频谱是频谱的再次谱分析，它对具有同族或异族谐波以及多成分边频的频

谱图分析十分有效,可以分离和提取原信号或传输系统特性。因此,倒频谱分析可以用于振动和噪声源识别、故障诊断和语音分析等方面的研究。倒频谱分为功率倒频谱和复倒频谱。

1) 倒频谱

倒频谱定义为对数自谱密度函数的傅里叶逆变换

$$C_x(\tau) = F^{-1}\{\lg S_x(f)\} \tag{8.1.23}$$

其中, $F^{-1}\{\}$表示对函数取傅里叶逆变换。倒频谱中的自变量 τ 称为"倒频率",量纲为秒。

从定义上,倒频谱与自相关函数(为自谱密度的傅里叶逆变换)一样,也是从频域到时域的一种转换形式。由前面式(8.1.20)已知,自相关函数是对自功率谱进行的傅里叶逆变换。不同之处在于自相关函数是自谱密度函数在线性坐标下的傅里叶逆变换;而倒频谱则是先对自谱密度作对数变换,然后再进行傅里叶逆变换。因此,倒频谱分析能给幅值较小的分量以更多的加权,从而提高了低电平分量的幅度分辨力,有助于判别谱的周期性,又能精确测定频率间隔。与自相关函数相比具有的优点是:

第一,应用倒频谱分析比较容易测量出声与振动信号中所含有的周期分量,并能把自谱图上的一系列等间隔的谐波集成倒频谱图上的一根谱线,其谱线的横坐标(倒频率)表示原信号中的周期,这样就便于进行故障诊断。

第二,倒频谱分析可以把各种影响因素分离出来,便于提取所关心的信号成分。在处理的过程中,将由卷积式表示的关系变成简单的叠加。设信号 $x(t)$通过一个系统,其输出 $y(t)$在时域表示为

$$y(t) = x(t) * h(t)$$

而在频域用功率谱形式表示是

$$S_y(f) = S_x(f) \cdot S_h(f)$$

对上式等号两边取对数得

$$\lg S_y(f) = \lg S_x(f) + \lg S_h(f)$$

根据傅里叶变换的线性性质,进行倒频谱分析后,仍然保持线性关系,因而有

$$F^{-1}\{\lg S_y(f)\} = F^{-1}\{\lg S_x(f)\} + F^{-1}\{\lg S_h(f)\}$$

由此可见,通过倒谱域的分析,就可以把两种或多种影响 $S_y(f)$ 的因素区分开来,这样就为只有一个系统输出的情况下研究系统的动态提供了可能。

2) 复倒频谱

复倒频谱定义为复频谱(时间信号的傅里叶变换)的复对数的傅里叶逆变换。

对于时间函数 $x(t)$的傅里叶变换可表示为

$$X(f) = A(f)e^{j\varphi(f)} \tag{8.1.24}$$

式中, $A(f)$和 $\varphi(f)$分别为复谱 $X(f)$的幅值和相位,而对数可写成为

$$L(f) = \ln[A(f)] + j\varphi(f) \quad (8.1.25)$$

于是,复倒频谱的数学表达式是

$$K(\tau) = F^{-1}\{L(f)\} \quad (8.1.26)$$

复倒频谱实际上仍为一实函数。它是从复谱得来,因为不损失相位信息,使得复倒频谱的过程是可逆的。采用复倒频谱分析,不仅把复倒频谱中各种因素分离出来,而且还能将其中一种(或数种)影响排除,从而提取没有该影响存在的时间信号。

例如,从所测得信号的复倒频谱减去信号传输途径的频率响应函数的复倒频谱,就能去掉信号传输途径的影响,而获得信号源处的信号。

8.2　声信号的模拟分析

声信号模拟分析是获得信号频谱的传统方法,具体的分析方法如图 8.2.1 所示,本节扼要介绍模拟分析的主要环节。

图 8.2.1　基本模拟分析系统

8.2.1　滤波器及其特性

滤波器是模拟分析的主要器件。在分析中,使信号通过若干个不同中心频率的模拟滤波器,并在每个频率上测定所传输的功率。在模拟信号分析中,要获得信号的完整频谱,滤波器的中心频率必须是步进的。

1. 理想滤波器及其要求

一个理想的滤波器应如图 8.2.2 所示。图中 $H(f)$为滤波器幅度传输函数,而频率 f_2和 f_1则分别为滤波器上、下限频率,f_0称为中心频率。作为一个理想滤波器,它应满足如下三个条件:

(1) 其幅度传输函数的模在通带内为 1,而在通带外为零,即

$$\begin{aligned} |H(f)| &= 1, \quad f_1 \leqslant f \leqslant f_2 \\ |H(f)| &= 0, \quad f \leqslant f_1, f \geqslant f_2 \end{aligned} \quad (8.2.1)$$

(2) 带宽

$$B = f_2 - f_1 \quad (8.2.2)$$

(3) 通带位置由中心频率 f_0决定,f_0由下式决定

$$f_0 = \sqrt{f_1 f_2} \quad (8.2.3)$$

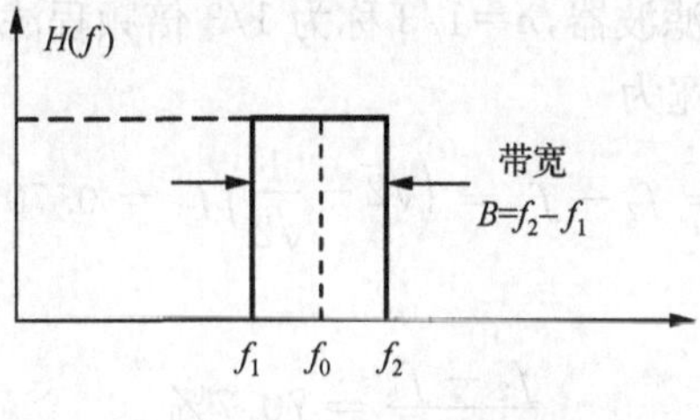

图 8.2.2　理想滤波器

2. 滤波器分类

滤波器基本上分为恒定带宽和恒定百分比带宽两大类。所谓恒定带宽滤波器是指它的中心频率可沿着频率轴连续变化，但它的带宽保持恒定不变的滤波器。而恒定百分比带宽滤波器，其通带宽度永远是通带中心频率的某一恒定百分数。

两种滤波器的特性如图 8.2.3 所示。对恒定带宽滤波器，在线性频率刻度上的分辨率是均匀的，由于它对不同谐波分量其分辨间隔相等，因而它有利于检测谐波分量。

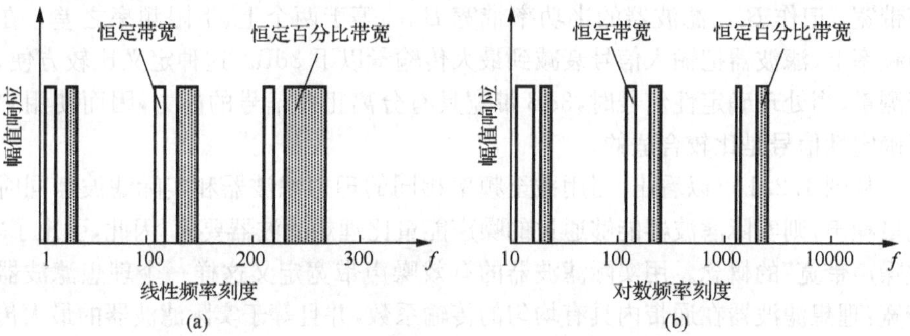

图 8.2.3　恒定带宽和恒定百分比带宽滤波器的比较

恒定百分比带宽滤波器在对数频率刻度上其分辨率是均匀的，因而在对数刻度的一定长度的记录纸(或一定尺度的刻度盘)可以容纳三个或更多的十进位频率范围。但是，在线性频率刻度上可以明显看出其绝对带宽是随着中心频率的提高而加宽，这就有可能将不同的高次谐波包括在同一滤波带中，所以，用恒定百分比带宽的滤波器进行谐波分析时，对高次谐波可能分析不准确。

在声和振动分析中，常用的是倍频程滤波器及 1/3 倍频程滤波器。所谓倍频程及 1/3 倍频程的名称，实际上是根据其上下限频率之比来定的，它们的上下限频率 f_2和 f_1之间有如下关系

$$\frac{f_2}{f_1} = 2^n \tag{8.2.4}$$

其中，$n=1$ 称为倍频程滤波器，$n=1/3$ 称为 1/3 倍频程滤波器。

倍频程滤波器的带宽为

$$B=f_2-f_1=\left(\sqrt{2}-\frac{1}{\sqrt{2}}\right)f_0=0.707f_0$$

根据上式，相对带宽为

$$\frac{f_2-f_1}{f_0}=70.7\%$$

同样可以算得 1/3 倍频程滤波器的带宽百分比为 23.1%。倍频程滤波器和 1/3 倍频程滤波器的中心频率及其上、下限频率已在第 4 章叙述，参见表 4.2.1。

3. 实际滤波器特性

实际使用的滤波器不能满足式(8.2.1)的条件，其幅度传输函数在通带外不直接为零，在通带内，也不是在所有频率上均为 1，实际滤波器的特性见图 4.2.1 所示。因此，对实际滤波器必须根据其特点来定义。

1) 带宽

实际滤波器常用的带宽有两种，一种是半功率带宽，记作 B_{-3dB}；另一种是噪声带宽，记作 B_n。滤波器的半功率带宽 B_{-3dB} 等于两个上、下限频率之差。在这两频率上，滤波器把输入信号衰减到最大传输量以下 3dB。这种定义比较方便，便于测量，当处理确定性信号时，3dB 带宽具有分离正弦信号的能力，因而使用它分析确定性信号是比较合适的。

从图 4.2.1 可以看出，当用截至频率相同的理想滤波器和实际滤波器同时去测量噪声，则实际滤波器能够通过的噪声能量比理想滤波器要大，因此，引出了“有效噪声带宽”的概念。用实际滤波器的有效噪声带宽定义这样一个理想滤波器的带宽：理想滤波器在通带内具有均匀的传输系数，并且等于实际滤波器的最大传输系数，且传输的白噪声功率与实际滤波器相同，则此理想滤波器的带宽就是实际滤波器的有效噪声带宽，其数学表达式为

$$B_n=\frac{\int_0^\infty G(f)\mathrm{d}f}{G_{\max}} \tag{8.2.5}$$

式中，$G(f)$ 是滤波器的功率增益随频率 f 的函数关系；$G_{\max}$ 是 $G(f)$ 的增益最大值。

实际滤波器的幅频特性平方后的曲线与曲线所包围的面积，被面积内最大高度除，得到的值就是实际滤波器的有效噪声带宽。

2) 选择性

滤波器选择性是表示分离能量相差很大的频率分量的能力。

对于恒定带宽滤波器选择性一般用“波形因素”来描述。“波形因素”是指滤波

器通带两侧相对衰减 60dB 时的滤液器带宽与 3dB 带宽之比。当滤波器动态范围不足 60dB 时,可用 40dB 的波形因素来描述。

恒定百分比带宽滤波器选择性一般是采用通带外衰减来描述,国际电工委员会对倍频带滤波器和 1/3 倍频带滤波器的通带外衰减 Δ 作了相应的规定,见表 8.2.1。

表 8.2.1　滤波器通带外的衰减特性

滤波器	频率	通带外衰减特性 Δ/dB
	在 $0.5f_0$ 和 $2f_0$ 处	$\Delta \geqslant 18$
倍频程	在 $0.25f_0$ 和 $4f_0$ 处	$\Delta \geqslant 40$
	在 $0.125f_0$ 和 $8f_0$ 处	$\Delta \geqslant 60$
	在 $0.79f_0$ 和 $1.26f_0$ 处	$\Delta \geqslant 13$
1/3 倍频程	在 $0.25f_0$ 和 $4f_0$ 处	$\Delta \geqslant 50$
	在 $0.125f_0$ 和 $8f_0$ 处	$\Delta \geqslant 60$

4. 滤波器的响应时间

当一个信号突然加在滤波器的输入端时,输出信号要达到与输入的原始信号幅度相等(假定滤波器幅度传输函数在通带内为 1),必须经过一定的响应时间,这个时间大约是 $1/B$,B 为带宽,可用下面的形式来表示

$$B \cdot T_R \approx 1 \tag{8.2.6}$$

其中,T_R 为滤波器的响应时间,还可以将上式改写成相对带宽的形式

$$\left(\frac{B}{f}\right)(f \cdot T_R) \approx 1$$
$$bn_B \approx 1 \tag{8.2.7}$$

其中,$b = B/f$ 为相对带宽;n_B 为频率 f 在 T_R 内的周期数。

两个表达式意义一样,但式(8.2.6)对恒带宽滤波器使用方便,而式(8.2.7)对恒百分带宽滤波器使用比较方便。

例如,倍频程中心频率为 31.5Hz 的滤波器带宽 B 约为 22.5Hz,那么滤波器的相应时间则为 0.045s。由于倍频程滤波器的恒定百分比带宽为 70.7%,所以,要达到预期的真实值至少需要 1.4 个信号周期。

由于滤波器有一定的响应时间,因而在作扫频分析时,就存在一个扫掠速度的限制,由式(8.2.6)知,分析时间必须满足 $T > 1/B$,因而扫频速度 $B/T_R < B^2$。

8.2.2　检波器

对于测量信号的幅值特性,一般用有效值(称为方均根值(RMS))、平均值和

峰值来表述。当信号电压为$V(t)$，在$T=t_2-t_1$的时间内，信号的有效值为

$$V_{\mathrm{RMS}}=\sqrt{\frac{1}{T}\int_{t_1}^{t_2}V^2(t)\mathrm{d}t} \tag{8.2.8}$$

平均值为

$$V_{\mathrm{avg}}=\frac{1}{T}\int_{t_1}^{t_2}|V(t)|\mathrm{d}t \tag{8.2.9}$$

峰值为

$$V_{\mathrm{P}}=V_{\max} \tag{8.2.10}$$

因此，使用对应有平方律检波、平均值检波和峰值检波的检波器形式将交流信号检波变成直流，在指示器上获得适当的指示。三种检波特性如图 8.2.4 所示。由于与信号功率直接有关的是平方律检波，这里着重介绍平方律检波。峰值检波在测量脉冲信号时使用，但其原理较简单，因此，不在这里介绍。

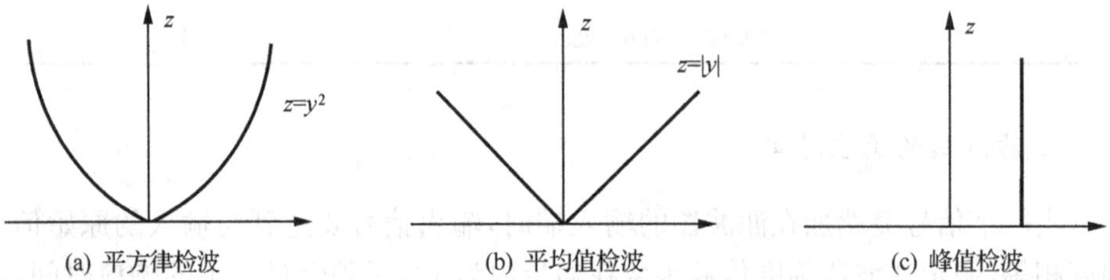

图 8.2.4　三种检波特性

声学仪器普遍使用的是沃曼(Wahrman)有效值检波器，图 8.2.5 是有效值检波器的原理方框图。平方的作用形成抛物线，平均的过程由 RC 网络进行，开平方的作用通过平均电容器上的电压改变抛物线斜率来实现。

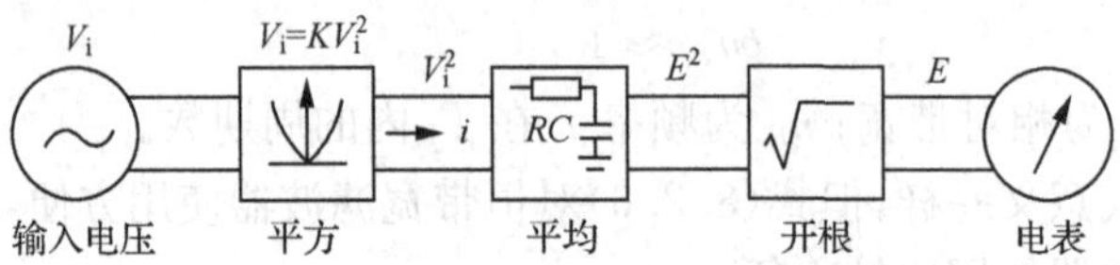

图 8.2.5　有效值检波器的原理方框图

理想平方律检波特性输出值与输入信号之间的关系是抛物线，实际上是使用若干条直线来近似或实现平方关系的抛物线。

图 8.2.6 是近似有效值检波电路图和有效值效应特性。正确地选择 R 与 r 的比值，改变直线的起点和斜率，可以获得较好的近似。如果利用多个二极管和电阻形成多折线，如图 8.2.7 所示，可实现真有效值检波电路。这种电路的峰值因数容量在 3～10，对各类信号获得准确性±0.5dB 的测量结果。

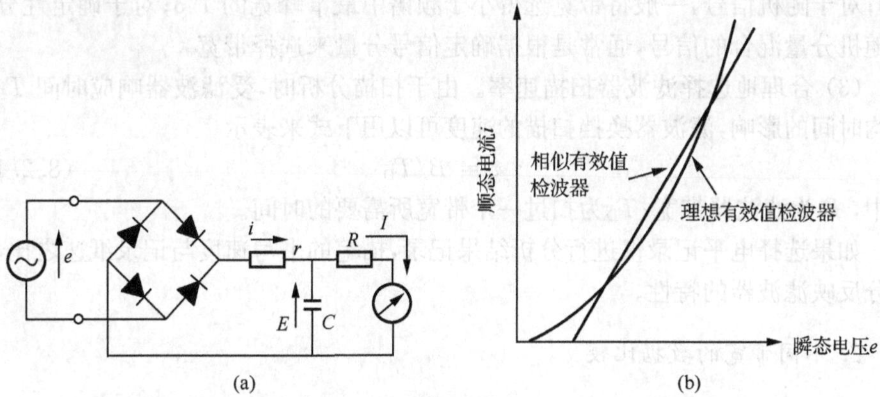

图 8.2.6　近似有效值检波电路图和有效值效应特性

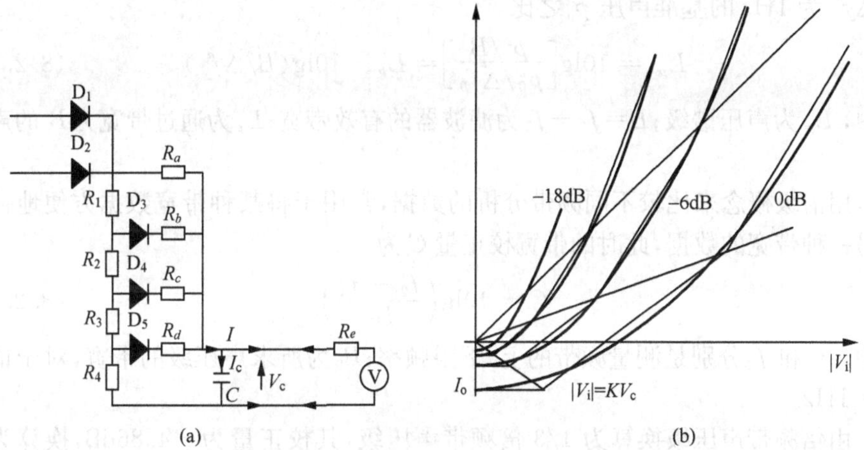

图 8.2.7　实现真有效值检波电路

8.2.3　频谱分析

对信号进行模拟分析时，将测量放大器与滤波器组合就构成一个频率分析仪。频谱测量常用扫描滤波分析方法，通过滤波器的换挡扫描，将各频率分量的成分提取出来。

1. 基本要求

（1）为了所得结果（或读数）准确，应对分析仪器进行校准。

（2）根据信号特点考虑滤波器带宽的选择。对于确定性信号，要求能够分析出间隔最小的频谱分量，当滤波器波形因素为 5 的情况下，其带宽应为最小间隔的

1/3;对于随机信号,一般将带宽选得小于频谱中最窄峰宽的 1/3;对于确定性分量和随机分量混合的信号,通常是根据确定信号分量来选择带宽。

(3) 合理地选择滤波器扫描速率。由于扫描分析时,受滤波器响应时间 T_B和平均时间的影响,滤波器换挡扫描的速度可以用下式来表示

$$v = B/T_{\mathrm{D}} \tag{8.2.11}$$

式中,B 为滤波器带宽;T_{D}为扫过一个带宽所需要的时间。

如果选择电平记录仪进行分析结果记录,描笔的书写速度与记录纸速之比,应充分反映滤波器的特性。

2. 不同带宽的数据比较

在恒定带宽频率分析中,最常用的是谱级。如果所分析的量是声压,则称为声压谱级。对于连续谱信号,其定义是通过一定带宽滤波器的有效声压 p,与基准带宽 Δf_0 为 1Hz 的基准声压 p_0之比

$$L_{ps} = 10\lg\left[\frac{p^2/B}{p_0^2/\Delta f_0}\right] = L_p - 10\lg(B/\Delta f_0) \tag{8.2.12}$$

式中,L_{ps}为声压谱级;$B=f_2-f_1$为滤波器的有效带宽;L_p为通过带宽为B 的声压级。

用谱级概念来比较不同频带分析的数据,常用于将某种带宽数据方便地换算为另一种带宽的数据,此时的带宽校正量 C 为

$$C = 10\lg\left(\frac{f_2-f_1}{B_0}\right) \tag{8.2.13}$$

式中,f_1和 f_2分别是测量频带的上、下限频率;B_0为所求声压级的带宽,对于谱级 $B_0=1\text{Hz}$。

由倍频带声压级换算为 1/3 倍频带声压级,其校正量为-4.86dB,换算为谱级的校正量见表 8.2.2。

表 8.2.2 倍频带声压级转换为谱级时应减去的分贝数

中心频率/Hz	校正量/dB	中心频率/Hz	校正量/dB
31.5	13.5	1000	28.5
63	16.5	2000	31.5
125	19.5	4000	34.5
250	22.5	8000	37.5
500	25.5	16000	40.5

8.2.4 模拟信号的实时分析

在信号频谱分析中,前面介绍的不连续挡级滤波器和扫描滤波器分析方法对

稳态信号是完全适用的。但对于瞬态信号的分析，则只能借助于记录介质和设备把瞬态信号记录下来，经过整理后进行反复重放，使瞬态信号变成“稳态信号”，然后再进行分析。如果用实时分析仪进行分析，则只要将信号直接输入分析仪，立刻就可以在显示器上显示出频谱变化，并可将分析得到的数据输出并记录下来。有的实时分析仪还能作相关函数、相干函数、传递函数分析，其功能也就更多。

1. 实时并联分析仪

模拟的实时分析仪最典型的是实时并联分析仪，它由频率分析器和控制显示器组成，将多个相邻滤波器、放大器和检波器通道并联组合，通过电子开关扫描，将各通道的输出显示在显示器上(图 8.2.8)。由于是将信号同一部分同时并联地加到各通道，并采用电子扫描，因而，它显示的就是某一时刻信号的频谱。另外，它还能快速地将分析结果以数字形式传输到电子计算机或其他数字处理装置。

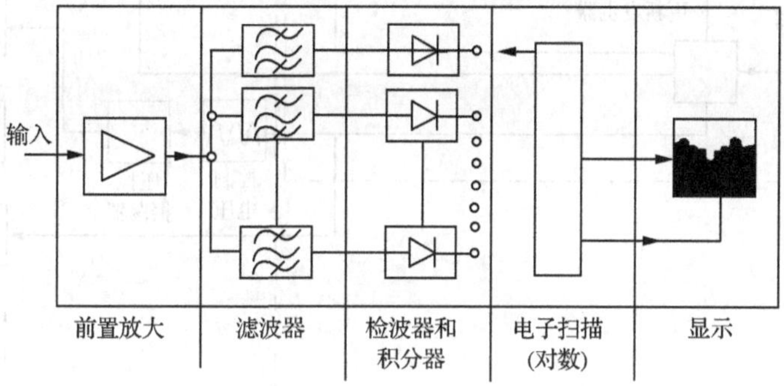

图 8.2.8　实时并联分析仪原理框图

这种分析仪的滤波器仍然采用模拟滤波器，它的带宽只能限于 1/3 倍频程，它包括 32 个并联通道，其中 30 个通道为中心频率从 25Hz～20kHz 的 1/3 倍频程滤波器，一个通道是计权网络，可任选 A，B，C 或 D 计权中的任一种，另一通道是线性放大。显示器每 20ms 显示一个频谱，而数字信号输出一个完整的频谱数据则仅需 2ms。

实时并联分析仪的每个滤波器分析时间受滤波器带宽限制；当带宽一定时，那么在每个带宽上所需要的分析时间下限就确定了，即

$$BT_D \geqslant K \tag{8.2.14}$$

式中，K 为常数。显然，要缩短分析时间，就要增加滤波器的带宽。

事实上，以一种速度记录信号，然后以 N 倍的速度重放记录信号，可以做到缩短分析时间，而不影响分辨率。但是，记录磁带的重放速度的加速比率，一般不超过 10，而采用数字存储器作为中间记录媒介，就很容易达到数千倍的加速比。

2. 时间压缩实时分析仪

时间压缩实时分析仪采用数字存储器记录并以高速重放的技术在连续进行分析时,可以连续不断地更新被记录信号的频谱。这种分析仪的分析器部分方框图如图 8.2.9 所示。

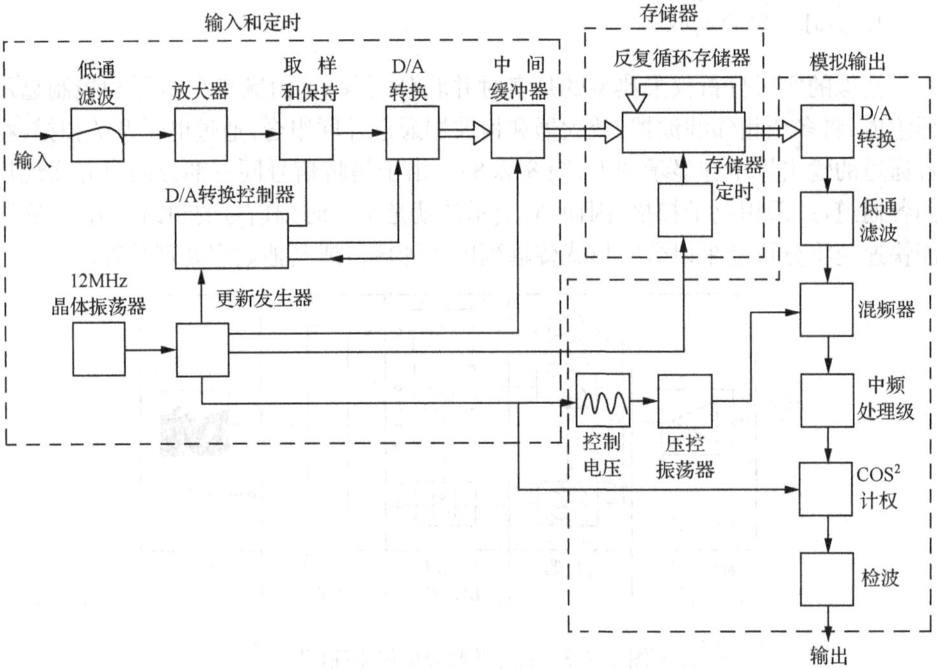

图 8.2.9　时间压缩分析仪的分析部分原理方框图

时间压缩的基本原理是重复循环存储器,将采样信号变换来的代码放入存储器内进行高速循环,输出实际压缩信号,使得频率记录的信号频率范围变宽。由于带宽扩展,在同样的分析精度要求下,所分析的信号时间便缩短,同时,有利于低频信号的分析处理。典型的产品是丹麦 B&K 公司以前的产品 3348 型实时分析仪,实际上是一台模拟、数字混合型分析仪,其时基压缩部分采用了数字技术。

8.3　声信号的数字处理分析

以数字技术来代替原来的模拟分析仪对信号进行实时分析,不仅能进行频率分析,而且还能进行相关函数等多种测量,同时,数字信号便于储存、传输和分析处理,拓宽了仪器的使用功能。

对于连续变化的模拟信号的数字处理分析过程如图 8.3.1 所示。输入的模拟信号经采样，模/数变换，将模拟信号变成数字信号，经过数字处理，然后由数/模变换器将数字处理过的信号变成模拟信号输出。为了防止由于采样引起的混叠，在其后边还需要一个低通模拟滤波器。

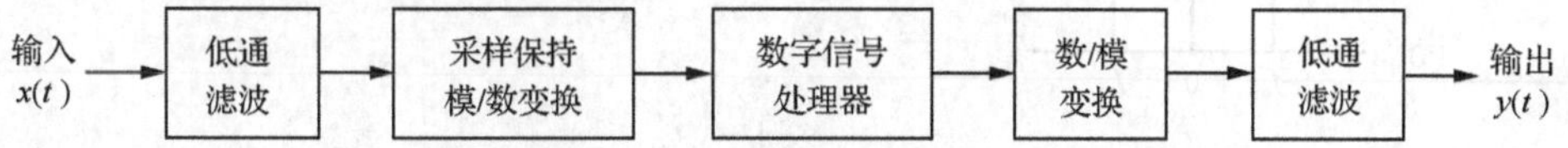

图 8.3.1　数字信号处理的基本过程

8.3.1　采样定理和频率混叠

若将模拟信号进行数字处理(数字滤波或进行 FFT 运算)，首先需要将模拟信号在时间域上离散化，使之成为数字信号，这种过程称为采样过程。实现采样的装置称为采样开关。

对于模拟信号 $x_a(t)$，采样周期 T_s(采样频率 $f_s=1/T_s$)，采样后的时间离散信号为 $x(t)$，有

$$x(t) = x_a(nT_s) \quad (n=-\infty,\cdots,-1,0,+1,\cdots,+\infty) \tag{8.3.1}$$

以 T_s周期的采样是对模拟信号的调制，所以得到周期的脉冲序列记为$\delta_s(t)$，则有

$$\delta_s(t) = \sum_{-\infty}^{\infty}\delta(t-nT_s) \tag{8.3.2}$$

单位脉冲序列形同梳子，又称为梳状函数。当原始连续模拟信号 $x_a(t)$按采样频率采样后，采样信号 $x(t)$可以看成是 $x_a(t)$和脉冲序列 $\delta_s(t)$的乘积，即

$$x(t) = x_a(t)\sum_{-\infty}^{\infty}\delta(t-nT_s) \tag{8.3.3}$$

对式(8.3.3)作傅里叶变换为

$$X(f) = \sum_{n=-\infty}^{\infty} f_a X_a(f-nf_s) \tag{8.3.4}$$

其中，$X_a(f)$为原始连续信号的频谱。采样信号的频谱包含着原信号频谱及无限个经过平移的原信号频谱(频谱的幅值均乘以常数 f_s)。平移量等于采样频率 f_s及其各次倍频 nf_s，式(8.3.4)的结果如图 8.3.2 所示。

当连续信号频谱的最大频率 $f_m\leqslant f_s/2$，即 $f_s\geqslant 2f_m$时，在$0\leqslant f\leqslant f_m$范围内，采样信号的频谱 $X(f)$与原信号频谱完全一样，即采样信号无失真。但是，当 $f_m>f_s/2$，即 $f_s<2f_m$时，平移谱将与原信号谱重叠，使某些频带的幅值与原始频谱不同，这种现象称为频率混叠。频率混叠使采样信号产生失真，造成偏度误差。从物理概念说明：采样频率太低，采样点过少，以致不能复现原信号。

为了使采样过程不失掉信息，就要求能从采样信号的频谱中取出原信号频谱，以保证无失真的恢复原信号。这时，采样频率 f_s与原信号最大频率 f_m之间必须满

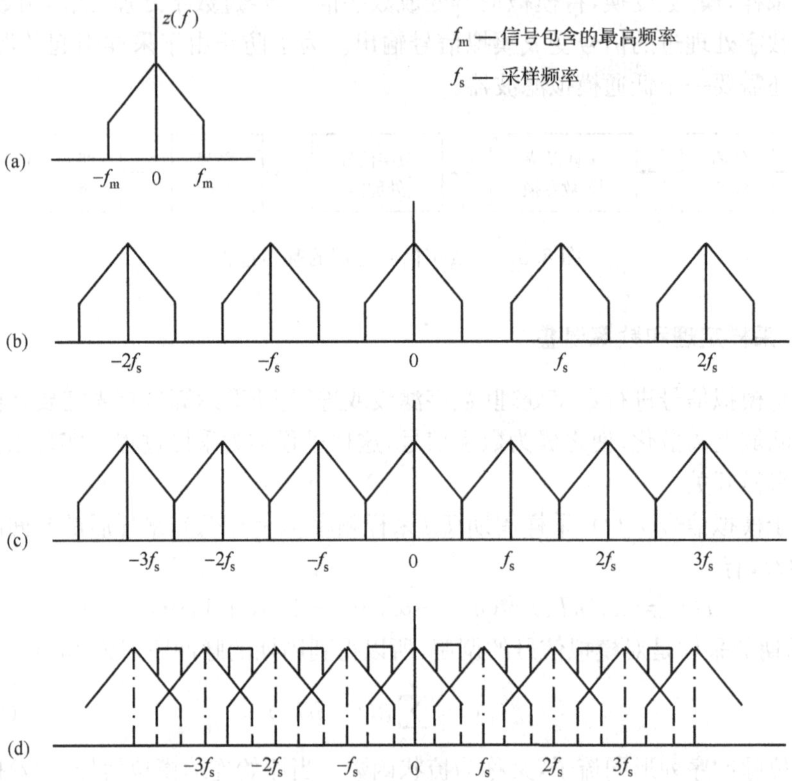

图 8.3.2　连续信号离散化后的频谱

(a) 连续信号的频谱；(b) $f_s>2f_m$时采样后离散信号的频谱；(c) $f_s=2f_m$时采样后离散信号的频谱；(d) $f_s<2f_m$时采样后离散信号的频谱

足如下关系

$$f_s \geqslant 2f_m \tag{8.3.5}$$

这就是著名的奈奎斯特采样定律。当满足 $f_s=2f_m$条件时，信号原谱和附加谱才不会混叠，此时就可以从采样信号的频谱中提出原信号的频谱。

为了解决在采样前并不知道信号的最大频率 f_m，而确定的采样频率 f_s很大，随之产生过于大量的离散数据而增加所需内存容量的问题，以及在进一步进行数字谱分析时，由于谱线数有限而造成频率分辨率不足的问题，一般采取的做法是：首先根据动态测试任务的需要确定频率上限，然后对原信号进行低通滤波，限制信号带宽，并由此按采样定律确定采样频率。这种防止频率混叠的低通滤波器称为抗混叠滤波器。

对于用作抗混叠的低通滤波器的特性，希望能接近理想低通滤波器的特性，从而消除频率混叠。当采样频率越高，低通滤波器的倍频程衰减特性越好，混叠造成的误差就越小。在一般情况下，确定了低通滤波器的截止频率为所研究的最高频率时，采样频率 f_s应为 3～5 倍的低通滤波器的截止频率 f_c。

8.3.2　量化与动态范围

模拟信号经过采样后，转变成时间离散、但幅值仍然连续的离散信号。量化目的就是将幅值连续的离散信号(仍然是模拟量)变成幅值离散的数字信号的大小，然后用二进制数码表示的过程。量化的分档单位，即两个相邻量化水平的差，称为量化单位 q。归一化后的量化单位与二进制数的位数 b 的关系为

$$q = 1/2^b \tag{8.3.6}$$

当模拟量不等于量化单位 q 的整倍数时，量化后就会产生误差，称为量化误差。最大量化误差与量化的分档(分辨率)直接有关。对于截断误差情况，可能产生的最大误差为 q。当采取舍入处理时，由于舍入误差是对称分布，则最大量化误差变成 $\pm q/2$(但分辨率仍然是 q)。

对于一般采样信号 $x(n)$，在量化点(分档点)附近的分布是随机的，量化误差也是随机的。因此对量化误差的分析应采用统计的方法。

量化误差 $\varepsilon(n)$ 对于测量信号 $x(n)$ 相当于一个叠加的随机噪声。这样，信号功率与噪声功率之比——信噪比(SNR)，也可以用来衡量量化误差的大小，并且可作为反映量化过程的主要精度指标。

设 A/D 变换器的总位数为 $N=b+1$(加一个符号位)，那么

$$q = 1/2^{N-1} \tag{8.3.7}$$

其信噪比是信号的方差与量化误差的方差之比

$$\text{SNR} = 10\lg\frac{\sigma_x^2}{\sigma_z^2} = 6.02b + 10.79 + 10\lg\sigma_x^2 \quad (\text{dB}) \tag{8.3.8}$$

这时模数转换器的动态范围(DR)和二进制总位数 N 的关系为

$$\text{DR} = 20\lg\frac{2}{q} = 20\lg 2^N \approx 6N \tag{8.3.9}$$

例如，二进制总位数为 12，则量化动态范围为 72dB 左右。

由以上分析可知，在满量程信号前提下，只要量化分档足够细或二进制位数足够大，量化误差就小，量化的信噪比高。而且，可以得到足够大的量化动态范围。

对实际测量信号不是满量程的情况，量化动态范围要减小。例如，当满量程为 5V，而信号只有 50mV(满量程的 1/100)，即使采用 12 位二进制数分档，动态范围仅为 DR=72－40=32(dB)。

因此，为了解决量化误差对实际测量信号的影响的措施是，在进行量化之前，将信号放大到接近满量程，从而充分利用量化动态范围。

8.3.3 快速傅里叶变换

快速傅里叶变换(FFT)是离散傅里叶变换(DFT)的快速计算方法。由离散傅里叶变换可知,计算一个 N 点傅里叶变换的频域数据需进行 N 次乘法运算,计算 N 个频域数据则需进行 N^2 次乘法运算。对于振动噪声之类的快变信号,一般至少需 $N=1024$ 个采样数据,完成DFT分析所需乘法运算达 $N^2=10^6$ 次。在通用计算机上做乘法运算要比做加法慢得多,因此,在20世纪60年代中期前,声学与振动等领域中的快变信号一直没有实现数字信号分析。1965年快速傅里叶变换(FFT)提出后,使运算速度提高了两个数量级,从而使基于傅里叶变换的动态信号分析进入了一个新的应用时期。

快速傅里叶变换现已发展了多种形式,但是最基本、目前应用最广泛的还是所谓基-2算法。基-2FFT算法要求采样数据为2的整次幂,即 $N=2^L$(L 为正整数)。FFT算法的基本特点就是利用DFT的周期性和对称性,减少乘法和加法运算次数。这里仅作简要介绍。

首先将 N 个数据一分为二,即将 $x(n)(n=0,1,2,\cdots,N-1)$ 分成两段,即

$$x_n(n),\quad x\left(n+\frac{1}{2}\right),\quad n=0,1,2,\cdots,\left(\frac{N}{2}-1\right)$$

于是可将 N 个数据的DFT写成

$$\begin{aligned}X(k)&=\sum_{n=0}^{N-1}x(n)W_N^{kn}=\sum_{n=0}^{\frac{N}{2}-1}\left[x(n)W_N^{kn}+x\left(n+\frac{N}{2}\right)W_N^{k\left(n+\frac{1}{2}\right)}\right]\\&=\sum_{n=0}^{\frac{N}{2}-1}\left[x(n)+x\left(n+\frac{N}{2}\right)W_N^{k\frac{N}{2}}\right]W_N^{kn}\end{aligned}\tag{8.3.10}$$

其中,W_N 中的下标 N 表示数据个数,由指数函数性质

$$W_N^{k\frac{N}{2}}=\exp\left(-\mathrm{j}\,\frac{2\pi}{N}\right)^{k\frac{N}{2}}=\exp(-\mathrm{j}\pi k)=(-1)^k\tag{8.3.11}$$

可以将 $X(k)$ 的计算分成奇数和偶数两组分别进行。当 k 为偶数时,可令

$$k=2l,\quad l=0,1,2,\cdots,N/2-1$$

此时式(8.3.11)有

$$W_N^{k\frac{N}{2}}=(-1)^{2l}=1$$

令

$$g(n)=x(n)+x\left(n+\frac{N}{2}\right)\tag{8.3.12}$$

注意到

$$W_N^2=\exp\left(-\mathrm{j}\,\frac{2\pi}{N}\right)^2=\exp\left(-\mathrm{j}\,\frac{2\pi}{N/2}\right)=W_{N/2}$$

这时式(8.3.10)可以写成

$$X(2l)=\sum_{n=0}^{\frac{N}{2}-1}g(n)W_N^{l\cdot n}=\sum_{n=0}^{\frac{N}{2}-1}g(n)W_{N/2}^{l\cdot n}\qquad(8.3.13)$$

当 k 为奇数时,可令

$$k=2l+1,\quad l=0,1,2,\cdots,N/2-1$$

此时有

$$W_N^{k\frac{N}{2}}=(-1)^{2l+1}=-1$$

令

$$y(n)=x(n)-x\left(n+\frac{N}{2}\right),\qquad h(n)=y(n)W_N^n\qquad(8.3.14)$$

这时式(8.3.10)可以简化为

$$X(2l+1)=\sum_{n=0}^{\frac{N}{2}-1}y(n)W_N^{(2l+1)n}=\sum_{n=0}^{\frac{N}{2}-1}h(n)W_{N/2}^{l\cdot n}\qquad(8.3.15)$$

于是 N 点 DFT 变成了两个奇、偶序列的 $N/2$ 点 DFT，乘法运算减少了一半。

事实上,由式(8.3.13)和式(8.3.15)可知,对于 $N/2$ 个数据的 $g(n)$ 和 $h(n)$ (仍然是 2 的整倍数),还可进一步对分(再分解为偶数组和奇数组),变为在 4 个 $N/4$ 点 DFT 运算。依此类推,直到最后进行 $N/2$ 个 2 点 DFT。

FFT 为动态信号分析提供了方便,可以通过通用计算机加 FFT 软件、专用硬件或数字信号处理器(DSP)加软件等方式来实现。动态信号分析仪采用硬件或 DSP 加软件完成 FFT、加窗处理、功率谱分析等功能,适用于多通道信号分析。

8.3.4　FFT 对信号进行谱分析

前面已经提到快速傅里叶变换(FFT)是离散傅里叶变换(DFT)的快速计算方法。用 FFT 对信号进行谱分析,而离散傅里叶变换(DFT)对信号进行谱分析是核心。下面介绍用 DFT 对连续信号进行谱分析的基本原理和方法。

为了利用 DFT 对连续信号 $x_a(t)$ 进行频谱分析,先对 $x_a(t)$ 进行时域采样,得到 $x(n)=x_a(nT)$,再对 $x(n)$ 进行 DFT,得到的 $X(k)$ 则是 $x(n)$ 的傅里叶变换 $X(e^{j\omega})$ 在频率区间$[0,2\pi]$上的 N 点等间隔采样。这里的 $x(n)$ 和 $X(k)$ 均为有限长序列。由傅里叶变换理论知道,若信号持续时间有限长,则其频谱无限宽;若信号的频谱有限宽,则其持续时间无限长。所以严格地讲,持续时间有限的带限信号是不存在的。因此,按采样定理采样时,上述两种情况下的采样序列 $x(n)=x_a(nT)$ 均应为无限长,不满足 DFT 的变换条件。实际上对频谱很宽的信号,为防止时域采样后产生频率混叠失真,可用预滤波法滤除幅度较小的高频成分,使连续信号的带宽小于折叠频率，对于持续时间很长的信号，采样点数太多以致无法存储和计算，只好截取有限点进行 DFT。由上述可见，用 DFT 对连续信号进行谱分析必然是近似的，其近似程度与信号带宽、采样频率和截取长度有关。

实际上，从工程应用的角度看，滤除幅度很小的高频成分和截去幅度很小的部分时间信号是允许的。因此，在下面分析中，假设 $x_a(t)$是经过预滤波和截取处理的有限长带限信号。

设连续信号 $x_a(t)$持续时间为 T_p，最高频率为 f_c，如图 8.3.3(a)所示。$x_a(t)$的傅里叶变换为

$$X_a(jf)=FT[x_a(t)]=\int_{-\infty}^{\infty}x_a(t)e^{-j2\pi ft}dt$$

对 $x_a(t)$以采样频率 $f_s=1/T\geqslant 2f_c$，得到 $x(n)=x_a(nT)$。设共采样 N 点，并对 $X_a(jf)$作零阶近似($t=nT$，$dT=t$)，得

$$X(jf)=T\sum_{n=0}^{N-1}x_a(nT)e^{-j2\pi fnT}$$

可见 $X_a(jf)$仍是 f 的连续周期函数，$x(n)$ 和 $X(jf)$ 如图 8.3.3(b)所示，对 $X(jf)$ 在区间$[0,f_s]$上等间隔采样 N 点，采样间隔为 F，如图 8.3.2(c)所示。参数 f_s，T_p，N 和 F 满足如下关系式

$$F=\frac{f_s}{N}=\frac{1}{NT} \tag{8.3.16}$$

由于采样点数 N 与采样间隔的积等于信号持续时间 T_p，即 $NT=T_p$，所以

$$F=\frac{1}{T_p} \tag{8.3.17}$$

将 $f=kF$ 和式(8.3.16) 代入 $X(jf)$ 中可得 $X_a(jf)$ 的采样

$$X(jkF)=T\sum_{n=0}^{N-1}x_a(nT)e^{-j\frac{2\pi}{N}kn}\quad(0\leqslant k\leqslant N-1)$$

令 $X_a(k)=X_a(jkf)$，$x(n)=x_a(nT)$，则有

$$X_a(k)=T\sum_{n=0}^{N-1}x(n)e^{-j\frac{2\pi}{N}kn}=T\cdot DFT[x(n)] \tag{8.3.18}$$

式(8.3.18)说明，连续信号的频谱特性可以通过对连续信号采样并进行 DFT(离散傅里叶变换)再乘以 T 的近似方法得到。

用同样的方法，根据离散傅里叶反变换(IDFT)，即

$$x_a(t)=\int_{-\infty}^{\infty}X_a(jf)e^{j2\pi ft}df$$

可以得到

$$x(n)=x_a(nT)=F\sum_{k=0}^{N-1}X_a(k)e^{j\frac{2\pi}{N}kn}$$

$$= FN\left[\frac{1}{N}\sum_{k=0}^{N-1} X_a(k) e^{j\frac{2\pi}{N}kn}\right]$$

$$= \frac{1}{T}\text{IDFT}[X_a(k)] \tag{8.3.19}$$

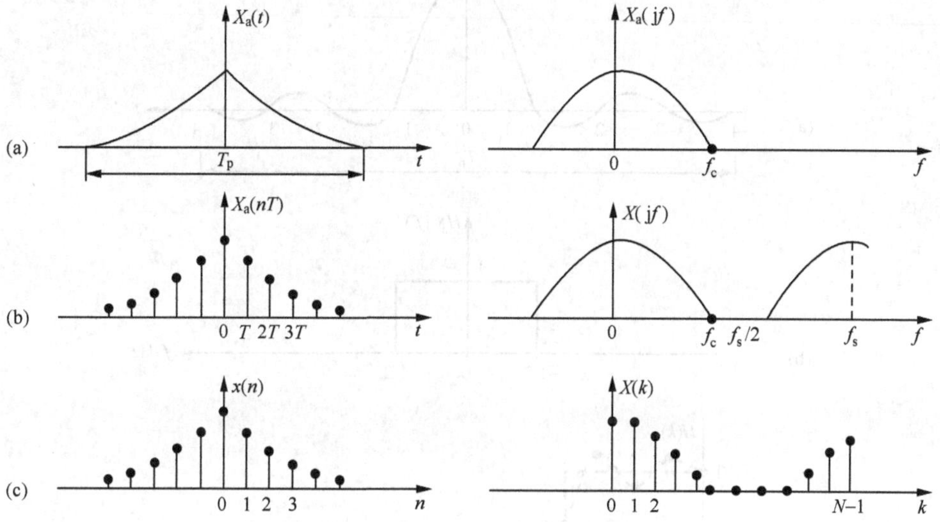

图 8.3.3　用 DFT 计算模拟信号频谱的原理

由式(8.3.19)可得出时域采样信号。对持续时间有限的带限信号，在满足时域采样定理时，上述分析方法不丢失信息，即可由 $X_a(k)$ 恢复 $X_a(jf)$ 或 $x_a(t)$，但直接由分析结果 $X_a(k)$ 看不到 $X_a(jf)$ 的全部频谱特性，而只能看到 N 个离散采样点的谱特性，这就是所谓的栅栏效应。如果 $x_a(t)$ 持续时间无限长，上述分析中要进行截断处理，所以会产生频率混叠和泄漏现象，从而使谱分析产生误差。

下面将讨论上述问题产生的原因及改进措施。

理想低通滤波器的单位冲激响应 $h_a(t)$ 及其频响函数 $H_a(jf)$ 如图 8.3.4(a)、图 8.3.4(b)所示。图中

$$h_a(t) = \frac{\sin(\pi t)}{\pi t}$$

由于 $h_a(t)$ 的持续时间为无限长，所以要截取一段 T_p，假设 $T_p=8\text{s}$，采样间隔 $T=0.25\text{s}$(采样频率 $f_s=4\text{Hz}$)，采样点数 $N=T_p/T=32$；这时的频域采样间隔 $F=1/NT=0.125\text{Hz}$，则有

$$H(k) = T\cdot\text{DFT}[h(n)] \quad (0 \leqslant k \leqslant 31)$$

其中，$h(n)=h_a(nT)\cdot R_{32}(n)$，$R_{32}(n)$ 为矩形窗函数。

由图 8.3.4(c)可见，低频部分近似理想低通频响特性，而高频部分误差较大，且整个频响都有波动，是由于 $h_a(t)$ 截断所产生的。减少截断误差的方法有，可适

当加长截取段 T_p，增加采样点数 N；或者用窗函数处理后再进行离散傅里叶变换(DFT)。

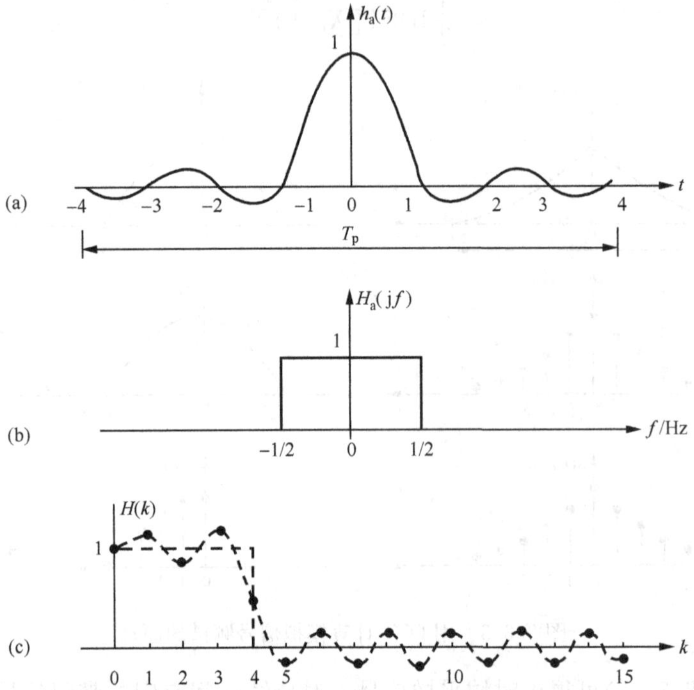

图 8.3.4　用 DFT 计算理想低通滤波器频响曲线

在对连续信号进行谱分析时，谱分析的范围受采样频率 f_s 限制。为了不产生频率混叠失真，要求信号的最高频率 $f_c < f_s/2$。频率分辨率用频率采样间隔 F 描述，表示谱分析中能够分辨的两个频谱分量的最小间隔。显然，F 越小，谱分析就越接近 $X_a(jf)$，所以 F 较小时，称为分辨率较高。

按照式(8.3.16)谱分辨率 $F = f_s/N$，如果保持采样点数 N 不变，要提高谱的分辨率(F 减小)，必须降低采样频率，而采样频率的降低会引起谱分析范围减少。如果要维持 f_s 不变，可以增加采样点数 N 来提高频率分辨率，因为 $NT = T_p$，$T = f_s^{-1}$，只有增加对信号的观察时间 T_p，才能增加 N，T_p 和 N 可以按照下式进行选择

$$N > 2f_s/F \tag{8.3.20}$$

$$T_p \geqslant 1/F \tag{8.3.21}$$

例 8.3.1　对实信号进行谱分析，要求谱分辨率 $F \leqslant 10\text{Hz}$，信号最高频率 $f_c = 2500\text{Hz}$，试确定最小记录时间 T_{pmin}，最大采样间隔 T_{max}，最少的采样点数 N_{min}。如果 f_c 不变，要求谱分辨率增加 1 倍，最少的采样点数和最小的记录时间是多少？

解　$T_p \geqslant 1/F = 1/10 = 0.1(\mathrm{s})$

因此 $T_{pmin} = 0.1\mathrm{s}$，根据采样定理要求 $f_s \geqslant 2f_c$，所以

$$T_{max} = \frac{1}{2f_c} = \frac{1}{2 \times 2500} = 0.2 \times 10^{-3}(\mathrm{s})$$

$$N_{min} = \frac{2f_c}{F} = \frac{2 \times 2500}{10} = 500$$

为了使频率分辨率提高 1 倍，即 $F = 5\mathrm{Hz}$，可求得

$$N_{min} = \frac{2 \times 2500}{5} = 1000$$

$$T_{pmin} = \frac{1}{5} = 0.2(\mathrm{s})$$

为了使用 DFT 的快速算法 FFT，希望 N 符合 2 的整数幂，为此选 $N = 2^{10} = 1024$ 点。

从以上分析看到，为了提高分辨率，又照顾到谱分析范围不减少，必须增加记录时间和采样点数，其条件是时域采样必须满足采样定理，采样频率为信号最高频率的 3～5 倍更好。足够高的采样速率，不仅可以提高频率分辨率，还可以改善“栅栏效应”。

8.3.5　数字滤波器

数字滤波器是通过对采样数据信号进行数字运算处理来达到频域滤波的目的。在介绍数字滤波器之前，简要介绍 z 变换的概念。

1. z 变换

在时域连续线性系统中，拉普拉斯变换是解线性微分方程的有力工具，它将解常系数微分方程的时域方法化为求解代数方程的频域方法。在时域离散信号与系统中用差分方程来描述，z 变换将解差分方程的时域方法变换为解代数方程的频域方法。因此，z 变换是分析离散线性时不变系统的重要工具。

对于一个序列 $x(n)$，其 z 变换定义为

$$X(z) = \sum_{n=0}^{\infty} x(n) z^{-n} \tag{8.3.22}$$

式中，z 是复变量。

例如，对连续波形采样得到的数字序列 $x(0), x(T), \cdots, x(nT)$，根据定义可以写成

$$X(z) = \sum_{n=0}^{\infty} x(nT) z^{-n}$$

假定 $x(nT) = 1$（当 $n \geqslant 0$ 时），上述的 z 变换为

$$X(z)=X(0)z^{-0}+X(1)z^{-1}+X(2)z^{-2}+\cdots+X(n)z^{-n} \tag{8.3.23}$$

在上式中，变量 z^{-n} 的系数代表了采样脉冲的幅度，其幂次表示了脉冲出现的时刻。

当 $|z|>1$ 时，式(8.3.23)可以写成

$$X(z)=\frac{1}{1-z^{-1}} \tag{8.3.24}$$

由此可见，利用 z 变换，可以将采样函数、系统传递函数等写成简单的代数形式。

2. 数字滤波器的原理

在数字滤波方法中，利用 FFT 进行快速卷积运算，可以达到数字滤波的目的。但是，在一般数字滤波的讨论中，都以线性差分方程的讨论为基础。

对于一个离散时间线性时不变系统，由单一的输入 $x(n)$ 和单一的输出 $y(n)$ 组成，这样的系统可以用常系数线性差分方程来表示。假定有这样一个系统，其输入为 $x(nT)$ 序列，输出序列 $y(nT)(n=0,1,2,\cdots,n)$ 是由输入序列最后的 k 个观察值相加并除以 k 得到。用 δ_n 表示单位阶跃序列，那么该系列输出序列与输入序列之间的关系可用下式表示

$$y_n=\frac{1}{k}(x_n+x_{n-1}\delta_{n-1}+\cdots+x_{n-k+1}\delta_{n-k+1}) \tag{8.3.25}$$

如果输入一个阶跃信号

$$x_n=1,\text{当 } n\geqslant 1$$

$$x_n=0,\text{当 } n<1$$

如图 8.3.5(a)，采样后变成如图 8.3.5(b)所示的序列，显然

$$x_0=x_1=\cdots=x_n=1$$

假定选择 $k=8$，由于这一运算比较简单，可以不必借助计算机便能直接计算出来结果

$$y_0=\frac{1}{8}x_0=\frac{1}{8}$$

$$y_1=\frac{1}{8}(x_1+x_0)=\frac{1}{8}(1+1)=\frac{2}{8}$$

$$y_2=\frac{1}{8}(x_2+x_1+x_0)=\frac{1}{8}(1+1+1)=\frac{3}{8}$$

……

$$y_7=\frac{1}{8}(x_7+x_6+\cdots+x_0)=1$$

将此结果作成图，如图 8.3.5(c)所示，已经明显看出对阶跃信号的滤波响应。将

式(8.3.25)写成差分方程形式

$$y_n - y_{n-1}\delta_{n-1} = \frac{1}{k}(x_n - x_{n-k}\delta_{n-k}) \tag{8.3.26}$$

对式(8.3.26)两边进行 z 变换,求得该系统的传递函数的表达式为

$$H(z) = \frac{z - z^{1-k}}{k(z-1)} \tag{8.3.27}$$

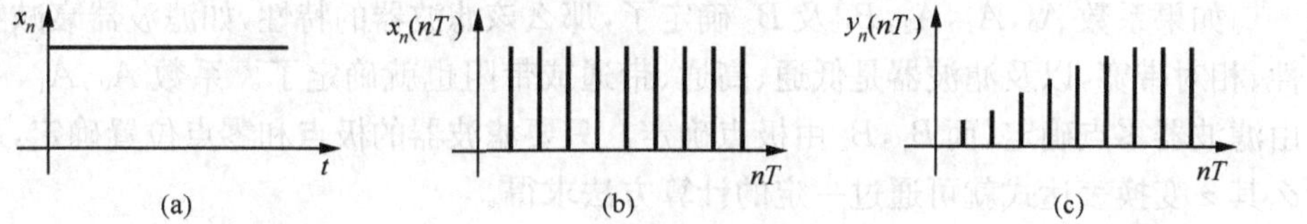

图 8.3.5　滤波器对阶跃电压的响应

设 $A(\omega)$ 为系统的频率响应,为了讨论系统的频率响应特性,通过传递函数 $H(z)$ 在 $z = e^{j\omega T}$ 的绝对值代入,即有

$$A(\omega) = H|(e^{j\omega T})| = \left|\frac{e^{j\omega T}(1 - e^{jk\omega T})}{k(e^{j\omega T} - 1)}\right| \tag{8.3.28}$$

由于 $|e^{j\omega T}| = 1$, 所以

$$A(\omega) = \left|\frac{(1 - e^{jk\omega T})}{k(e^{j\omega T} - 1)}\right| \tag{8.3.29}$$

可以令 $T=1$,因为 $|e^{j\omega} - 1| = |2\sin(\omega/2)|$,同理 $|1 - e^{jk\omega}| = |2\sin(k\omega/2)|$,所以系统的频响函数为

$$A(\omega) = \left|\sin\frac{k\omega}{2}\right| \Big/ k\left|\sin\frac{\omega}{2}\right| \tag{8.3.30}$$

图 8.3.6 是 $k=8$,由式(8.3.24)表述的系统的频响特性,由图可以看出,该系统实际上是一个低通滤波器。

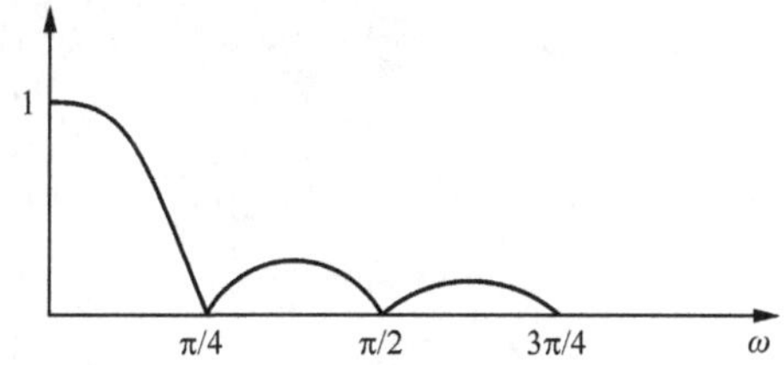

图 8.3.6　低通滤波器响应

实现式(8.3.25)那样运算的数字滤波器,由于它仅有一个极点,故称为单极点滤波器。还有二极点(对应二阶差分方程)及多极点滤波器。

对于式(8.3.25)得出的单极点滤波器,其输出 $y(nT)$ 仅取决于输入 $x(nT)$,具有这类特点的数字滤波器称为非递归数字滤波器。假若数字滤波器输出不仅决

定于输入 $x(nT)$，还决定于前边时刻的输出信号，那么这类滤波器就称为递归数字滤波器。

图 8.3.7 是数字频率分析中使用的二极点递归滤波器方框图，用 z 变换表达的传递函数式为

$$H(z) = H_0 \frac{A_0 + A_1 z^{-1} + A_2 z^{-2}}{1 - B_1 z^{-1} - B_2 z^{-2}} \tag{8.3.31}$$

如果系数 A_0，A_1，A_2，B_1 及 B_2 确定了，那么该滤波器的特性，如滤波器衰减特性、相对带宽，以及滤波器是低通、高通、带通或带阻也就确定了。系数 A_0，A_1，A_2 由滤波器零点确定，而 B_1，B_2 由极点确定。只要滤波器的极点和零点位置确定，那么其 z 变换表达式就可通过一定的计算方法求得。

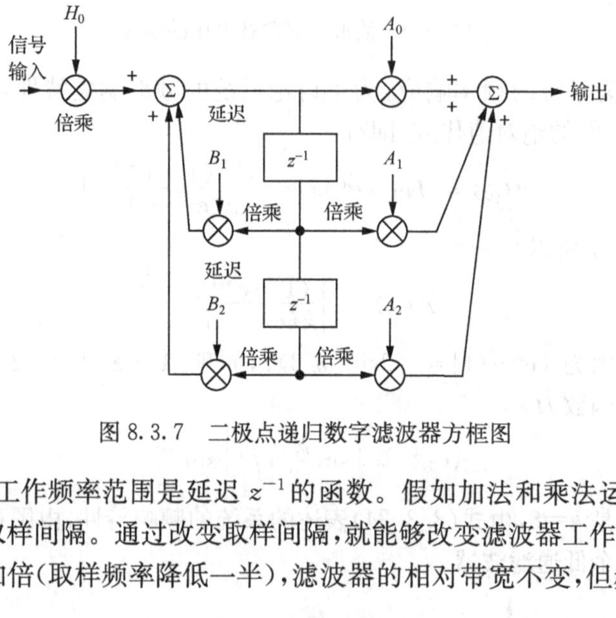

图 8.3.7　二极点递归数字滤波器方框图

滤波器的工作频率范围是延迟 z^{-1} 的函数。假如加法和乘法运算同时进行，z^{-1} 等于一次取样间隔。通过改变取样间隔，就能够改变滤波器工作频率范围。例如，取样间隔加倍（取样频率降低一半），滤波器的相对带宽不变，但频率范围低一个倍频程。

主要参考文献

1 杜功焕,朱哲民,龚秀芬.声学基础.南京:南京大学出版社,2011
2 陶擎天,赵其昌,沙家正.音频声学测量.北京:中国计量出版社,1986
3 马大猷.噪声与振动控制工程手册.北京:机械工业出版社,2002
4 马大猷. 现代声学理论基础.北京:科学出版社,2004
5 沈嵘.声学测量.北京:科学出版社,1986
6 陈克安,曾向阳,李海英.声学测量.北京:科学出版社,2005
7 孙广荣,胡春年,吴启学.消声室和混响室的声学设计原理.北京:科学出版社,1981
8 国家标准:GB/T3947 声学名词术语.北京:中国标准出版社,1997
9 国家计量技术规范:JJF 1147 消声室和半消声室声学特性校准规范.北京:中国计量出版社,2006
10 国家计量检定规程:JJG 790-2005 实验室标准传声器(耦合腔互易法).北京:中国计量出版社,2005
11 国家计量检定规程:JJG 1019-2007 工作标准传声器(耦合腔比较法).北京:中国计量出版社,2007
12 国家计量检定规程:JJG 188-2002 声级计.北京:中国计量出版社,2002
13 陈剑林,白滢,牛锋,等.声级计的频率计权特性.计量技术,2008,(6):47-50
14 国家标准:GB/T 3785.1-2010 电声学 声级计 第一部分:规范.北京:中国标准出版社,2010
15 何琳,朱海潮,邱小军,等.声学理论与工程应用.北京:科学出版社,2006
16 郑士杰,袁文俊,缪荣兴,等.水声计量测试技术.哈尔滨:哈尔滨工程大学出版社,1995
17 奚旦立,蒋展鹏,张世森,等.环境工程手册——环境监测卷.北京:高等教育出版社,1998
18 张阿舟,诸德超,姚起杭,等.实用振动工程(3) 振动测量与试验.北京:航空工业出版社,1997
19 明瑞森.声强技术.杭州:浙江大学出版社,1995
20 中国环境保护标准汇编:噪声测量.北京:中国标准出版社,2000
21 史习智.信号处理与软计算.北京:高等教育出版社,2003
22 李方泽,李馥清,王正.工程振动测试与分析. 北京:高等教育出版社,1992
23 《计量测试技术手册》编辑委员会. 计量测试技术手册,第9卷,声学. 北京:中国计量出版社,1997
24 袁文俊.计量培训教材.第9卷,声学计量. 北京:原子能出版社,2002
25 钱祖文.非线性声学(第二版).北京:科学出版社,2009
26 熊大莲,朱岩,寿文德.辐射压力法与声光法测定超声功率.计量技术,1989,(4):16-17
27 国家标准:GB/T 18696.1-2004 阻抗管中吸声系数和声阻抗的测量,第1部分——驻波比法.北京:中国标准出版社,2004
28 国家标准:GB/T 18696.2-2002 阻抗管中吸声系数和声阻抗的测量,第2部分——传递函

数法. 北京:中国标准出版社,2002
29 ISO3382, Acoustics measurement of the reverberation time of rooms with reference to other acoustical parameters. 1997
30 国家标准: GB/T 3223-1994 声学 水声换能器自由场校准方法. 北京:中国标准出版社,1995
31 丁玉美,高西全. 数字信号处理(第二版). 西安:西安电子科技大学出版社,2001
32 Harris C M. Handbook of noise control. 2nd edition, New York: Mc Grow-Hill, 1979

索　引

《现代声学科学与技术丛书》已出版书目

（按出版时间排序）

1. 创新与和谐——中国声学进展	程建春、田静 等编	2008.08
2. 通信声学	J. 布劳尔特 等 编　李昌立 等 译	2009.04
3. 非线性声学(第二版)	钱祖文 著	2009.08
4. 生物医学超声学	万明习 等编	2010.05
5. 城市声环境论	康健 著　戴根华 译	2011.01
6. 汉语语音合成——原理和技术	吕士楠、初敏、许洁萍、贺琳 著	2011.01
7. 声表面波材料与器件	潘峰 等 编著	2012.05
8. 声学原理	程建春 著	2012.05
9. 声呐信号处理引论	李启虎 著	2012.06
10. 颗粒介质中的声传播及其应用	钱祖文 著	2012.06
11. 水声学(第二版)	汪德昭、尚尔昌 著	2013.06
12. 空间听觉——人类声定位的心理物理学	J. 布劳尔特 著　戴根华、项宁 译 李晓东 校	2013.06
13. 工程噪声控制——理论和实践(第4版)	D. A. 比斯、C. H. 汉森 著　邱小军、于淼、刘嘉俊 译校	2013.10
14. 水下矢量声场理论与应用	杨德森 等著	2013.10
15. 声学测量原理与方法	**吴胜举 张明铎 编著**	**2014.01**